First Stage シリーズ

新訂測量入門

大杉和由・福島博行　[編修]

実教出版

第9章 地形測量

第10章 写真測量

「測量」を学ぶにあたって

　人類が生活を営むようになった古代から，豊富な食物を採取するための正確な位置を知る技術が必要であった。言葉や絵図から，より正確な位置を書き残しておくために，正確さを求めて発展してきた技術が測量である。

　最近では，コンピュータなどの電子機器や人工衛星が測量に利用されるようになり，いままで不可能であった長い距離を正確に測定することが可能となった。さらには，無人の航空機を利用した測量やその応用がはじまりつつある。

　コンピュータの発達は，より正確で説得力の高い地図を短時間で作成することを可能とした。このため，インターネットを通じて，多くの人にとって地図がより身近になった。

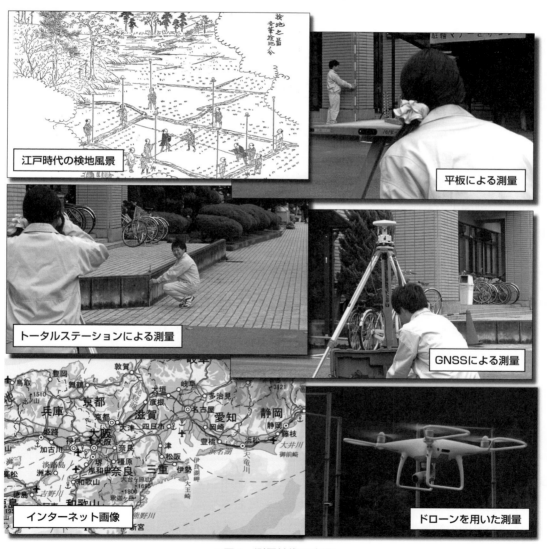

▲図1　測量技術の変遷

1　測量ってなんだろうか

●1●　測量とは

　測量は，測量機器を用いて，土地の広さ，河川などの位置や山の高さを求め，建物・鉄道・道路の計画や建設に役立つ技術である。

　測量の歴史は古く，たとえば，エジプトにあるピラミッドの4辺は同じ長さであり，正確に東西南北を向いている。古代エジプトの時代から，高精度の測量技術が存在していたことがわかる。

●2●　測量と生活との関わり

　図2の中央写真のような器械を野外で使用している姿をみかけたことが一度はあると思う。これは鉄道や道路などの土木工事の計画や建設のために測量をしているようすである。

　私たちの生活には，ライフラインといわれる上下水道・電気・ガスなどや，社会基盤といわれる道路・橋・鉄道・ダムなどの整備が必要である。ライフラインや社会基盤の計画・建設には，測量技術が必要であり，測量の技術があってわたしたちの生活がなりたっている。

●3●　測量結果の利用

　図2で示したライフラインや社会基盤の計画・調査・設計は，測量で得られた地図上で計画される。そして，現地で測量しながら施工され，完成後，設計図面通りに施工されたかどうかという検証などに測量の技術が利用されている。

　また，一方でインターネットの普及により，だれもが，いつでも，どこでも簡単に地図を利用できるようになった。さらに，i-Construction❶とよばれるコンピュータの高度な応用が土木工事に取り入れられ，つねに最新で，正確な地図が求められるようになった。このように，地図は国民全体の財産であり，測量は，その財産を支える技術であるといえる。

❶詳しくは，第13章で学ぶ。

2　測量技術者に求められること

●1●　測量法

　測量に関する最も基本的な法律として測量法が定められている。測量法は，わが国の測量の基準としての地球の大きさ，位置や標高の基準を定めるほか，測量に関する資格として測量士や測量士補について

も定めて，測量の正確さを保ち，責任を明確化している。

　また，測量成果は公共の財産であるとの考え方から，測量の作業規程や測量に関する業務の規制などについても定めている。

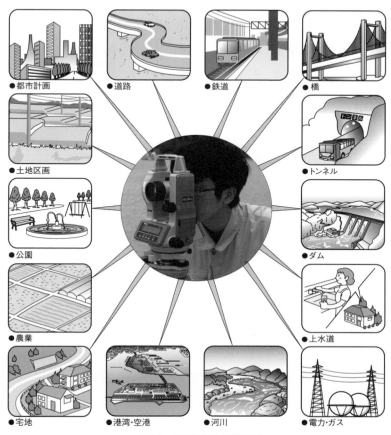

▲図2　測量結果の利用例

●2●　測量技術者倫理

　行基図や伊能図について考えてみよう。これらの地図は，こんにちでは文化遺産として扱われているが，作成された当時においては，最も正確で高度な技術を利用して作成されている。また，現代においても令和，平成，昭和……明治と，歴史をたどりながら，同じ場所の地図を調べると，その地域の発展や土地利用の変遷が理解できる。

　このように，測量技術者は，測量技術を発揮して社会基盤整備などの社会貢献を行っていることや，未来の文化遺産創造に貢献していることを自覚しなければならない。また，つねに，責任をもって正確な測量を行い，自己の技術力向上につとめなければならない。

3 測量は，どのように分類されるのだろうか

●1● 測量区域による分類

　地球の形状は，図3のように，南北に扁平な回転だ円体である。測量法では，地球の形に最もよく近似しているだ円体として，**GRS80だ円体**を採用しており，地球の大きさを次の値としている。

❶準拠だ円体ともいう。

❷GRS80 だ円体は，世界測地系として，わが国をはじめ広く用いられている。

　　長半径　$a \fallingdotseq 6378.1\,\text{km}$　　　　短半径　$b \fallingdotseq 6356.8\,\text{km}$

▲図3　地球だ円体

ⓐ測地測量　　長半径と短半径の差の約21 kmは，地球の大きさに比べて，きわめて小さい値である。そのため測量では，ふつう，地球の半径 $R = 6370\,\text{km}$ の球体として計算することが多い。

　このように，地球を球体と考えて行う測量を，**測地測量**という。

❸曲率半径ともいう。

❹geodetic survey

ⓑ平面測量　　半径10 km程度の小範囲では，地球を平面と考えて測量を行っても，球面との差はきわめて小さい。

　このように，地球を平面と考えて行う測量を，**平面測量**という。

❺plane survey

測地測量

平面測量

▲図4　測地測量と平面測量

●2● 測量法による分類

　測量法では，表1のように，測量を3種類に分類している。

❻この3種類のほかに，測量法の適用を受けない測量として，**その他の測量**がある。狭い地域の測量などは，その他の測量である。

▼表1　測量法上の分類

種　　類	内　　　　容
基本測量	すべての測量の基本となる測量であり，国土交通省国土地理院が行う測量
公共測量	基本測量以外の測量のなかで，公共の利益を目的として実施され，測量の基準の統一をはかり，必要かつじゅうぶんな精度を確保する測量
基本測量および公共測量以外の測量	基本測量または公共測量の測量成果を使用して実施する，基本測量および公共測量以外の測量

●3● 測量の目的による分類

ⓐ基準点測量　すべての測量の基準となる基準点を設置する測量を基準点測量という。平面位置の基準点には，三角点・電子基準点・公共基準点（多角点）などがある。これらの点は，トータルステーション[1]や GNSS[2] などで測量し，設置されている（図5(a)，(b)）。また，高さに関する基準点には，水準点・公共基準点[3]などがあり，これらの点は，レベルなどで測量し，設置されている（図(c)）。

ⓑ地形測量[4]および写真測量[5]　おもに地図編集を行うことを目的として，地形（地表面の起伏）や地物（道路・鉄道・河川・湖・建物など）の位置や形状を把握する測量である。地図編集では，測量結果をコンピュータで編集できるように処理する作業などがある（図(d)）。

ⓒ応用測量　道路・鉄道・河川・橋・トンネル・ダム・港湾・宅地造成などの建設工事をするために必要な測量である。応用測量は，その目的によって路線測量[6]・河川測量[7]などに区分される。

[1]詳しくは，p. 51 で学ぶ。
[2]詳しくは，p. 24，第4章，第8章で学ぶ。
[3]詳しくは，第5章で学ぶ。
[4]詳しくは，第9章で学ぶ。
[5]詳しくは，第10章で学ぶ。

[6]詳しくは，第11章で学ぶ。
[7]詳しくは，第12章で学ぶ。

(a)　三角点

(b)　電子基準点

(c)　水準点

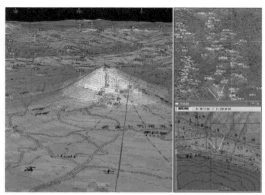

(d)　コンピュータによって編集された立体的な地図の例

▲図5

4 測量は，どのような方法で行うのだろうか

●1● 位置決定方法

　図6において，基準となる点（**測点**）O に器械をすえつけて，基準となる線（**測線**）OP から点 A の位置を決定するには，水平角 α（∠POA′），水平距離 L（OA′）および高低差 H（AA′）を求めればよい。

　すなわち，測量とは，**水平角・水平距離・高さ**の3要素をより正確に求める作業である。

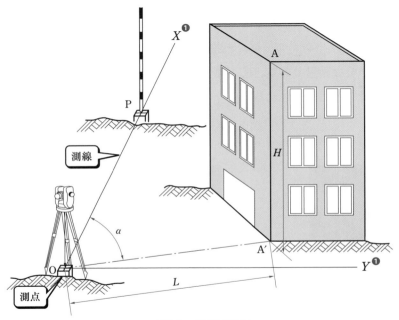

❶測量においては，南北方向を X 軸，東西方向を Y 軸とすることが多い。

▲図6　位置の決定

●2● 測量の方法

　図6のような見通しのよい場所の測量を行うには，測点を定め，この点から各地形・地物の測量を行う。地域が広くなると，図8のように，測点の数を増やさなければならない。このとき，全体として大きなくるいが生じないように，まず，測点を結び合わせた骨組みをつくり，正確に測量する。これを**骨組測量**という。

❷skeleton surveying

　次に，各測点を基準として，地形や地物の測量を行う。これを**細部測量**という。

❸detail surveying

●3● 測量の順序 ─────●

測量は，一般に，図7のような順序で行う。

① 測量計画・調査

測量の目的によって測量計画を立て，測量区域，測量をする事項，測量に必要な人員，資料・費用・期間などを計画・調査する。

② 踏査・選点

測量区域内を実際に歩いて地形を覚えるとともに（**踏査**），測量方法・使用器械などを選定して，測点の位置を定める（**選点**）。

図8のような宅地部分を測量するには，まず，宅地全体をおおうような骨組となる測点 T_1, T_2, T_3, T_4 の位置を決定する。

▲図8　選点の状況

③ 骨組測量

測点を結び合わせた骨組（T_1〜T_4）の測量を行う。この野外で行う作業を，**外業**という。

④ 計算整理

骨組測量の測定結果を計算し，整理する。この室内で行う作業を，**内業**という。また，結果がよくないときは，骨組測量をやり直す。一般に，測量をやり直すことを，**再測**という。

⑤ 細部測量

測量結果を製図し，各測点（T_1〜T_4）から，宅地などの必要な部分を細部測量する。

⑥ 整理・点検

測量全体の整理・計算・点検を行う。

⑦ 製図・仕上げ

測量区域全体の図面を仕上げる。

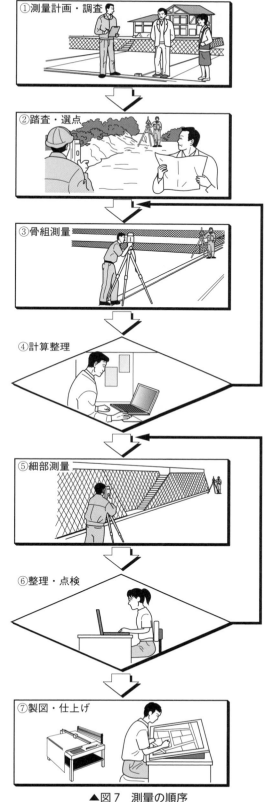

① 測量計画・調査

② 踏査・選点

③ 骨組測量

④ 計算整理

⑤ 細部測量

⑥ 整理・点検

⑦ 製図・仕上げ

▲図7　測量の順序

5 器械・器具は，ていねいに取り扱おう

　測量用の器械・器具は精密なものであるから，その取り扱いにはじゅうぶん注意しなければならない。次に，留意すべき点をあげる。

⚠️ **器械・器具の取り扱い上の注意事項**‥‥‥‥

1　ケースから器械・器具を取り出すときは，はじめに付属品やそのほかの部品を点検し，格納状態をよく覚えておく（図9）。

2　器械は，必ず両手でていねいに取り扱い，衝撃などを加えない。

3　器械を三脚に取りつけるときは，完全に器械が固定されるまで，器械を持っている手をはなさない（図10）。

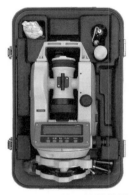

▲図9　器械の格納状態

▲図10　三脚の取りつけ

▲図11　器械の移動

4　器械を移動するときは，原則としてケースに格納して移動する。ただし，移動距離や器械の種類に応じて，図11のように，ケースに格納することなく，器械の頭部をまえにして，両うででかかえて運ぶようにすることもある。このとき締付けねじは，もし器械が衝撃を受けても容易に回転できるように，軽く締めておく。

5　観察中に器械から離れる場合は，観測器械の転倒などが生じないよう注意する。

6　器械を格納するときは，きれいな乾いた布でよくふく。

7　各部品は必ず調べて，定められた位置に格納したのち，ふたを閉める。

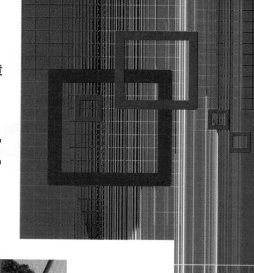

第 **1** 章

距離測量

トータルステーションによる測量

　距離測量とは，2点間の距離を正確に求めるために行う。その方法には，測量の目的や精度によって決まるが，歩測，巻尺，トータルステーションなどによる直接2点間の距離を測定する方法や，GNSS測量のように観測点間の見通しを必要とせず，数百km離れていても測量が可能な方法，また，はるか遠くにある多くの天体が放った電波を利用するVLBI測量などさまざまな方法がある。

- 距離測量の方法には，その目的や精度によってどのようなものがあるのだろうか。
- 距離測量の補正には，どのような条件や現象を考慮し，どのように補正すればよいのだろうか。
- GNSSやVLBIの観測技術により，地球のどのようなことがわかるようになったのだろうか。

1 距離測量用器具

距離の測定には，次のような距離測量用器具がある。

●1● 繊維製巻尺

図1のような繊維製巻尺は，ガラス繊維をしんにして，その上を塩化ビニルでおおってあり，最小目盛2mm，長さ30，50mのものが多い。この巻尺は，取り扱いや持ち運びが便利なため，簡単な距離測定によく用いられる。しかし，張力による伸びや，乾湿による伸縮の補正ができない欠点がある。そのため，精密な距離測定には適さない。

▲図1　繊維製巻尺

●2● 鋼巻尺

図2のような鋼巻尺は，薄い帯状の鋼に目盛がつけてある。最小目盛1mm，長さ30，50mのものが多い。この巻尺は，精密さを要する距離測定に用いられる。

より精密な距離測定に用いる場合は，標準張力で測定し，温度の補正❶，巻尺の尺定数❷などが必要である。

▲図2　鋼巻尺
❶詳しくは，p. 19で学ぶ。
❷詳しくは，p. 19で学ぶ。

●3● ポール・ポール立て・ピンポール

ポールは，図3(a)のような木・金属または合成樹脂でつくられた，長さ2，3mの棒である。棒の先端に石突きがはめ込まれており，ふつう20cmごとに赤・白に塗り分け，目標として見やすいようにしている。

ポールは，測点の明示や測線方向の決定などに広く用いられる。また，赤・白で塗り分けてあるのを利用して，概略の距離を知ることができる。ポールを長時間立てる場合，図(a)のようなポール立てを用いる。また，図(b)のような短いピンポールを用いることもある。

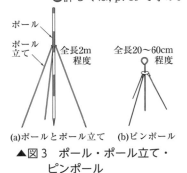

ポール
ポール立て
全長2m程度
全長20〜60cm程度
(a)ポールとポール立て　(b)ピンポール
▲図3　ポール・ポール立て・ピンポール

Challenge

距離測量用器具を用いずに，二点間の距離を人間の歩幅に歩数を乗じておおよその距離を求める方法を**歩測**という。一定距離に伸ばした巻尺に沿って，一定の歩調で複数回往復して自分の歩幅を確認しておこう。また，どれくらいの個人差があるかグループで比較してみよう。

2 距離の測定

1 距離

距離は，2点間を結ぶ直線の長さであり，図4のように，**水平距離・斜距離・鉛直距離**（高低差）の三つに大別される。このうち，水平距離が最も基本となり，ふつう，距離といえば，とくにことわらないかぎり，水平距離を意味する。

ここでは，繊維製巻尺または鋼巻尺を用いて，距離を測定する方法を学ぶ。

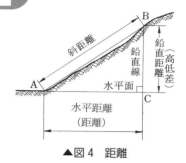

▲図4　距離

2 平たん地の距離測定（測距）

距離をはかるには，測量結果を記帳する**記帳手**と，巻尺の最終目盛側（前端）を引く**前手**と，後方0目盛側（後端）を持つ**後手**などが必要である。

2測点間の距離が1測長❶より短い場合は，簡単にはかることができる。しかし，1測長より長い場合は，図5のように，測線ABの見通し線上に中間点を設け，次のような順序で測定する。

❶1回の巻尺の測定ではかることができる長さ。

操作

1⋯測点A，Bにポールを立て，測点AからB点を見通し，この線上に1測長より若干短い位置で3本目のポールを立て，中間点①を設定する。

同様にして，この線上に中間点①から1測長より若干短い位置でポールを立て，中間点②を設定する。

▲図5　鋼巻尺による距離測定

2…後手は，測点 A に巻尺の 0 目盛側を置き，前手は巻尺を引っ張って，各々の観測手が測点 A から中間点①までの目盛を 2 回読定し，その結果から，記帳手が表 1 のように距離の平均を求める。

3…次の区間へ移動し，**1**，**2** の作業を繰り返して，中間点①から中間点②まで測定する。

4…最後の点②から測点 B 区間，1 測長未満の端数距離を測定する。

5…記帳手は，各区間の区間長の平均した値を合計して往路の測線長を求め，記帳する。

6…精度を高めるため，測点 B から測点 A に向かう復路において，**2〜5** の作業を繰り返す。

7…往復測定値の差（較差）❶ が許容範囲内であれば，測定値の平均値を測線長とし，許容範囲を超えていれば，再測を行う。

 距離測定の注意事項………………………………

1 巻尺は，ねじれのないように，また，途中で曲がったりしないように，水平に引っ張って読み取る。

2 同一距離は，少なくとも往復測定し，読みや記帳の誤りがないようにする。復路では，前手・後手は交代して目盛を読み取る。

3 記帳手は，前手・後手の報告を復唱して記帳する。

4 目盛の読み取りは，繊維製巻尺では cm 単位でよいが，鋼巻尺では mm 単位まで正確に読む。

5 鋼巻尺を用いて精密な距離測定を行う場合は，標準張力で，各区間の測定ごとに巻尺の温度をはかるようにする。

▼表 1　距離測定野帳記入例（往路）

区間	巻尺の読定 [m]		差 [m]	平均 [m]	距離 [m]
	後端	前端			
A〜①	0.012	49.614	49.602	49.603	
	0.037	49.641	49.604		
①〜②	0.025	49.702	49.677	49.677	123.694
	0.031	49.707	49.676		
②〜B	0.014	24.429	24.415	24.414	
	0.026	24.439	24.413		

❶道路などの測量では，較差の許容範囲は，次のとおりである。

区分\距離	平地	山地
30 m 未満	10 mm	15 mm
30 m 以上	$L_0/3000$	$L_0/2000$
摘要	L_0 は，点間距離の計算値	

（―公共測量―作業規程の準則第 391 条）

3　**傾斜地の距離測定**

傾斜地の距離（水平距離）は，図 6 のように，巻尺を水平に張り，**下げ振り**❷（糸の先におもりをつけたもの）を用いて，地上に点を落としながら階段状にはかればよい。な

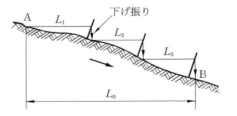

▲図 6　傾斜地における水平距離の測定

❷plumb bob

お，傾斜がほぼ一定の場合は，斜距離をはかったあとで，水平距離に換算する方法があり，このほうが正確な測定ができる。

図7において，巻尺で斜距離 L をはかり，また，測点 A，B 間の高低差 H を測定すると，水平距離 L_0 は，次の式で求められる。

$$L_0 = \sqrt{L^2 - H^2} \qquad (1)$$

L に比べ H がじゅうぶん小さい場合，

$$L_0 \fallingdotseq L - \frac{H^2}{2L} \qquad (2)$$

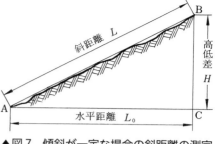

▲図7　傾斜が一定な場合の斜距離の測定

4　距離の補正

鋼巻尺を用いて精密な距離測定を行う場合は，必要に応じて，温度・尺定数・傾斜・準拠だ円体面への補正を行う。

a 温度の補正　測定時の温度が，標準温度でない場合，その温度の差の分だけ補正をしなければならない。温度の補正量 C_t は，距離に比例するので，次の式で求められる。

$$C_t = \alpha L(t - t_0) \qquad (3)$$

α：鋼巻尺の線膨張係数（一般に，0.000 012/℃）　　L：測定距離

t：測定時の温度　　　t_0：標準温度（一般に，15℃または20℃）

例題 1　2 点間 A，B の距離を，鋼巻尺によって測定したら，250.000 m であった。このときの気温は 10℃（標準温度は 15℃）のとき，温度補正した AB 間の距離はいくらか。

ただし，鋼巻尺の線膨張係数を 0.000 012/℃とする。

解答　温度の補正量

$$C_t = \alpha L(t - t_0) = 0.000\,012 \times 250.000 \times (10 - 15)$$
$$= -0.015 \text{ m}$$

温度補正した距離

$$L_1 = L + C_t = 250.000 + (-0.015) = 249.985 \text{ m}$$

b 尺定数の補正　尺定数[1]とは，正しい長さと使用した巻尺の長さとの差をいい，巻尺の長さとともに，次のように表す。

$$50 \text{ m} + 2.8 \text{ mm}[2], \quad 15℃, \quad 98 \text{ N}[3]$$

これは，標準温度 15℃，標準張力 98 N において，50 m の巻尺が，正しい長さに対して 2.8 mm 伸びていることを示している。

尺定数が正（＋）のときは，巻尺が伸びていることを示し，負（－）のときは，縮んでいることを示す。

[1]correction for scale
巻尺に「検査成績書」などとして添付されている。
[2]尺定数は，＋2.8 mm
[3]ニュートン，張力の大きさを表す単位。

したがって，図8のように，尺定数が正の巻尺は，目盛間隔が伸びており，正しい長さより短い値を読むことになる。また，負の巻尺は，目盛間隔が縮んでおり，正しい長さより長く読むことになる。

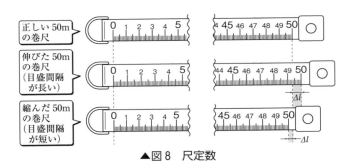

▲図8 尺定数

このことから，尺定数が正の巻尺で測定した距離には，正（＋）の補正を行い，負の巻尺で測定した距離には，負（－）の補正を行う。

いま，ある距離を測定したときの尺定数の補正量 C_l は，距離に比例するので，次の式で求められる。

$$C_l = \frac{\Delta l}{l} L \tag{4}$$

l：巻尺の長さ　　Δl：尺定数　　L：測定距離

例題 2　2点間 A，B の距離を，鋼巻尺によって測定したら，250.000 m であった。鋼巻尺の尺定数が，50 m に対して ＋2.8 mm のとき，尺定数を補正した距離はいくらか。

解答　尺定数の補正量

$$C_l = \frac{\Delta l}{l} L = \frac{+0.0028}{50} \times 250.000 = +0.014 \text{ m}$$

尺定数を補正した距離

$$L_2 = L + C_l = 250.000 + (+0.014) = 250.014 \text{ m}$$

⊂ 傾斜の補正　測定区間に傾斜地があれば，高低差を測定して，式(1)から水平距離を求める。一般に，傾斜（高低差）による補正量 C_i は，次の式で求められる。

$$C_i = -\frac{H^2}{2L} \tag{5}$$

H：高低差　　L：測定距離

例題 3　2点間 A，B の斜距離を，鋼巻尺によって測定したら，250.000 m であった。AB 間の高低差（比高）は 14.000 m であった。傾斜の補正をした距離はいくらか。

解答　傾斜の補正量

$$C_i = -\frac{H^2}{2L} = -\frac{14.000^2}{2 \times 250.000} = -0.392 \text{ m}$$

傾斜の補正をした距離

$$L_3 = L + C_i = 250.000 + (-0.392) = 249.608 \text{ m}$$

例題 4

2点間 A，B の斜距離を，鋼巻尺によって測定したら，250.000 m であった。このときの気温は 10 ℃（標準温度 15 ℃），鋼巻尺の尺定数は 50 m に対して ＋2.8 mm，鋼巻尺の線膨張係数は 0.000 012/℃であり，AB 間の高低差（比高）は 14.000 m であった。補正した距離はいくらか。

解答　温度の補正量

$$C_t = \alpha L(t - t_0) = 0.000\,012 \times 250.000 \times (10 - 15) = -0.015 \text{ m}$$

尺定数の補正量

$$C_l = \frac{\Delta l}{l}L = \frac{+0.002\,8}{50} \times 250.000 = +0.014 \text{ m}$$

傾斜の補正量

$$C_i = -\frac{H^2}{2L} = -\frac{14.000^2}{2 \times 250.000} = -0.392 \text{ m}$$

補正した距離

$$L_0 = L + C_t + C_l + C_i$$
$$= 250.000 + (-0.015) + (+0.014) + (-0.392) = 249.607 \text{ m}$$

d 準拠だ円体面への補正　距離は，図9のように，準拠だ円体面上へ投影した値で表すのが原則である。したがって，準拠だ円体面への補正量 C_h は，次の式で求められる。

$$C_h = -\frac{LH}{R} \tag{6}$$

❶詳しくは, p. 94, p. 160 で学ぶ。

R：地球の半径（約 6 370 km）　　L：全補正を終わった距離

H：準拠だ円体面からの L の高さ

例題 5

例題4で測定した地域の準拠だ円体面からの高さが，500.00 m のとき準拠だ円体面へ補正した距離はいくらか。

解答　準拠だ円体面への補正量

$$C_h = -\frac{LH}{R} = -\frac{249.607 \times 500.00}{6\,370\,000} = -0.020 \text{ m}$$

準拠だ円体面へ補正した距離

$$L_0 = L + C_h = 249.607 + (-0.020) = 249.587 \text{ m}$$

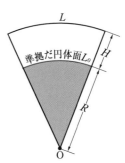

▲図9　準拠だ円体面への補正

3 測距器械による距離の測定

1 光波測距儀

●1● 光波測距儀と反射プリズム

光波を用いて距離を測定する装置を，**光波測距儀**という。光波測距儀による距離測定には，光波を発信・受信する光波測距儀（**主局**という）と，光波を反射する**反射プリズム**（**従局**という）とが用いられる。

最近の測量現場では，光波測距儀による距離測定に加えて，角度測定が同時に行える**トータルステーション**[1]（図 10）を用いることが多い。

反射プリズムには，近距離測定に用いられる**ミニプリズム・1 素子反射プリズム**（図 11(a)）と，遠距離測定に用いられる**3 素子反射プリズム**（図11(b)）などがある。

❶total station
詳しくは，第 3 章で学ぶ。

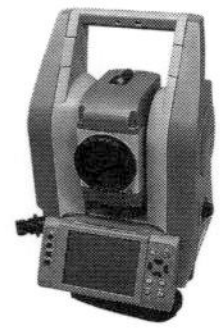

▲図 10 トータルステーション

(a) 1 素子反射プリズム　(b) 3 素子反射プリズム

▲図 11 反射プリズム

●2● 距離測定の原理

図 12 のように，測定する距離の 1 点 A に光波測距儀をすえつけ，他点 B に反射プリズムをすえつけて，光波を往復させる。光波の波長と位相差から，式(7)のような計算が光波測距儀内部で自動的に行われ，表示部に距離が表示される。

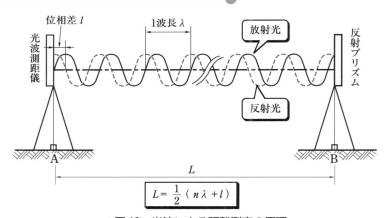

$$L = \frac{1}{2}(n\lambda + l)$$

▲図 12 光波による距離測定の原理

$$L = \frac{1}{2}(n\lambda + l) \tag{7}$$

L：測点間の距離　　λ：波長　　n：往復の波の数　　l：位相差

距離を測定する場合，2回の測定を1セットとして，2セットの測定を行い，その平均値を測定距離とする。

●3● 測定値の補正

測定した距離 L には，次のような補正を行う。

$$L_0 = L + C_1 + C_2 + C_3 \tag{8}$$

L_0：補正された距離　　C_1：気象補正値　　C_2：器械定数補正値

C_3：反射プリズム定数補正値

一般の距離測定では，C_1，C_3 については，以下で述べるように，求めた補正値を器械にセットすれば，距離は自動的に補正される。C_2 については，C_1，C_3 の補正ののちに行う。

a 気象補正　　光の速度は，真空中では一定であるが，大気中では真空中より遅くなる。

大気中での光の速度は，気温❶・気圧❷・湿度❸などにより変化するので，気象補正を行う。測定した気温・気圧を器械に入力すれば，自動的に計算されて，補正された距離が表示される。

b 器械定数補正　　使用する測距儀には，器械の電気回路などによる固有の誤差があり，これを器械定数という。器械定数は，比較基線場❹で，3セットの測定平均値と基線長を比較して求める。やむを得ない場合は，次の方法により器械定数を求め，補正する。

❶気温1℃の変化で100万分の1の影響がある。
❷気圧1hPaの変化で100万分の0.3の影響がある。
❸湿度による影響はきわめて小さいので，3，4級基準点測量では省略される。
❹国土地理院比較基線場または国土地理院に登録した基線場。

操作

1… 図13のように，500m以上とれる場所に点A，Bを設ける。

2… 直線AB上に中間の点Cを設ける。

3… 光波測距儀で水平距離 L_1，L_2，L_3 について，それぞれ3セットの測定を行い，平均値を求める。

4… 次の式により，器械定数 C_2 を求める。

$$C_2 = L_1 - (L_2 + L_3) \tag{9}$$

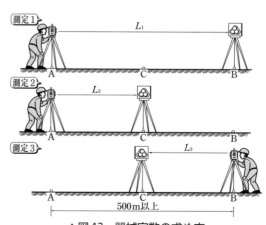

▲図13　器械定数の求め方

光波測距儀の器械定数を点検するため，図13の一直線にある点 A，C，B について，L_1，L_2，L_3 の距離を測定し，次の結果を得た。

$$L_1 = AB = 536.713\,\text{m} \qquad L_2 = AC = 336.560\,\text{m}$$

$$L_3 = CB = 200.141\,\text{m}$$

この結果には，器械定数の補正はされていないが，その他の補正はすべて正しくされているとして，器械定数はいくらになるか。

解答
$$C_2 = L_1 - (L_2 + L_3)$$
$$= 536.713 - (336.560 + 200.141) = +0.012\,\text{m}$$

C 反射プリズム定数補正 　反射プリズムの中心と反射位置のずれにより，測定距離に誤差を生じる。これを反射プリズム定数といい，使用する反射プリズムに表示されている。器械に反射プリズム定数を入力しておけば，自動的に距離が補正される。

2　GNSS（全球測位衛星システム）測量

●1● GNSS とその構成

　GNSS とは，位置を知るために打ち上げられた各国の人工衛星（**GNSS 衛星**）から発信される電波を受信し，その受信している地点の現在位置などを知ることができるシステムの総称である。

　GNSS は，宇宙空間から電波を発信する **GPS** などの人工衛星，人工衛星の軌道の監視と制御を行う地上の**管制制御システム**，現在の位置を決定するための **GNSS 受信機・GPS 受信機**から構成される。

　なかでも，アメリカの GPS 衛星は，24 個以上の人工衛星が図14のように6種類の円軌道に4個以上ずつ配置され，約12時間の周期で地球を回っている。それぞれの人工衛星には，きわめて精密な時計が搭載されている。

　GNSS 受信機には，図15のような測量用のほか，小型ボートや登山などのナビゲーション機器用などがある。

❶Global Navigation Satellite System

❷GNSS 衛星は以下のように，アメリカ，ロシア，欧州，日本（見返し3参照），などの衛星がある。

GNSS衛星
GPS衛星 アメリカ
GLONASS衛星 ロシア
Galileo衛星 欧州
準天頂衛星 （みちびき） 日本

❸Global Positioning System

❹人工衛星の軌道，姿勢，搭載時計などの制御を行うシステム。

❺GNSS のなかでも，とくに GPS だけの電波を受信する受信機を GPS 受信機，GPS だけでなく，ほかの GNSS 衛星の電波も受信できる受信機を GNSS 受信機という。

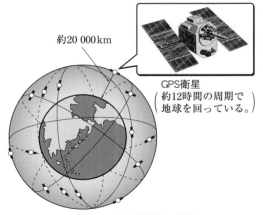

約20 000km

GPS衛星
（約12時間の周期で地球を回っている。）

▲図14　GPS 衛星の軌道

●2● GNSS の原理

GNSS 衛星から発信される電波には，GNSS 衛星の位置・時刻などのさまざまな情報が含まれている。GNSS 受信機は，これらの情報から，受信したすべての GNSS 衛星の位置を知ることができる。ここでは，アメリカの GPS を例にあげ，その原理を図 16 に示す。ある一つの GPS 衛星の発信時の時刻と受信時の時刻との時刻差を Δt とし，光の速度を C とすると，その GPS 衛星と GPS 受信機との間の距離は，次の式で計算できる。

$$L = \Delta t \cdot C \tag{10}$$

この方法で，GNSS 受信機から 3 個の GPS 衛星までの距離 L_1, L_2, L_3 が求められる。また，3 個の GPS 衛星の位置は既知であることから，GPS 受信機の位置は，図 17 のように，それぞれの GPS 衛星を中心とする，半径 L_1, L_2, L_3 の三つの球面の交点となる。

しかし，GPS 衛星に搭載されている精密な時計と，GNSS 受信機の内部時計の精度の関係から，距離 L_1, L_2, L_3 の信頼性は低い。このため，図 18 のように，4 個目の GPS 衛星からの距離 L_4 を求め，それぞれの GPS 衛星を中心とする，半径 L_1, L_2, L_3, L_4 の四つの球面の交点を求め，GPS 受信機の位置を決定する。GPS 衛星以外の GNSS 衛星についても，原則的には同様の原理で GNSS 受信機の位置を決定するため，GNSS 測量では 4 個以上の衛星を必要とする。

現在，わが国では，おもに GNSS で地殻変動を連続観測している。

▲図 15　GNSS 受信機

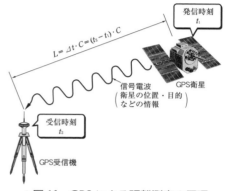

$L = \Delta t \cdot C = (t_2 - t_1) \cdot C$

発信時刻 t_1

GPS 衛星

信号電波
（衛星の位置・目的などの情報）

受信時刻 t_2

GPS受信機

▲図 16　GPS による距離測定の原理

❶詳しくは，p. 83 で学ぶ。
❷詳しくは，p. 83 で学ぶ。
❸地殻とよばれる地球の最表層部に，地震や火山などにともなう移動や隆起・沈降などによって生じた変位や変形のこと。

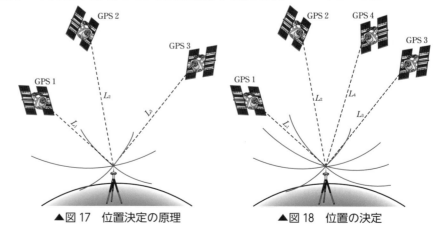

▲図 17　位置決定の原理　　　▲図 18　位置の決定

3　準天頂衛星システムを用いた測量

●1●　準天頂衛星システムとその特徴

　準天頂衛星システムとは，図19に示す準天頂軌道や静止軌道を飛行する人工衛星からの電波を受信して，受信している地点の位置情報の取得できる日本の衛星測位システムのことをいう。**QZSS**[❶]と略され，その軌道上を飛行する人工衛星は**みちびき**[❷]とよばれている。

　GNSS受信機を用いた測量では，4機以上のGNSS衛星からの電波の受信が必要である。しかし，日本の都市部や山間部ではビルや樹木などに電波が遮られて，電波を直接受信できる衛星数が減り，位置情報の精度低下や，位置情報の取得が不可能となる場合がある。そこで，準天頂衛星システムでは，GPS衛星と互換性をもたせ，GPS衛星と一体で利用することができるみちびきを飛行させることにより，すでにあるGPS衛星を補完して，時間帯や場所を選ばず，より高精度で安定した位置情報が取得できるようにした。

　図19は，みちびきの一日の動きを地球表面に投影したものである。その軌道には，北半球に約13時間，南半球に約11時間留まる8の字の軌道（**準天頂軌道**）[❸]と，つねに日本付近の赤道上空に留まる軌道（**静止軌道**）[❹]の二つがある。2017年の4号機打上げ以降，準天頂軌道に3機，静止軌道に1機が配置されており，ほぼ一日中，1機以上が日本の天頂付近に留まることができ，さらに3機からの電波が受信できる。

　みちびきから複数の周波数の電波を発信させることにより，専用の受信機を使用すれば，より高精度な位置取得が可能となり，GPS衛星の補強機能を果たすことができる。[❺]

　2024年頃には，さらに3機を追加し，より精度が高く，継続的な測位を可能とした7機体制とすることが計画されている。

●2●　準天頂衛星システムの応用

ⓐアジア，オセアニア地域での利用　みちびきが飛行する準天頂軌道から，日本と経度の近いアジア，オセアニア地域でも利用が可能であることがわかる。このため，これらの地域の国々にも利用拡大が進められている。

❶Quasi―Zenith Satellite System

❷2010年9月11日に初号機が打ち上げられ，その愛称として決定された。
　2017年までに，計4機が打ち上げられている。

❸地球を一周する間に南北を往復するが，それと同時に東西に自転から遅れたり進んだりすることで8の字となる。
❹地表からつねに見えるように経度を固定した軌道。地表から見ると静止しているように見えるため静止軌道という。
❺1 575.42 MHz，
　1 227.60 MHz，
　1 176.45 MHz，
　1 278.75 MHz の周波数電波を送信している。

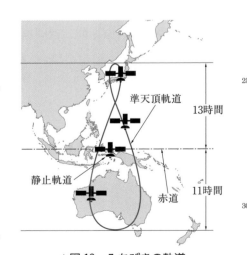

▲図19　みちびきの軌道

b高精度な位置情報の応用　　従来の GNSS 受信機に，準天頂衛星システムを追加した位置情報の取得により，高い精度の位置情報取得がより短時間で行えるようになった。GNSS 受信機を単独で用いた場合の誤差は，数 m 程度といわれていたが，準天頂衛星システムを追加し，専用の受信システムを整備すれば，GNSS 受信機を単独で用いた場合であっても，数 cm 程度の誤差になる。

▲図 20　農業用トラクターの自動走行

この機能を応用して，測量以外にも，i-Construction❶や IT 農業❷への利用が期待されており，みちびきを利用した農業用トラクターの自動走行実験や，除雪車運転支援システムの公開実演が行われている。

▲図 21　除雪車運転支援

Challenge

なぜ今，みちびき（準天頂衛星システム）が必要とされているのだろうか。また，みちびきによって今後どのようなことが可能となるのか話し合ってみよう。

❶詳しくは，第 13 章で学ぶ。
❷農機を高精度に操作し，農地管理をする手法。

4　VLBI（超長基線電波干渉計）測量

VLBI❸は，図 22 のように，数億光年の宇宙のかなたにある星（準星❹）から放射される電波を地上で受信し，その受信点間の距離を測定する器械である。GNSS の場合と同様に，地上の 2 測点への電波の到達時刻の差（遅延時間）をもとに測定する。VLBI は，1 000 km 以上の長い距離を cm 単位で観測できるので，高い精度が得られる。VLBI は，地殻変動など全地球規模の測量に利用されている。

❸Very Long Baseline Interferometer
❹はるか遠方にあるが，ひじょうに明るく輝いており，点光源にしか観測することができず恒星のように見えることから，準恒星状電波源を略して**準星**とよばれる。**クエーサー**ともよばれることが多い。

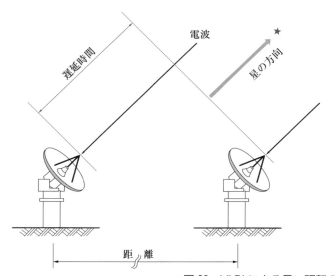

▲図 22　VLBI による長い距離の観測

VLBI

Challenge

> **1** 現在の日本の位置はどのように求められているのだろうか。
>
> **2** 最近多発している地震の発生を受けて、地殻変動の推移はどのように観測されるのだろうか。

第 **1** 章　**章末問題**

5

1 測点 A から測点 B までの斜距離が 105.780 m，高低差が 3.680 m であるとき，2 測点間の水平距離を p. 19 の式(1)を使用した場合と，式(2)を使用した場合をそれぞれ求めよ。

2 傾斜が一定な道路上にある 2 測点 A，B 間の斜距離を，鋼巻尺を用いて標準張力で測定し，次の結果を得た。2 測点 A，B 間の水平距離を求めよ。

　　　測定長 500.684 m 測定時の温度 28 ℃

10

　　　ただし，2 測点 A，B 間の高低差 3.0 m

　　　尺定数 50 m + 6.8 mm，20 ℃ 98 N

　　　鋼巻尺の線膨張係数 0.000 012/℃

3 準拠だ円体面からの高さが 1200 m の地域で距離測量を行い，全補正を終えたところ，水平距離が 187.543 m であった。準拠だ円体面へ補正した距離はいくらか。

15

4 光波測距儀の器械定数を点検するため，同一直線上にある点 A，B，C 間の距離を測定し，AB = 700.156 m，BC = 300.052 m，AC = 1000.158 m を得た。この光波測距儀の器械定数はいくらか。

　　　ただし，すべての点で器械高および反射プリズム高は等しいものとし，反射プリズム定数は － 0.032 m とする。また，測定結果は，気象補正が終わったものとし，測定誤差はないものとする。

20

5 図 23 に示すように，平たんな土地に点 A，B，C を一直線上に設けて，各点におけるトータルステーションの器械高及び反射鏡高を同一にして距離測定を行い，表 2 の結果を得た。この結果から器械定数と反射鏡定数の和を求め，AC 間における補正後の測定距離を求めなさい。ただし，測定距離は気象補正済みとし，測定誤差はないものとする。

25

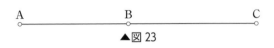

▲図23

▼表2

測定区間	測定距離
AB	322.184 m
BC	383.446 m
AC	705.621 m

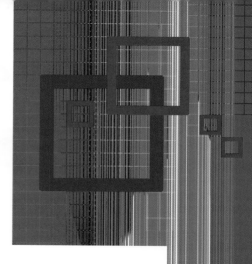

　角測量は，測角器械（セオドライトやトータルステーションなど）を使って水平角や鉛直角を測定することである。本章では，測角器械の使用方法や測角の観測方法，器械のしくみについて学ぶ。

　測角器械の取り扱いについては，第3章以降のトラバース測量や，第4章細部測量などでも基本的な知識として重要な事項になるので，正しく身につける必要がある。

?

- 測角器械はどのような構造になっているのだろうか。
- 角度はどのような方法で測定するのだろうか。
- 角測量における誤差はどのようなものがあるのだろうか。

1 角測量と測角器械

1 角測量（測角）

図1において、視準線 OA、OB を水平面に投影したときにできる角度 α（$\angle A'OB'$）を、**水平角**[1] という。また、視準線 OA、OB を含む、それぞれの鉛直面内の角度 β_1（$\angle AOA'$）と β_2（$\angle BOB'$）を**鉛直角**[2] という。

水平角と鉛直角をセオドライトなどの器械で測定することを、**角測量（測角）**という。

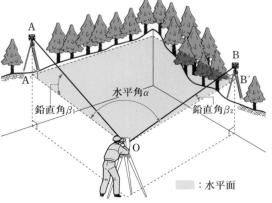

▲図1　水平角と鉛直角

2 測角器械の角度の単位

測角器械で観測される角度は、°**（度）**・′**（分）**・″**（秒）**で表される。

1分は1度を60等分した角度をいい、また、1秒は、1分を60等分した角度である。

3 測角器械

角測量で水平角や鉛直角を観測するには、図2のような**セオドライト**[3]や**トータルステーション**[4]が使用される。

セオドライトは、望遠鏡と目盛盤から構成され、水平角や鉛直角を正確に測定する器械である。

トータルステーションには、セオドライトの機能に加えて、距離を計測する光波測距儀など、いくつかの計算機能が組み込まれている。

1回の視準で、水平角、鉛直角、斜距離が同時に観測でき、また、観測データを記憶させることができる。[5]

[1] horizontal angle
[2] vertical angle
　詳しくは、p. 45 で学ぶ。

[3] theodolite
[4] total station
[5] 最近の測量ではトータルステーションを用いることが多くなっているが、本章では、測角機能についての解説に特化させるため、おもにセオドライトを用いて説明している。

(a) セオドライト　　　(b) トータルステーション
▲図2　いろいろな測角器械

2 測角器械の構造

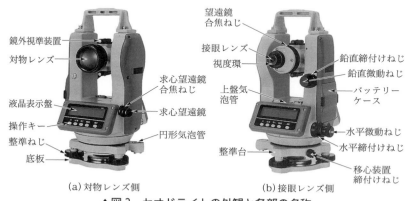

1 構造の概要

●1● 各部の名称

セオドライトの外観と各部の名称を，図3に示す。

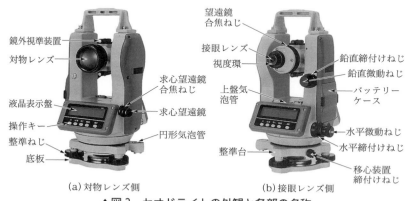

（a）対物レンズ側 （b）接眼レンズ側

▲図3 セオドライトの外観と各部の名称

●2● 構造と概要

セオドライトの構造は，水平角や鉛直角を正確に読み取るための装置と，器械を正しくすえつけるための装置に分けられる。

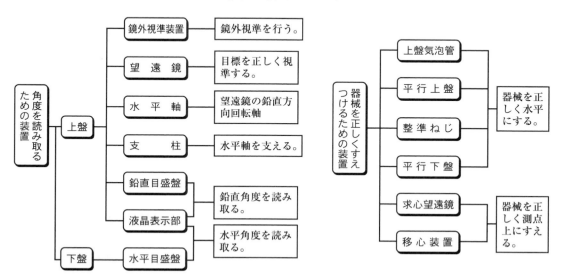

▲図4 セオドライト各部の働き

上盤は，鉛直軸を中心に水平回転できる。また，水平回転を固定する**水平締付けねじ**と，微動させる**水平微動ねじ**がある。**下盤**には，水

平目盛盤が取りつけられている。**望遠鏡**は，水平軸を中心に回転する。また，回転を固定する**鉛直締付けねじ**と，微動させるための**鉛直微動ねじ**がある（図3，5参照）。

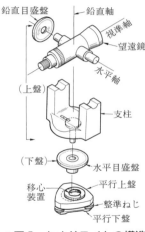

▲図5　セオドライトの構造

2 望遠鏡

●1● 望遠鏡のレンズ

対物レンズは，図6のように，2枚以上の合成レンズからなり，焦準ねじによって内部焦準用レンズを前後に移動させ，十字線の面に目標の像を結ばせるようになっている。

接眼レンズは，ふつう2枚以上の凸レンズからなり，倒像を避けるため，正像用レンズが組み込まれている。対物レンズの光心（レンズの中心）と接眼レンズの光心を結ぶ線を，**視準軸**という。

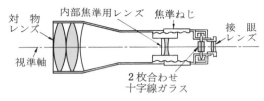

▲図6　測量用望遠鏡の構造

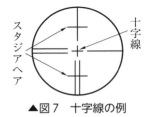

▲図7　十字線の例

●2● 十字線

十字線[1]は，ガラス板に刻まれており，目標に正しく合わせる（**視準**という）ことができるように，図7のようなものが多い。十字線の上下にある，等間隔で2本の線を**スタジアヘア**[2]という。

●3● 焦準

望遠鏡で目標を視準するときには，十字線や目標の像の焦点を，正しく合わせる必要がある。この操作を，**焦準**という。接眼レンズの焦準が正しくないと，対物レンズの光心と十字線の交点を結ぶ線（**視準線**）とが視準軸と一致しない。そのため，目を上下，左右に動かしたとき，目標の像が十字線に対して動いて見える。これを，**視差**という。視差をなくすには，次の順序で行う。

操作

1…望遠鏡を明るい方向に向ける。

2…空や白壁などに向けて十字線が明瞭に見えるようにしたあと，図8のように，視度環を操作して，十字線の焦点を正しく合わせる。この操作を**十字線の合焦**という。

3…焦準ねじを操作して，目標物への焦点を合わせる。

[1]cross hairs
[2]stadia hair
　スタジア線ともいう。
　望遠鏡内から見る視準物について，スタジアヘアの上線と下線の間の長さを読み取り，定数を乗じることで概略距離を求めることができる。

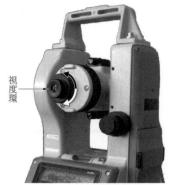

▲図8　十字線の合焦

3 目盛盤

測角器械は，水平角を測定する水平目盛盤と，鉛直角を測定する鉛直目盛盤を備え，角度を秒単位で測定できる。目盛の刻み方にはいくつかの種類があるが，一例を図9に示す。

▲図9　目盛盤

4 角度読定装置

一般に，セオドライトやトータルステーションでは，**液晶表示盤**を用いたデジタル式の角度読定装置が利用されている。

図10は，デジタル式のセオドライトの角度読定装置の一例であり，水平角や鉛直角の値を表示する液晶表示盤と，液晶表示盤を操作する**操作キー**から構成されている。

デジタル式のセオドライトやトータルステーションでは，視準と同時に，水平角や鉛直角の

▲図10　デジタル式のセオドライトの角度読定装置

値が液晶表示盤にデジタル表示され，目標を正しく視準するだけで角度が測定できる。野帳に記入するときに水平角と鉛直角を誤記入しないよう注意が必要である。

マイクロメーター　デジタル式のセオドライトが普及する以前のセオドライトでは，微小な角度まで読むためにマイクロメーターが用いられていた。接眼レンズからは，図11(a) のようなH（水平）目盛，V（鉛直）目盛，M（マイクロメーター）目盛が見える。

角度の読み取りは，次の順序で行う。

① マイクロメーターつまみを操作して，図 (a) の H 目盛を移動させ，図 (b) のように，245°の線を読み取り線の中央に導く。

② この操作で，M 目盛の値が変化するため，その M 目盛の値 41′ 35″ を読み取る。

③ H 目盛の 245° と M 目盛の 41′ 35″ を合わせて，水平角を 245° 41′ 35″ と読み取る。

④ 図 (c) の V 目盛も同様にして，鉛直角 103° 48′ 50″ と読み取る。

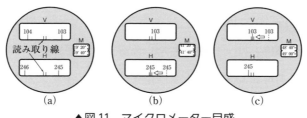

▲図11　マイクロメーター目盛

3 すえつけと視準

1 すえつけ

●1● 整準と求心

セオドライトの鉛直軸を正しく鉛直にすることを，**整準**という。セ^❶オドライトを整準するには，**整準ねじ**を操作して，次の順序で行う。

❶leveling up

> **操作**
>
> **1**… 器械が自由に回転できるように，セオドライトの水平締付けねじをゆるめる。
>
> **2**… 上盤を水平に回転させ，図12(a) のように，任意の二つの整準ねじ A，B を結ぶ線と，上盤気泡管とを平行にする。
>
> **3**… 図 (b) のように，二つの整準ねじ A，B を同時に操作して，気泡を中央に導く（気泡は，左手親指の動く方向に移動する）。
>
> **4**… 図 (c) のように，セオドライトを約 90° 回転させ，整準ねじ C だけを操作して，気泡を中央に導く。
>
> **5**… 3，4 の操作を繰り返し，気泡が，つねに中央にあるようにする。

❷上盤気泡管が 2 個の器械では，操作 **3** の位置で整準ねじ C を操作する。

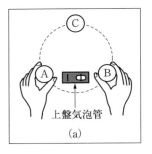 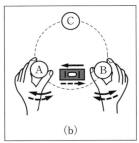 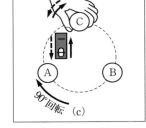

上盤気泡管

(a)　　　　　(b)　　　　　90°回転 (c)

▲図12　整準ねじの操作

セオドライトの鉛直軸を，地上の測点と正しく合わせることを，**求心**^❸という。求心は，求心望遠鏡を視準しながら，移心装置を使用して行う。

❸centering

●2● すえつけの手順

セオドライトのすえつけとは，三脚に固定した測角器械を，正しく整準し，同時に，測点上に正しく求心することをいう。セオドライトを測点上にすえつけるには，次の手順で行う。

操作

1… 三脚の脚頭部の高さを，閉じている状態で観測者の肩ぐらいの高さにして，測点を中心として，三脚を開く。このとき，望遠鏡は目の高さよりやや低くなるようにする。

2… 下げ振りがほぼ測点上にくるようにしながら，できるだけ脚頭が水平になるように三脚を操作する（伸縮，位置の調整）。その後，三脚をじゅうぶんに踏み込む。

3… 整準して，器械の鉛直軸を正しく鉛直にする。

4… 求心望遠鏡を正しく焦準したあとに視準し，図13のように，移心装置によって求心望遠鏡の視野中央の指標の○印と測点とを合わせる。

5… 上盤気泡管を点検し，整準が保たれていることを確認する。もし，整準が保たれていなければ，**3**，**4**を繰り返す。

❶三脚の開き方は，下図のように観測する角度を2等分した真ん中辺りに脚の1本を置き，2本の脚を持って，開いた3点がなるべく均等になるようにする。

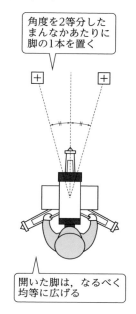

角度を2等分したまんなかあたりに脚の1本を置く

開いた脚は，なるべく均等に広げる

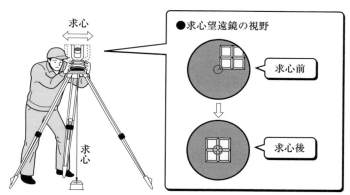

▲図13　移心装置による求心

求心

●求心望遠鏡の視野

求心前

求心後

セオドライトやトータルステーションのすえつけにおいては，三脚の位置の良否がすえつけ時間の長さに大きく影響し，場合によっては，何度もやり直すことになるので，よく練習する必要がある。また，傾斜地にすえつける場合，標高の低い側（谷側）に2本の脚がくるように三脚を開く必要がある。

❷下げ振りとは，下図のように器械の中心と測点の位置を同一鉛直線上に合わせるためのおもりのことである。

求心望遠鏡を積極的に利用したすえつけ

　セオドライトやトータルステーションを，より短時間ですえつけるために，求心望遠鏡を積極的に利用したすえつけ方法がある。その手順を次に示す。

　この方法を習熟すると，下げ振りを使用することなく測角器械を迅速にすえつけることができる。

1… 測角器械の中心がほぼ測点上にくるようにしながら，できるだけ脚頭が水平になるように三脚を開く。

2… 三脚をじゅうぶんに踏み込み，求心望遠鏡を正しく焦準する。

3… 求心望遠鏡を視準しながら整準ねじを操作し，求心望遠鏡の視野内の指標を測点に合わせる。この操作により，地上の測点と求心望遠鏡の中心が一致する（図14(a)）。

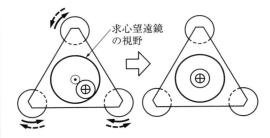

(a) 求心望遠鏡の視野と整準ねじ　　　(b) 三脚の伸縮と求心

▲図14　整準装置を利用した求心

4… 脚の伸縮や位置調整により，円形気泡管の中央に気泡を導く。この操作により，測点と求心望遠鏡の中心が，ほぼ一致したままで，測点を中心に回転するかのように，整準台上面がほぼ水平になる（図(b)）。

5… 整準ねじを操作して，器械の鉛直軸を正しく鉛直にする。

6… 求心望遠鏡を視準し，求心望遠鏡視野内の指標と測点の一致を確認し，求心望遠鏡視野内の指標と測点が一致する場合，すえつけが終わる。

7… **6**の操作で，求心望遠鏡視野内の指標と測点が一致しない場合は，求心望遠鏡を視準しながら移心装置を使用し，求心望遠鏡内の指標の○印と測点とを一致させる。

8… 上盤気泡管で整準を確認する。このとき，気泡が気泡管中央から移動していれば，**5**，**6**，**7**を繰り返す。

Challenge

　すえつけを早く正確に行うためには，ほかにもどのようにくふうすればよいか，みんなで意見を出し合ってみよう。

視準の方法

セオドライトで測点を視準するには，次の順序で行う。

 操作

1… 視度環を操作して十字線の合焦を行う。その後，水平締付けねじ・鉛直締付けねじをゆるめる。

2… 望遠鏡の鏡外視準装置で目標のおおよその方向を見通したあと，各締付けねじを締める（**鏡外視準**）。

3… 望遠鏡の合焦ねじを操作し，目標の像を焦準する。

4… 水平微動ねじ・鉛直微動ねじを操作し，図15のように，測点を正しく視準する（**鏡内視準**）。このとき，各微動ねじを押し込む方向（右回り）に回して，視準を終わるようにする。

5… 測点が直接視準できない場合，図16のように，測点上に鉛直に立てたポールの中心と十字線を一致させる。また，トータルステーションなどに用いる反射プリズムを視準する場合は，図17のように，ターゲットの中心と十字線を一致させる。ミニプリズムの場合は図18のように視準する。

▲図15　測点の視準　　▲図16　ポールの視準

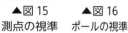

▲図17　ターゲット　　▲図18　ミニプリズム

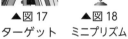

⚠ **測角器械の取り扱い上の注意事項**

① 締付けねじはあまり強く締めない（軽く締める程度）。

② 器械は，**できるだけ堅固な場所**にすえつけ，**三脚を十分に踏み込む**。

③ 観測時は三脚に触れず，また，三脚をまたぐことのないように考えてすえつける。

④ 視準に際して，視差の生じないように接眼レンズを操作して，**十字線をはっきりさせる**。

⑤ 器械の回転は，両手で上盤のふちまたは支柱の下部を軽く押さえて行う。望遠鏡などを持って回転させない。

⑥ 傾斜地でのすえつけは，山側に器械をすえつける。また，**三脚は，谷側に2本，山側に1本**となるように開く。

⑦ 器械に，長時間，直射日光があたらないようにする。

⑧ 使用後は，器械の手入れを行う。

⑨ 電池（バッテリーを含む）を使用する測量器械では，予備の電池を携行して測量する。使用後は，電池の液もれを防止するため，本体から電池を取り出しておく。

⑩ バッテリーの充電は，取り扱い説明書にしたがって行うこと。

4 検査と調整

1 測角器械の4軸

測角器械には，図19のように，**鉛直軸（V）・気泡管軸（L）・視準軸（C）・水平軸（H）**の4軸がある。

水平角の測定では，測定値に誤差を生じさせないために，4軸が次の条件を満たしていなければならない。

① 上盤気泡管軸が，鉛直軸と直交していること（L⊥V）

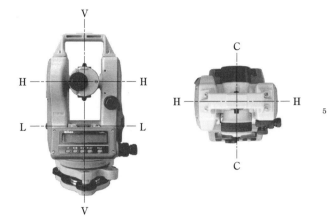

▲図19 セオドライトの4軸

② 視準軸が，水平軸と直交していること（C⊥H）

③ 水平軸が，鉛直軸と直交していること（H⊥V）

上の条件のうち，②，③は調整を行わなくても，測定の方法によって誤差を消去することができる。しかし，①のL⊥Vでないために生じる誤差は，消去することができない。そのため，器械の使用にあたっては，必ず次に述べる検査・調整を行わなければならない。また，求心望遠鏡のある器械は，求心望遠鏡の光軸（レンズの中心軸）を鉛直軸に一致させなければならない。

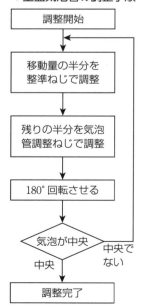

❶詳しくは，p.47で学ぶ。

2 上盤気泡管の検査と調整（L⊥V）

上盤気泡管は，図19のように，気泡管軸（L）が，器械の鉛直軸（V）に直交しなければならない。

検査と調整は，次の順序で行う。

操作

1… 測角器械を堅固な場所にすえつける。

2… 整準作業を正しく行い，気泡を気泡管中央に導く。

3… セオドライトを水平に約180°回転させる。

4… 気泡が，気泡管の中央から移動すれば，調整が必要であり，**5～8**の手順で調整する。

5… 気泡の移動量の半分を，整準ねじを操作して気泡管の中央の方向に

▼上盤気泡管の調整手順

調整開始
↓
移動量の半分を整準ねじで調整
↓
残りの半分を気泡管調整ねじで調整
↓
180°回転させる
↓
気泡が中央
中央 / 中央でない
↓
調整完了

移動させる。

6… 残りの半分を，図20のように，気泡管調整ねじを操作
して調整する。

7… 測角器械を鉛直軸のまわりに180°回転させ，気泡が気
泡管の中央にあるかどうかを調べる。

8… 気泡が，気泡管の中央にくるまで，**5～7**の操作を繰り
返す。

▲図20　上盤気泡管の調整

3 求心望遠鏡の検査と調整

操作

1… 上盤気泡管の検査と調整を行い，鉛
直軸を正しく鉛直にする。

2… 測角器械を整準し，図21のように，
求心望遠鏡を視準し，その視野内の
地上に白紙を固定する。

3… 測角器械の水平回転を固定したあ
と，求心望遠鏡を視準し，指標の○
印の位置を白紙上にしるし，点aと
する。

4… 締付けねじをゆるめて測角器械を
回転させ，**2**から90°ごとに白紙上
に点b，c，dをしるす。

5… 白紙上の4点が一致していること
を確認する。一致していなければ調整が必要であり，**6～7**の手順
で調整する。

6… セオドライトおよび地上の白紙を固定したままで，点a，cと点b，
dを結ぶ線を引き，交点Oを求める。

7… 求心望遠鏡をのぞきながら，調整ねじを操作して，正しく交点
Oを視準するように調整する（図22）。

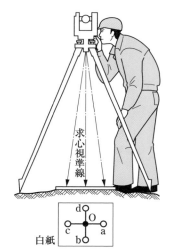

求心視準線

白紙

▲図21　求心望遠鏡の検査

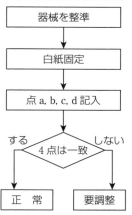

▼求心望遠鏡の検査順序

器械を整準

白紙固定

点a, b, c, d記入

する　　　しない

4点は一致

正　常　　要調整

▼求心望遠鏡の調整順序

交点Oの決定

調　整

　トータルステーションにおける，測距機能の点検・調整につ
いても同様である。内蔵するコンピュータの機能については，
製造メーカーでのメンテナンスが必要となる。

▲図22　求心望遠鏡の調整

5 角度の観測

1 水平角の測定

● 1 ● 正位と反位

図 23(a) のように，一般に，鉛直目盛盤が望遠鏡の左側に，鉛直締付けねじが望遠鏡の右側にある状態を望遠鏡の**正位** (r) という。この状態での観測を**正位の観測**という。次に器械を反転させて，図 (b) のように，鉛直目盛盤が望遠鏡の右側に（鉛直締め付けねじが左側（反対側に）ある状態を望遠鏡の**反位** (l) という。この状態での観測を**反位の観測**という。

❶鉛直目盛盤は，器械の外側に露出していない。正位・反位は，鉛直締付けねじの位置で判断する。

❷下図のように望遠鏡正位から反位へ反転させる。

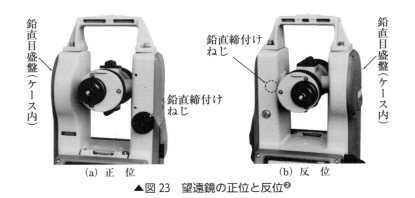

鉛直目盛盤（ケース内）

鉛直締付けねじ

鉛直締付けねじ

鉛直目盛盤（ケース内）

(a) 正 位　　　　　(b) 反 位

▲図 23　望遠鏡の正位と反位❷

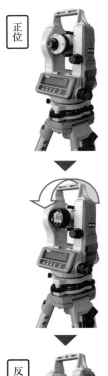

正位

反位

● 2 ● 1 対回の観測

望遠鏡の正位と反位で 1 回ずつ測定することを，**1 対回の観測**という。次のような理由により，1 対回以上の観測が行われる。

①　正位と反位の測定結果を比較して，観測の良否を判定できる。

②　正位と反位の平均値を取ることで器械的な誤差が消去できる。

また，測量の種類や目的によっては，2 対回以上の観測が義務づけられている。

● 3 ● 単測法

図 24 のように 1 つの角を単独で測定する方法を，**単測法**という。セオドライトを使用して，∠APB を単測法で測定する場合は，次の順序で行う。

1… セオドライトを測点 P にすえつけ，電源を入れる。

2… 望遠鏡を正位にして，測点 A を視準し，液晶表示盤に表示される水平角の値を 0°00′00″ にする。これを正位の初読とする。

3… 測点 B を視準し，液晶表示盤の水平角の値を読み取る。これを正位の終読とする。終読から初読を減じた値が正位の測定角である（表 1 の 62°25′40″）。

4… 鉛直締付けねじをゆるめ，望遠鏡を反転させる（望遠鏡反位）。

5… 望遠鏡反位のままで測点 B を視準し，液晶表示盤の水平角の値を読み取る。これを反位の初読とする。反位の初読は，**3** の読みに約 180° を加えた値となり，表 1 の 242°25′50″ となる。❶

6… 測点 A を視準し，液晶表示盤の水平角の値を読み取る。これを反位の終読とする。初読から終読を減じた値が，反位の測定角である（表 1 の 62°25′30″）。

7… 正位と反位の角度の差が許容範囲内であれば，観測が良好であると判断し，正位と反位の測定角の平均値を平均角とする。表 1 は，単測法の野帳記入例である。❷

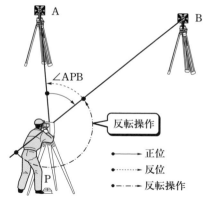

▲図 24　単測法

❶望遠鏡を反転操作（180° 回転）して範囲の初読を行うため。

❷道路の測量では，水平角観測の 1 対回の較差の許容範囲は 40″ である（―公共測量―作業規程の準則第 391 条）。

▼表 1　単測法の野帳の記入例

測点	望遠鏡	視準点	観測角	測定角	平均角	備　考
P	r	A	0°00′00″			
		B	62°25′40″	62°25′40″	62°25′35″	
	l	B	242°25′50″	62°25′30″		
		A	180°00′20″			

例題 1　水平角の観測を行い，表 2 の観測結果を得た。正位および反位の測定角・平均角を求めよ。

解答　正位の測定角は，次の式で計算される。

正位測定角 ＝（終読）−（初読）

正位測定角 ＝ 195°25′40″ − 0°00′00″

　　　　　 ＝ 195°25′40″

液晶表示盤には，360° 以上の角度については，360° を超えた角度だけが表示されるか

▼表 2　単測法の観測結果

測点	望遠鏡	視準点	観測角	測定角	平均角
O	r	P	0°00′00″		
		Q	195°25′40″		
	l	Q	15°25′40″		
		P	179°59′50″		

ら，反位の測定角 $15°25'40''$ は，

$$360° + 15°25'40'' = 375°25'40''$$

となり，次のように計算する。

反位測定角 ＝（初読）－（終読）

　　　 $= 375°25'40'' - 179°59'50'' = 195°25'50''$

平均角は，これらの測定角の平均値であるから，

$$平均角 = \frac{195°25'40'' + 195°25'50''}{2} = 195°25'45''$$

【Challenge】

望遠鏡の正位と反位の観測で測定の結果の良否を判定したり，器械的な誤差を消去できるのはなぜのなのか。みんなで考えてみよう。

❶**方向法**ともいう。
❷詳しくは，p. 44 で学ぶ。
❸詳しくは，p. 44 で学ぶ。

●4● 方向観測法

　方向観測法❶は，図 25 のように，1 点のまわりに複数の測点がある場合❷や，倍角差や観測差を求める場合❸に用いられる。

　観測方法は，一つの方向を基準として，求める測線の方向までの角（方向角）を，右回りに測定し，測量の目的により，1 対回の観測や 2 対回，3 対回と対回数を増やして観測することがある。

　対回数を増やして観測する場合は，表 3 のように，初読の位置をずらして観測する。

　図 25 の角を観測するには，次の順序で行う。

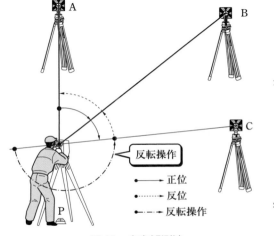

反転操作

●——→ 正位
········→ 反位
●—·—·→ 反転操作

▲図 25　方向観測法

【操作】

1···セオドライトを測点 P にすえつけ，電源を入れる。

2···測点 A を視準し，操作キーを操作して水平角の値を $0°00'00''$ にする。これを正位の初読とする。

3···測点 B を視準し，水平角の値を読み取る。

4···測点 C を視準し，水平角の値を読み取り，正位の観測を終わる。

5···鉛直締付けねじをゆるめて，望遠鏡を反転させる（望遠鏡反位）。

6···望遠鏡反位のままで測点 C を視準し，水平角の値を読み取る。

7···測点 B を視準し，水平角の値を読み取る。

8···測点 A を視準し，水平角の値を読み取り，反位の観測を終わる。

9···8 までの操作で 1 対回の測定が終わり，2 対回目，3 対回目と同様の方法を繰り返し，必要な対回数の観測を行う。❶

❶2 対回の場合，水平目盛位置は，0°，90° とする。

　3 対回の場合，0°，60°，120° とする（―公共測量―作業規程の準則第 37 条）。

表3に，方向観測法の野帳記入例を示す。

▼表3　方向観測法の野帳記入例

測点	目盛	望遠鏡	視準点	観測角	測定角	倍角	較差	倍角差	観測差
P	0°	r	A	0°00′00″					
			B	146°32′10″	146°32′10″	135″	5″	15″	15″
			C	186°59′30″	186°59′30″	80″	−20″	10″	10″
		l	C	6°59′50″	186°59′50″				
			B	326°32′05″	146°32′05″				
			A	180°00′00″					
	90°	l	A	270°00′10″					
			B	56°32′15″	146°32′05″	120″	−10″		
			C	96°59′50″	186°59′40″	70″	−10″		
		r	C	276°59′30″	186°59′30″				
			B	236°31′55″	146°31′55″				
			A	90°00′00″					

●5● 方向観測法における現地計算

方向観測法では，観測角の値を野帳に記録するとともに，倍角・較差・倍角差・観測差を現地で求め，観測の良否を判定する。表3の野帳を例にすると，現地計算の各項目は次のようになる。

ａ 測定角　測定角の計算は，望遠鏡の正位や反位，対回数にかかわらず，つねに，測点Aの観測角を差し引いて算出する。このことから，水平角の目盛0°および90°の測定角は，次のようになる。

【目盛　0°】正位（r）　∠APB ＝ 146°32′10″　∠APC ＝ 186°59′30″
　　　　　　反位（l）　∠APC ＝ 186°59′50″　∠APB ＝ 146°32′05″
【目盛90°】反位（l）　∠APB ＝ 146°32′05″　∠APC ＝ 186°59′40″
　　　　　　正位（r）　∠APC ＝ 186°59′30″　∠APB ＝ 146°31′55″

ここで，次の倍角・較差・倍角差・観測差の計算では，測定角の秒数の差を求めることになるので，すべての対回における同一測定角のうち，最も小さい分に合わせて計算する。

表3の野帳例の場合，∠APCでは，すべての対回における観測で分は59′と同じであるが，∠APBでは，最も小さい分が31′である。したがって，他の∠APBの分も，次のように31′に直して計算する必要がある。

▼方向観測法の計算順序

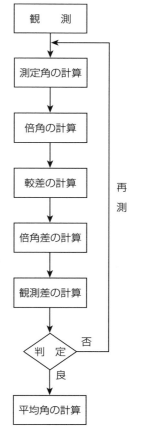

【目盛 0°】正位 (r) ∠APB = $\underline{146°31'70''}$❶ ∠APC = $186°59'30''$

　　　　　反位 (l) ∠APC = $186°59'50''$ ∠APB = $\underline{146°31'65''}$

【目盛 90°】反位 (l) ∠APB = $\underline{146°31'65''}$ ∠APC = $186°59'40''$

　　　　　正位 (r) ∠APC = $186°59'30''$ ∠APB = $\underline{146°31'55''}$

❶【目盛　0°】における
正位 (r) の値は次のよう
に考える。
　　　$146°32'10''$
　　$= 146°31'70''$
以下,【目盛　0°】の反
位,【目盛　90°】の反位
も同様に考える。

b 倍角　同一視準点の 1 対回における正位と反位の秒数の和である
($r + l$)。

【目盛 0°】∠APB = $70'' + 65'' = 135''$

　　　　∠APC = $30'' + 50'' = 80''$

【目盛 90°】∠APB = $55'' + 65'' = 120''$

　　　　　∠APC = $30'' + 40'' = 70''$

c 較差　同一視準点の 1 対回における正位の秒数から, 反位の秒数
を減じて求める ($r - l$)。このとき, 2 対回目の野帳が, 反位→正位の
順番で記入されていることに注意して計算する。

【目盛 0°】∠APB = $70'' - 65'' = 5''$

　　　　∠APC = $30'' - 50'' = -20''$

【目盛 90°】∠APB = $55'' - 65'' = -10''$

　　　　　∠APC = $30'' - 40'' = -10''$

d 倍角差　各対回の同一視準点に対する倍角のうち, 最大の値から
最小の値を差し引いて求める。

　　　∠APB : $135'' - 120'' = 15''$　　∠APC : $80'' - 70'' = 10''$

e 観測差　各対回の同一視準点に対する較差のうち, 最大の値から
最小の値を差し引いて求める。

　　　∠APB : $5'' - (-10'') = 15''$

　　　∠APC : $(-10'')'' - (-20'') = 10''$

f 判定　倍角差・観測差は, ともに方向法における観測の精度を判
定する数値である。測量の目的によって許容値❷が定められており, こ
れを超えた場合は再測する。

g 平均角　判定の結果, 再測の必要がなければ平均角を求める。
　表 3 の野帳例では, 次のようになる。

$$\angle APB = 146°31' + \frac{70'' + 65'' + 65'' + 55''}{4} = 146°32'04''$$

$$\angle APC = 186°59' + \frac{30'' + 50'' + 40'' + 30''}{4} = 186°59'38''$$

$$\angle BPC = 186°59'38'' - 146°32'04'' = 40°27'34''$$

❷3 級基準点測量
　　対回数 : 2, 倍角差 : $30''$
　　　　　　　　観測差 : $20''$
　4 級基準点測量
　　対回数 : 2, 倍角差 : $60''$
　　　　　　　　観測差 : $40''$
（一公共測量―作業規程
の準則第 37・38 条）

2 鉛直角の測定

図26のように，鉛直面において，鉛直線（天頂）からの角度を**天頂角**(Z)，水平線からの角度を**高低角**(α)という。また，これら鉛直面内の角度を総称して**鉛直角**という。なお，これら両者の和($Z + \alpha$)は
5　90°となる。

天頂角Zを測定する機会を使用した場合，高低角αの値は次の順序で求める。

操作

1… 器械を測点Pにすえつけ，電源を入れる。
10　**2**… 望遠鏡正位で測点Aを視準し，鉛直角の値(r)を読み取る。
3… 望遠鏡反位で測点Aを視準し，鉛直角の値(l)を読み取る。

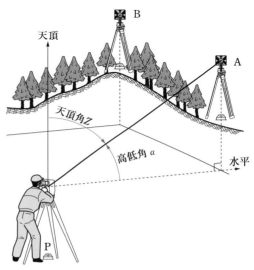

▲図26　天頂角と高低角

表4に，図27のような，2方向以上の鉛直角測定の野帳記入例を示
15　す。表4の野帳を例にすると，現地計算の各項目は次のようになる。

▼表4　鉛直角測定野帳

測点	視準点	鉛直角		高度定数	結果	
P	A	r	99°06′25″		$2Z$	198°13′20″
		l	260°53′05″		Z	99°06′40″
		$r + l$	359°59′30″	− 30″	α	− 9°06′40″
	B	r	87°45′16″		$2Z$	175°30′26″
		l	272°14′50″		Z	87°45′13″
		$r + l$	360°00′06″	6″	α	2°14′47″

ⓐ 天頂角・高低角　測角器械は一般的に天頂を 0°とした天頂角 (Z) を観測する。そのため，望遠鏡正位と反位で鉛直角を測定した場合，器械が示す角度は図 27 のようになる。したがって，1 対回の観測で天頂角 (Z) は以下の式で求められる。

$$2Z = r + 360° - l = (r - l) + 360°$$
$$Z = \{(r - l) + 360°\} \div 2 \tag{1}$$

また，高低角 (α) は次式で求められる。

$$\alpha = 90° - Z = 90° - \{(r - l) + 360°\} \div 2 \tag{2}$$

なお，この時 $\alpha > 0$ のときの α を **仰角** ($+$) といい，$\alpha < 0$ のときの α を **俯角** ($-$) という。

表 4 の野帳記入例では，視準点 A，B の高低角をそれぞれ α_A，α_B として，式 (2) より，次のようになる。

$$\alpha_A = 90° - \{(99°06'25'' - 260°53'05'') + 360°\} \div 2 = -9°06'40''$$
$$\alpha_B = 90° - \{(87°45'16'' - 272°14'50'') + 360°\} \div 2 = 2°14'47''$$

ⓑ 高度定数　図 27 より，1 対回の鉛直角観測における，望遠鏡正反の観測値の合計は理論上 360°となる。しかし，実際には誤差が含まれており，この誤差を **高度定数** (K) という。したがって，高度定数 (K) は次式で表される。

$$K = (r + l) - 360° \tag{3}$$

表 4 の野帳記入例では視準点 A，B の高度定数をそれぞれ K_A，K_B として，式 (3) より，次のようになる。

$$K_A = (99°06'25'' + 260°53'05'') - 360° = -30''$$
$$K_B = (87°45'16'' + 272°14'50'') - 360° = 6''$$

ⓒ 高度定数の較差　図 27 のように，2 方向以上の鉛直角を測定したときの，高度定数の最大と最小の差を **高度定数の較差** という。高度定数の較差は，鉛直角測定の精度を判定する数値であり，測量の目的により許容値が定められている。❶

表 4 の野帳記入例では次のようになる。

高度定数の較差は，$6'' - (-30'') = 36''$

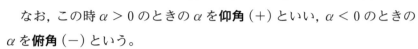
▲図 27　鉛直角において器械が示す角度

❶準則第 37・38 条では高度定数の較差の許容値を次のように定める。
3 級基準点測量
　1 対回において 30''
4 級基準点測量
　1 対回において 60''

6 角測量器械の器械誤差

角測量器械の器械誤差を分類すると，表5のようになる。

▼表5　角測量器械の器械誤差

器械誤差	誤差の種類	誤差の原因	誤差の消去・軽減のための方法
調整が不完全なために起こる誤差	鉛直軸誤差	気泡管軸と鉛直軸の直交不完全	測角方法では消去できない。調整が必要。
	視準軸誤差	視準線と水平軸の直交不完全	望遠鏡の正位・反位の測定で消去できる。
	水平軸誤差	水平軸と鉛直軸の直交不完全	望遠鏡の正位・反位の測定で消去できる。
	鉛直目盛盤の指標誤差	器械・器具に固有の誤差	望遠鏡の正位・反位の測定で消去できる。
構造上の欠かんによる誤差	目盛盤の目盛誤差	目盛の不均一による。	完全に消去できないが，目盛盤の全周を均等に使用することで軽減できる。
	目盛盤の偏心誤差	目盛盤の中心と目盛盤の回転軸の不一致による。	望遠鏡の正位・反位の測定で消去できる。
	視準軸の外心誤差	視準軸が，器械の中心を通らないことによる。	望遠鏡の正位・反位の測定で消去できる。

a 調整が不完全なために起こる誤差　測角器械の調整が不完全なために起こる誤差のうち，鉛直軸誤差は，どのような測角方法であっても，誤差の影響を消去・軽減できないので，上盤気泡管の検査・調整が必要である。

b 構造上の欠かんによる誤差　測角器械の構造上の欠かんによる誤差のうち，目盛盤の目盛誤差を完全に消去することはできない。しかし，表3の野帳記入例で示したように，初読の位置を $\dfrac{180°}{n}$（n は対回数）ずらして測定することで軽減することができる。

第 2 章 ● ● ● ● **章末問題** ● ● ● ● ● ● ● ●

1 セオドライトの正位・反位の観測を行うことによって，器械誤差が消去できるのは，次のうちどれか。

(1)　鉛直軸誤差　　(2)　鉛直目盛盤の指標誤差　　(3)　目盛盤の目盛誤差

(4)　視準軸誤差　　(5)　目盛盤の偏心誤差　　(6)　視準軸の外心誤差

2 セオドライトの測角において，正位の観測と反位の観測の平均値を取るのはなぜか。

3 表6に示す単測法の野帳の記入例について，野帳を完成し，平均角を求めよ。

4 表7は，方向観測法による水平角観測の野帳である。

倍角差・観測差を求め，∠TAN および ∠TAS の平均角を求めよ。

5 表8は，方向観測法による水平角と鉛直角の観測野帳である。倍角差・観測差と高低角 α，高度定数，および高度定数の較差を求め，各欄に記入せよ。

6 表8から，∠TAN，∠TAS，および ∠NAS の平均角の値を求めよ。

▼表6 単測観測野帳

測点	望遠鏡	視準点	観測角	測定角	平均角	備考
P	r	A	0°00′00″			
		B	58°40′00″			
	l	B	238°39′40″			
		A	179°59′50″			

▼表7

測点	目盛	望遠鏡	番号	視準点	観測角
A	0°	r	1	T	0°00′00″
			2	N	125°40′10″
			3	S	152°20′40″
		l	3	S	332°20′30″
			2	N	305°40′10″
			1	T	180°00′10″
	90°	l	1	T	270°00′10″
			2	N	35°40′20″
			3	S	62°20′20″
		r	3	S	242°20′40″
			2	N	215°39′50″
			1	T	89°59′55″

▼表8

測点	目盛	望遠鏡	番号	視準点	観測角	測定角	倍角	較差	倍角差	観測差
A	0°	r	1	T	0°00′00″	° ′ ″				
			2	N	60°15′30″					
			3	S	124°30′35″					
		l	3	S	304°30′50″					
			2	N	240°15′40″					
			1	T	180°00′00″					
	90°	l	1	T	270°00′00″					
			2	N	330°15′35″					
			3	S	34°30′40″					
		r	3	S	214°30′50″					
			2	N	150°15′40″					
			1	T	90°00′00″					

測点	視準点		鉛直角	高度定数	結果		備考
A	T	r	99°01′40″		2Z		
		l	260°58′30″		Z		
		r+l			α		
	N	r	91°45′20″		2Z		
		l	268°15′00″		Z		
		r+l			α		
	S	r	85°13′30″		2Z		
		l	274°46′35″		Z		
		r+l			α		

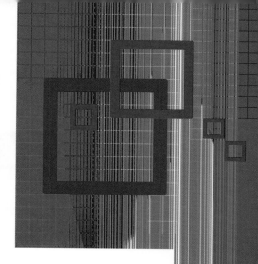

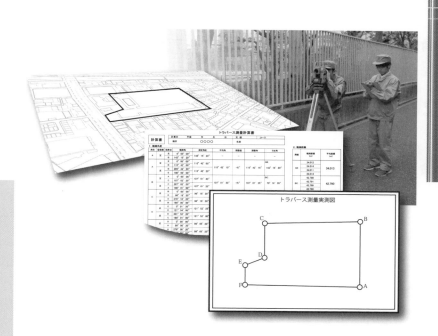

第 **3** 章

トラバース測量

　トラバース測量は基準点測量の一種であり，地図作成や建設工事での応用測量において，基準となる測点の位置を求めていくものである。

　トラバース測量の外業ではその手順，内業ではその計算方法について身につける必要がある。

?

・トラバース測量の外業はどのような方法で行うのだろうか。

・トラバース測量の内業はどのような方法で計算するのだろうか。

1 トラバース測量の概要

1 トラバース測量

　トラバースとは，ある地域を測量する場合の骨組の一種であり，測量に必要な測点を定め，順次，測線を結んで折れ線となったものをいう。トラバースの各測点の位置を求める測量を**トラバース測量**[1]という。

　作業は，現地で測角・測距などを行う**外業**と，外業の結果を整理・計算し，図面を作成する**内業**に分かれる。[2]

　測角には，セオドライトやトータルステーションを使用し，測距には，光波測距儀や鋼巻尺などを用いる。

[1] traversing
　多角測量ともいう。

[2] この章以降，操作では，外業と内業の両方を扱うこととする。

2 トラバースの種類

　トラバースには，次のような種類がある。

　閉合トラバース（閉トラバース）[3]　図1(a) のように，1点からはじまり，最後にはふたたび出発点に戻り，多角形をつくるトラバース。

　結合トラバース[4]　図 (b)，図 (c) の B-1-2-D のように，起点と終点を既知点として，その間の，新点（未知点）の位置を求めるトラバース。

　開放トラバース（開トラバース）[5]　図 (c) の D-(1)-(2) のように，終点の座標が未知なトラバースであり，測量の正確さを確かめられないので，高い精度を必要としない場合に用いられる。

　トラバース網[6]　図 (d) のように，いくつかのトラバースを組み合わせ，一つのトラバースでは測量できない広い区域の測量に用いられる。

[3] closed traverse

[4] connected traverse

[5] open traverse

[6] traverse network

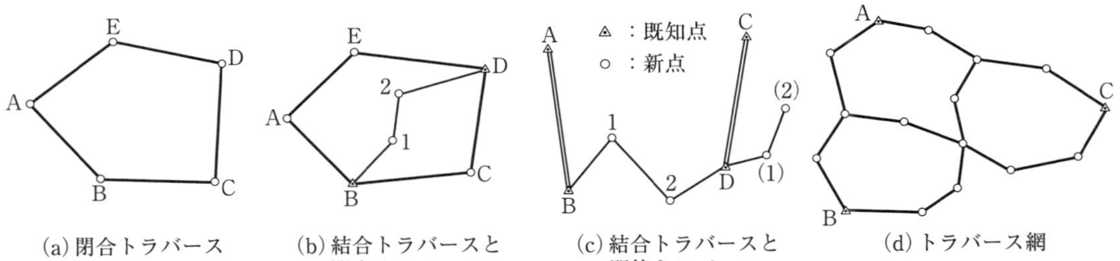

（a）閉合トラバース　　（b）結合トラバースと閉合トラバース　　（c）結合トラバースと開放トラバース　　（d）トラバース網

△：既知点
○：新点

▲図1　トラバースの種類

2 トータルステーションシステム

1 トータルステーション

トータルステーションは，デジタルセオドライトに光波測距儀と小型コンピュータを内蔵し，1回の視準で，水平角・鉛直角・斜距離を同時に測定・記憶するほか，次のような機能がある。

① 許容範囲を設定することで観測値の良否の判定ができる。

② 気温・気圧を入力すれば，自動的に気象補正ができる。

③ アプリケーションソフトウェアにより測量現場でトラバース測量の計算などのさまざまな処理を行うことができる。

❶水平距離は鉛直角と斜距離から計算される。

2 トータルステーションシステム

図2のような一連のシステムを**トータルステーションシステム**❷という。観測データをコンピュータに取り込んで計算処理や図化処理を行うため，入力作業や入力データの確認を省略でき，処理時間を大幅に短縮できる。

❷total station system
❸これらのデータを記録・計算を行うデータコレクタとよばれるものもある。

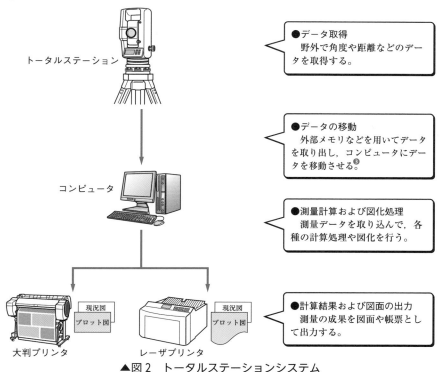

トータルステーション

●データ取得
　野外で角度や距離などのデータを取得する。

●データの移動
　外部メモリなどを用いてデータを取り出し，コンピュータにデータを移動させる。❸

コンピュータ

●測量計算および図化処理
　測量データを取り込んで，各種の計算処理や図化を行う。

現況図　プロット図

現況図　プロット図

●計算結果および図面の出力
　測量の成果を図面や帳票として出力する。

大判プリンタ　　　レーザプリンタ

▲図2　トータルステーションシステム

3 トラバース測量の外業

1 踏査・選点

測量をはじめるまえに，測量を完成させるのに最も能率のよい作業計画を立てるため，測量区域全体を見回って境界や地形を調べることを**踏査**[1]という。踏査の結果から，測点を選ぶことを**選点**[2]という。

選点は，それ以後の作業や精度に大きく影響するので，次の事項に注意して慎重に行う。この注意は，ほかの測量にも適用される。

測点の位置が定まれば，測点杭（くい）または測点びょうを打つ。長く保存する必要のある測点には，石やコンクリートの杭を用いる。

⚠ 選点にさいしての注意事項

1. 測点の数はなるべく少なく，各測点間の距離はできるだけ等しく，また，高低差を小さくする（測量地域内に均等に配置する）。
2. 測点は，相互に見通しがよく，測角や測距がしやすい点を選ぶ。
3. 細部測量にも便利に利用できる点を選ぶ。
4. 測点の保全について考慮する。

2 水平角の測定

水平角の測定は，トラバース測量の目的に適したセオドライトやトータルステーション[3]を用い，一般に**交角法**で行う。交角法とは，各測線が前の測線となす角（交角）を測定する方法である（図3）。

閉合トラバースでは，内側の交角を測定する場合（図(a)）と，外側の交角を測定する場合（図(b)）とがある。一般には，内側の交角を測定する。

誤差[4]が出た場合は，許容誤差[5]以内となるまで，測定を繰り返す。

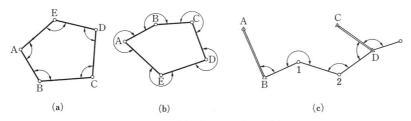

▲図3 交角法による角の測定

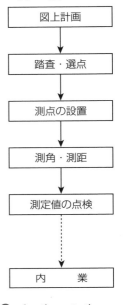

▼外　業

| 図上計画 |
| 踏査・選点 |
| 測点の設置 |
| 測角・測距 |
| 測定値の点検 |
| 内　　業 |

[1] selecting station
[2] reconnaissance

[3] セオドライトの性能は，最小目盛が3級基準点測量で10″読み以上，4級基準点測量で20″読み以上（一公共測量―作業規程の準則第37条）。

[4] 測定した角度の和と，理論的に正確な角度の和との差。
[5] 3級基準点測量では，$20''\sqrt{n}$（n：測角数），4級基準点測量では，$50''\sqrt{n}$（建設省公共測量作業規程解説と運用第41条（平成8年度版））。

3 距離の測定

　測量の目的や現地の地形に適した器具を用い，第1章で学んだ方法により測距を行う。

　トータルステーションによる距離の測定[1]は，次の順序で行う。

❶1視準2測定を1セットとし，2セットの観測を行う（一公共測量一作業規程の準則第37条）。

5 **操作**

1… 図4のように，測点Aにトータルステーションをすえつけ，距離を測定したい測点Bに反射プリズムを設置する。

2… 電源を入れ，反射プリズムを正確に視準し，測定キーを押せば，斜距離 L が測定される。

10 トータルステーションでは，測定した鉛直角 α をもとに自動的に計算して，水平距離 L_0 や高低差 H がデジタル表示される。

15

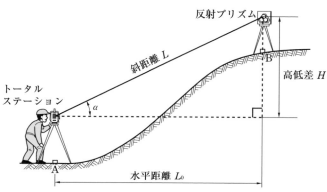

▲図4　トータルステーションによる距離測定

4 方位角の測定

　公共測量などでは，平面直角座標系の座標の北方向を基準にした方向角[2]を用いて，座標の位置を求めている。しかし，狭い範囲の測量で

20 は，磁針を用いて測定できる磁北を基準にした磁針方位角を用いて座標計算をする場合がある[3]。本書では，磁北を基準にした座標計算を学ぶ。

　磁針方位角は，図5のように，磁北から測線ABまでの右回りの角である。磁針方位

25 角は，次の方法で測定する。

❷詳しくは，p.161で学ぶ。

❸一般に，方位角は，下図のように，真北からの角であるが，本書では，以降ことわりのないかぎり，磁針方位角のことを，たんに方位角という。

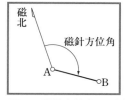

▲図5　磁針方位角の測定

操作

1… トータルステーションを測点Aにすえつけ，電源を入れる。

2… 磁針箱を取りつけて，磁針止めねじをゆるめ，磁針を指示線に合わせて水平締付けねじを締める。

30 3… 操作キーを操作して，液晶表示盤に表示される水平角の値を $0°00'00''$ にする。

4… 右回りに測点Bを視準し，水平目盛（方位角）を読み取る。

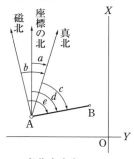

a：真北方向角
b：偏角
c：方位角
d：方向角
e：磁針方位角

4 トラバース測量の内業

1 測角の点検と角度調整

内業の計算内容を右図に示す。

全測角が終わったあと、測角の点検を行う。トラバースにはいくつかの種類があるが、ここでは閉合トラバースの計算方法について学ぶ。n 角形の閉合トラバースの内角の総和は、$(n-2) \times 180°$ でなければならないことから、測角誤差 $(\Delta\beta)$ は次式で求め、許容誤差以内であれば、それぞれの角に等しく配分して調整する。

$$測角誤差 (\Delta\beta) = (交角の和) - (n-2) \times 180° \qquad (1)$$

例題 1　図6のように、閉合トラバースの内側の交角を測定した。測角誤差を求めて各角を調整せよ。

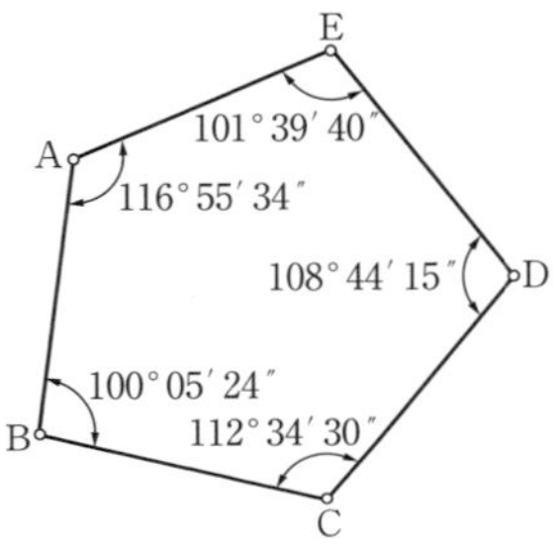

解答　図6から、測角数 $n = 5$、交角の和は $539°59'23''$ であるから、測角誤差 $(\Delta\beta)$ は、式 (1) より、

$$\Delta\beta = 539°59'23'' - (5-2) \times 180° = -37''\ \text{❶}$$
❷

これから、五角形全体の調整量は、次のようになる。

$$五角形全体の調整量 = -\Delta\beta = -(-37'') = 37''$$

各測点に均等に調整すると

$$各測点への調整量 = 37'' \div 5 = 7'' \cdots 2''$$

となる。余りの $2''$ は、測定角度の大きい測点に順に $1''$ ずつ、配分して $8''$、他の 3 つの測点には $7''$ を配分し調整角を求める（表1）。
❸

E
101°39′40″
A
116°55′34″
108°44′15″ D
100°05′24″
B 112°34′30″
C

▲図6

▼表1

測点	観測角	調整量	調整角
A	$116°55'34''$	$+8''$	$116°55'42''$
B	$100°05'24''$	$+7''$	$100°05'31''$
C	$112°34'30''$	$+8''$	$112°34'38''$
D	$108°44'15''$	$+7''$	$108°44'22''$
E	$101°39'40''$	$+7''$	$101°39'47''$
計	$539°59'23''$	$+37''$	$540°00'00''$

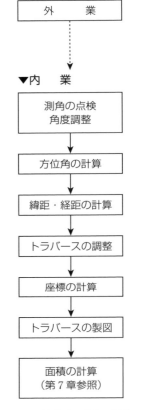

外　業

▼内　業

測角の点検
角度調整

方位角の計算

緯距・経距の計算

トラバースの調整

座標の計算

トラバースの製図

面積の計算
（第7章参照）

❶4級基準点測量の場合、許容誤差は
$50''\sqrt{5} \fallingdotseq 112''$
❷誤差と調整量の関係は、値は同じで符号が異なる。
❸測角誤差の調整は均等に調整する以外に明確な規定がなく、端数が生じたときの処理方法は、とくに定められていない。

各測点で生じた測角誤差が累積したと仮定したときの調整角の求め方

トータルステーションシステムなどのように，調整角を自動計算する場合では，図7のように，各測点で生じた測角誤差が累積したと仮定して，調整角を求めていることが多い。

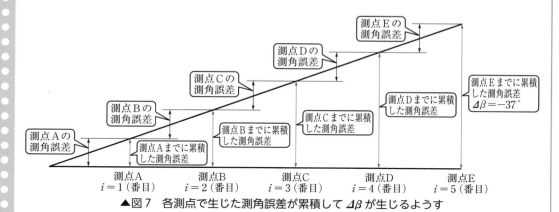

▲図7　各測点で生じた測角誤差が累積して $\varDelta\beta$ が生じるようす

図7より，n 角形のトラバースにおいて測点 i 番目までに累積した測角誤差に対する調整量は次式のようになる。

$$測点\,i\,番目までの調整量 = -\,\varDelta\beta \times \frac{i}{n}$$

よって，各測点への調整量は，測点 i 番目までの調整量から一つまえの測点 $(i-1)$ 番目までの調整量を差し引いたものに等しい。すなわち，

$$各測点への調整量 = \left(-\,\varDelta\beta \times \frac{i}{n}\right) - \left(-\,\varDelta\beta \times \frac{i-1}{n}\right)$$

これらの式を用いて，各測点の調整角を計算すると，表2のようになる。

▼表2

測点	i	観測角	測点 i 番目までに累積した調整量	各測点への調整量	調整角
A	1	$116°55'34''$	$-(-37'') \times \dfrac{1}{5} = 7.4'' \fallingdotseq 7''$	$7'' - 0'' = 7''$	$116°55'41''$
B	2	$100°05'24''$	$-(-37'') \times \dfrac{2}{5} = 14.8'' \fallingdotseq 15''$	$15'' - 7'' = 8''$	$100°05'32''$
C	3	$112°34'30''$	$-(-37'') \times \dfrac{3}{5} = 22.2'' \fallingdotseq 22''$	$22'' - 15'' = 7''$	$112°34'37''$
D	4	$108°44'15''$	$-(-37'') \times \dfrac{4}{5} = 29.6'' \fallingdotseq 30''$	$30'' - 22'' = 8''$	$108°44'23''$
E	5	$101°39'40''$	$-(-37'') \times \dfrac{5}{5} = 37''$	$37'' - 30'' = 7''$	$101°39'47''$
計		$539°59'23''$		$37''$	$540°00'00''$

2 方位角の計算

　図8のように，磁北からの方位角 α は，既知測線の方位角と調整角を用いて，次のように求める。

　図9で，測点 A，B，C，……の左側の交角を，それぞれ β_A，β_B，β_C，……とし，測線 AB の既知方位角を α_A とする。測線 BC の方位角 α_B を求めるには，α_A に交角 β_B を加え，これから $180°$ を減ずればよい。

　測線 BC の方位角 α_B は，

$$\alpha_B = \alpha_A + \beta_B - 180°$$

　測線 CD の方位角 α_C は，

$$\alpha_C = \alpha_B + \beta_C - 180°$$

前の式の結果からもわかるように，一般に，次の式がなりたつ。

　　ある測線の方位角 ＝（一つまえの測線の方位角）

　　　　　　　　　　　＋（左側の交角）－ $180°$ 　　　**(2)**

❶測線の進行方向に対して左側にある交角

左側の交角　　　　測
A　　B　[左側]　進線
　　　　　 C　行の
右側の交角　[右側]　方向

❷このときの交角は，調整角を用いる。

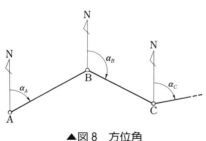

▲図8　方位角

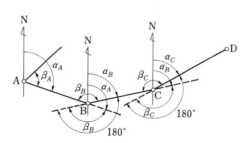

▲図9　方位角の計算

進行方向の右側の交角を計算に用いる場合

　図において，測線 BC の方位角 α_B は，

$$\alpha_B = \alpha_A + 180° - \beta_B$$

　測線 CD の方位角 α_C も同様に，

$$\alpha_C = \alpha_B + 180° - \beta_C$$

　上の式の結果からもわかるように，一般に，次の式がなりたつ。

　　ある測線の方位角 ＝（一つまえの測線の方位角）

　　　　　　　　　　　＋ $180°$ －（右側の交角）

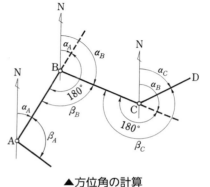

▲方位角の計算
（右側の交角を用いる場合）

例題 ②　図 10 のトラバースの各測線の方位角を計算せよ。

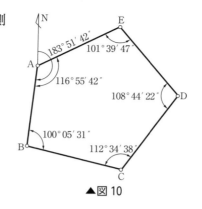

▲図 10

解答

式 (2) から,

測線 BC の方位角 = 測線 AB の方位角 ＋ 測点 B の交角 － 180°

$\qquad$ = 183°51′42″ ＋ 100°05′31″ － 180°

$\qquad$ = 103°57′13″

以下, 同様にして, 次のように計算する。

測線 CD の方位角 = 測線 BC の方位角 ＋ 測点 C の交角 － 180°

$\qquad$ = 103°57′13″ ＋ 112°34′38″ － 180°

$\qquad$ = 36°31′51″

測線 DE の方位角 = 測線 CD の方位角 ＋ 測点 D の交角 － 180°

$\qquad$ = 36°31′51″ ＋ 108°44′22″ － 180°

$\qquad$ = － 34°43′47″

計算結果が負の値となったので, この計算結果に 360° を加えたものが測線 DE の方位角であり,

$\qquad$ 方位角 = － 34°43′47″ ＋ 360°❶

$\qquad$ = 325°16′13″

測線 EA の方位角 = 測線 DE の方位角 ＋ 測点 E の交角 － 180°

$\qquad$ = 325°16′13″ ＋ 101°39′47″ － 180°

$\qquad$ = 246°56′00″

検算では, 最終測線の方位角に測点 A の交角を加えて求められる値が, 既知測線の方位角 (この例では測線 AB の方位角 183°51′42″) に等しいことを確認する。

測線 AB の方位角 = 測線 EA の方位角 ＋ 測点 A の交角 － 180°

$\qquad$ = 246°56′00″ ＋ 116°55′42″ － 180°

$\qquad$ = 183°51′42″

❶方位角を求めたとき, 負になる場合は, その値に 360° を加えて計算を行う。

　360° を超えた場合には, その値から 360° を減じて計算を行う。

3　緯距・経距の計算

　図 11 のように，たがいに直交する 2
本の基準線 NS と EW をとる。ある測
線 AB の測点 A と測点 B から，それぞ
れ基準線に垂線をおろしたとき，測線
AB の NS 線上の正投影 A_1B_1 を，測線
AB の **緯距**❶L という。また，測線 AB の
EW 線上の正投影 A_2B_2 を，測線 AB の
経距❷D という。緯距および経距は，測
線の距離 l と方位角 α を用いて，それぞ
れ次式で計算できる。

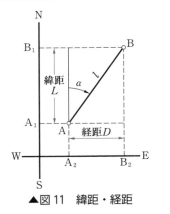

▲図 11　緯距・経距

❶latitude

❷departure

$$
\left.
\begin{array}{ll}
\textbf{測線 AB の緯距} & L = A_1B_1 = l\cos\alpha \\[4pt]
\textbf{測線 AB の経距} & D = A_2B_2 = l\sin\alpha
\end{array}
\right\} \tag{3}
$$

　緯距では S から N に向かうものを ＋，N から S に向かうものを −
とする。経距では，W から E に向かうものを ＋，E から W に向かう
ものを − とする。

　緯距および経距の正負は，方位角により計算され，図 12(a) では，
緯距・経距ともに ＋，(b) では，緯距が − で経距が ＋，(c) では，緯
距・経距ともに −，(d) では，緯距が ＋ で経距が − である。

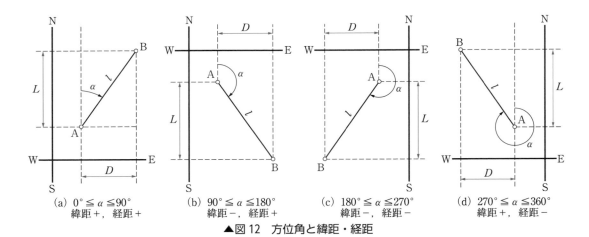

(a)　$0° \leqq \alpha \leqq 90°$
緯距＋，経距＋

(b)　$90° \leqq \alpha \leqq 180°$
緯距−，経距＋

(c)　$180° \leqq \alpha \leqq 270°$
緯距−，経距−

(d)　$270° \leqq \alpha \leqq 360°$
緯距＋，経距−

▲図 12　方位角と緯距・経距

<table>
<tr><th colspan="3">▼表3</th></tr>
<tr><th>測線</th><th>距離 l [m]</th><th>方位角</th></tr>
<tr><td>AB</td><td>37.383</td><td>183°51′42″</td></tr>
<tr><td>BC</td><td>40.635</td><td>103°57′13″</td></tr>
<tr><td>CD</td><td>39.088</td><td>36°31′51″</td></tr>
<tr><td>DE</td><td>38.813</td><td>325°16′13″</td></tr>
<tr><td>EA</td><td>41.388</td><td>246°56′00″</td></tr>
</table>

例題 3 表3の測線の距離および方位角から，緯距および経距を求めよ。

解答 式 (3) を用いて計算すると，表4のようになる。

▼表4

測線	距離 l [m]	方位角 α	緯距 L [m]	経距 D [m]
AB	37.383	183°51′42″	− 37.298	− 2.518
BC	40.635	103°57′13″	− 9.799	39.436
CD	39.088	36°31′51″	31.409	23.267
DE	38.813	325°16′13″	31.898	− 22.112
EA	41.388	246°56′00″	− 16.216	− 38.079
計	197.307		− 0.006	− 0.006

方位角と方位

方位 θ は，図13のように，方位角 α を南北 (NS) 線を基準として四つに分け，東 (E) または西 (W) の方向に 90° 以下の角度で表したものである。

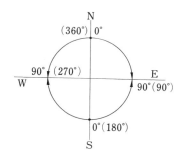
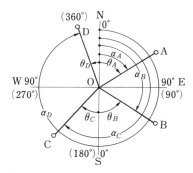

▲図13 方位角と方位

計算機が普及していなかったころでは，測線の距離と方位角から容易に緯距・経距を求めることは困難であった。このため，各測線の方位角から，計算により方位を求め，その後，関数表 (角度に応じた三角関数の値を表にしたもの) を用いて計算していた。

また，表5は，方位角 α と方位 θ の関係および緯距・経距の ＋，− の関係を示す。

▼表5 方位角と方位の関係

測線	方位角 α	方位 θ	方位の計算式	緯距の正負	経距の正負
OA	$\alpha_A(0°\sim90°)$	Nθ_AE	$\theta_A = \alpha_A$	(＋)	(＋)
OB	$\alpha_B(90°\sim180°)$	Sθ_BE	$\theta_B = 180° - \alpha_B$	(−)	(＋)
OC	$\alpha_C(180°\sim270°)$	Sθ_CW	$\theta_C = \alpha_C-180°$	(−)	(−)
OD	$\alpha_D(270°\sim360°)$	Nθ_DW	$\theta_D = 360° - \alpha_D$	(＋)	(−)

4 トラバースの調整

●1● 閉合誤差と閉合比

ⓐ閉合誤差（閉合差） 図14のような閉合トラバースにおいて，距離と角度の測定に誤差がなければ，最終の測線は出発測点に戻ってくるので，緯距の総和および経距の総和は，それぞれ，0にならなければいけない。したがって，次の条件が成立する。 ❶error of closure

$$\sum L = L_1 + L_2 + L_3 + L_4 = 0 \quad \sum D = D_1 + D_2 + D_3 + D_4 = 0$$

しかし，一般には，図15のように，距離と角度の測定を正確に行っても誤差は生じる。緯距の誤差をE_L，経距の誤差をE_Dとすれば，このとき，$E_L = A_1A_1' = \sum L$，$E_D = A_2A_2' = \sum D$となる。

したがって，閉合誤差Eは，図15のように，E_L，E_Dを2辺とする直角三角形の斜辺であるから，次の式で求められる。

$$E = \sqrt{E_L{}^2 + E_D{}^2} = \sqrt{(\sum L)^2 + (\sum D)^2} \tag{4}$$

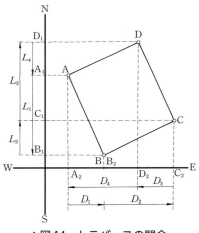

▲図14 トラバースの閉合

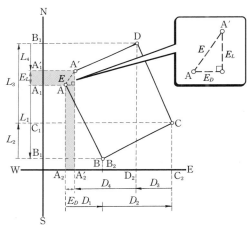

▲図15 閉合誤差

ⓑ閉合比 トラバースの精度は，一般に，閉合誤差Eと測線長の総和$\sum l$との比（閉合比）で示される。したがって，閉合比Rは，次の式で求められる。 ❷fractional closing error

$$R = \frac{E}{\sum l} = \frac{\sqrt{E_L{}^2 + E_D{}^2}}{\sum l} \tag{5}$$

❸閉合比の結果は，分子を1とする分数の形で表すため，計算上は$\dfrac{1}{\sum l / E}$で求める。

閉合比が要求される精度より低いときには，計算に誤りがないかを調べ，誤りがなければ再測を行う。

また，点検計算の許容範囲は，表6のとおりである。

❶結合多角・単路線：―
公共測量―作業規程の準
則第 42 条による。
閉合多角：国土交通省公
共測量作業規程第 41 条
（平成 14 年度版）による。

▼表6　点検計算の許容範囲❶

項　目 　　　区　分	3 級基準点測量	4 級基準点測量
結合多角・単路線　水平位置の閉合差	$15\,\text{cm} + 5\,\text{cm}\sqrt{N}\Sigma l$	$15\,\text{cm} + 10\,\text{cm}\sqrt{N}\Sigma l$
閉合多角　水平位置の閉合差	$2.5\,\text{cm}\sqrt{N}\Sigma l$	$5\,\text{cm}\sqrt{N}\Sigma l$

N：辺数　　　Σl：km 単位で表した数値

例題 4　表 7 の値から，閉合誤差および閉合比を求めよ。

▼表7

測線	距離 l [m]	方位角	緯距 L [m]	経距 D [m]
AB	37.383	183°51′42″	− 37.298	− 2.518
BC	40.635	103°57′13″	− 9.799	39.436
CD	39.088	36°31′51″	31.409	23.267
DE	38.813	325°16′13″	31.898	− 22.112
EA	41.388	246°56′00″	− 16.216	− 38.079
計	197.307		− 0.006	− 0.006

$$E_L = \Sigma L \qquad\qquad E_D = \Sigma D$$
$$\quad = -0.006 \text{ m} \qquad\qquad = -0.006 \text{ m}$$

解答　閉合誤差　$E = \sqrt{E_L{}^2 + E_D{}^2} = \sqrt{(-0.006)^2 + (-0.006)^2}$
$$= 0.008 \text{ m}$$

閉合比　$R = \dfrac{E}{\Sigma l} = \dfrac{0.008}{197.307} = \dfrac{1}{24\,663} \fallingdotseq \dfrac{1}{24\,600}$❷

❷一般に，測量精度の分
母の値は，過大評価を避
けるため，有効数字 4 け
た目を切り捨て，3 けた
に丸めることが多い。

5　**●2●　トラバースの調整** ─────────

　　閉合比が要求された精度内であれば，合理的に誤差を配分し，**調整
緯距**（調整した緯距）・**調整経距**（調整した経距）を求める。これを**ト
ラバースの調整**❸といい，次のように調整する。

　　角測量と距離測量の精度が同程度の器械を用いて測定し，誤差が出
10　た場合，誤差を各測線長に比例して配分する。この方法を**コンパス法
則**❹といい，誤差の調整量は，次の式で求められる。

❸balancing of trav-
erse

❹compass rule

$$e_{Li} = -\frac{E_L}{\Sigma l}l_i \qquad e_{Di} = -\frac{E_D}{\Sigma l}l_i \qquad\qquad (6)$$

e_{Li}：各緯距の調整量　　　e_{Di}：各経距の調整量

l_i：各測線の長さ　　　　Σl：測線長の総和

表 8 の緯距・経距を調整して，調整緯距・調整経距を求めよ。

▼表 8

測線	距離 l [m]	方位角	緯距 L [m]	経距 D [m]
AB	37.383	183°51′42″	− 37.298	− 2.518
BC	40.635	103°57′13″	− 9.799	39.436
CD	39.088	36°31′51″	31.409	23.267
DE	38.813	325°16′13″	31.898	− 22.112
EA	41.388	246°56′00″	− 16.216	− 38.079
計	197.307		− 0.006	− 0.006

$$E_L = \Sigma L \qquad\qquad E_D = \Sigma D$$
$$= -0.006\,\text{m} \qquad\qquad = -0.006\,\text{m}$$

解答　式 (6) を用いて計算すると，表 9，10 のようになる。

▼表 9

緯距の調整量の計算 [m]	経距の調整量の計算 [m]
$\text{AB} = -\dfrac{(-0.006)}{197.307} \times 37.383 \fallingdotseq +0.00114^{\,1}$	$\text{AB} = -\dfrac{(-0.006)}{197.307} \times 37.383 \fallingdotseq +0.00114^{\,1}$
$\text{BC} = -\dfrac{(-0.006)}{197.307} \times 40.635 \fallingdotseq +0.00124^{\,1}$	$\text{BC} = -\dfrac{(-0.006)}{197.307} \times 40.635 \fallingdotseq +0.00124^{\,1}$
$\text{CD} = -\dfrac{(-0.006)}{197.307} \times 39.088 \fallingdotseq +0.00119^{\,1}$	$\text{CD} = -\dfrac{(-0.006)}{197.307} \times 39.088 \fallingdotseq +0.00119^{\,1}$
$\text{DE} = -\dfrac{(-0.006)}{197.307} \times 38.813 \fallingdotseq +0.00118^{\,1}$	$\text{DE} = -\dfrac{(-0.006)}{197.307} \times 38.813 \fallingdotseq +0.00118^{\,1}$
$\text{EA} = -\dfrac{(-0.006)}{197.307} \times 41.388 \fallingdotseq +0.00126^{\,2*}$	$\text{EA} = -\dfrac{(-0.006)}{197.307} \times 41.388 \fallingdotseq +0.00126^{\,2*}$

＊ ＋ 0.00126 を小数第 4 位で四捨五入すると，緯距調整量の合計で ＋ 0.001，経距の調整量の合計で ＋ 0.001 の差が出るので，緯距・経距ともに，小数第 4 位以下の値を検討して，表のように ＋ 0.002 とした。

▼表 10

測線	距離 l [m]	方位角	緯距 L [m]	経距 D [m]	調整量		調整緯距 [m]	調整経距 [m]
					緯距	経距		
AB	37.383	183°51′42″	− 37.298	− 2.518	0.001	0.001	− 37.297	− 2.517
BC	40.635	103°57′13″	− 9.799	39.436	0.001	0.001	− 9.798	39.437
CD	39.088	36°31′51″	31.409	23.267	0.001	0.001	31.410	23.268
DE	38.813	325°16′13″	31.898	− 22.112	0.001	0.001	31.899	− 22.111
EA	41.388	246°56′00″	− 16.216	− 38.079	0.002	0.002	− 16.214	− 38.077
計	197.307		− 0.006	− 0.006	0.006	0.006	0.000	0.000

●3● X 座標と Y 座標 ────────────────

　ある点を原点として，これを通る NS 線を X 軸，EW 線を Y 軸とする直交座標によって，他の測点の位置を表すことができる。この点の縦座標を X 座標，横座標を Y 座標としている。

5　　図 16 において，測点 A を原点とし，その座標を $(X_1,\ Y_1)$ とすれば，測点 A の X 座標は $X_1 = 0$，Y 座標は $Y_1 = 0$ である。これから測点 B，C，D の X 座標・Y 座標を求めるには，次のようにする。

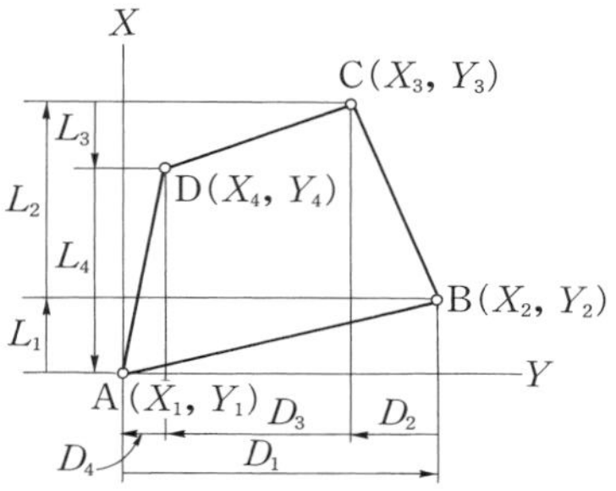

10

　　測線 AB，BC，CD，DA の緯距および経距を，それぞれ L_1，L_2，L_3，L_4 および D_1，D_2，D_3，D_4 とすれば，測点 B，C，D の X 座標 X_2，X_3，X_4 および Y 座標 Y_2，Y_3，Y_4 は，表 11 で求められる。

▲図 16　X 座標と Y 座標

▼表 11　X 座標と Y 座標の求め方

測点	X 座標	Y 座標
A	X_1	Y_1
B	$X_2 = X_1 + L_1$	$Y_2 = Y_1 + D_1$
C	$X_3 = X_2 + L_2 = X_1 + L_1 + L_2$	$Y_3 = Y_2 + D_2 = Y_1 + D_1 + D_2$
D	$X_4 = X_3 + L_3 = X_1 + L_1 + L_2 + L_3$	$Y_4 = Y_3 + D_3 = Y_1 + D_1 + D_2 + D_3$

15　　このように，ある測点の X 座標および Y 座標に，次の測線の緯距および経距を順次加えていくことにより，次の測点の X 座標と Y 座標が求められる。したがってトラバース計算で求める X 座標を**合緯距**❶，Y 座標を**合経距**❷ともいう。

❶total latitude
❷total departure

例題 6

20　　表 12 の調整緯距・調整経距から，測点 A を原点として各測点の X 座標・Y 座標を求めよ。

▼表 12

測線	調整緯距[m]	調整経距[m]
AB	− 37.297	− 2.517
BC	− 9.798	39.437
CD	31.410	23.268
DE	31.899	− 22.111
EA	− 16.214	− 38.077

解答

表11にしたがって計算すると，表13のようになる。

$X_B = 0.000 + (-37.297) = -37.297 \text{ m}$

$X_C = -37.297 + (-9.798) = -47.095 \text{ m}$

$X_D = -47.095 + 31.410 = -15.685 \text{ m}$

$X_E = -15.685 + 31.899 = 16.214 \text{ m}$

$Y_B = 0.000 + (-2.517) = -2.517 \text{ m}$

$Y_C = -2.517 + 39.437 = 36.920 \text{ m}$

$Y_D = 36.920 + 23.268 = 60.188 \text{ m}$

$Y_E = 60.188 + (-22.111) = 38.077 \text{ m}$

表14に，閉合トラバース計算表として，例題の計算例をまとめた。

▼表13

測点	X 座標 [m]	Y 座標 [m]
A	0.000	0.000
B	-37.297	-2.517
C	-47.095	36.920
D	-15.685	60.188
E	16.214	38.077

▼表14 閉合トラバース計算表

測線	距離 l [m]	方位角	緯距 L [m]	経距 D [m]
AB	37.383	183°51′42″	-37.298	-2.518
BC	40.635	103°57′13″	-9.799	39.436
CD	39.088	36°31′51″	31.409	23.267
DE	38.813	325°16′13″	31.898	-22.112
EA	41.388	246°56′00″	-16.216	-38.079
計	197.307		-0.006	-0.006

測線	調整量 [m] 緯距	調整量 [m] 経距	調整緯距 L [m]	調整経距 D [m]	測点	X 座標 [m]	Y 座標 [m]
AB	0.001	0.001	-37.297	-2.517	A	0.000	0.000
BC	0.001	0.001	-9.798	39.437	B	-37.297	-2.517
CD	0.001	0.001	31.410	23.268	C	-47.095	36.920
DE	0.001	0.001	31.899	-22.111	D	-15.685	60.188
EA	0.002	0.002	-16.214	-38.077	E	16.214	38.077
計	0.006	0.006	0.000	0.000	A	0.000	0.000

閉合トラバースでは，最終測点の X 座標・Y 座標が，最終測線の調整緯距・調整経距と符号が反対で絶対値が等しければ，計算に誤りがないことがわかる。

閉合誤差　$E_L = \sum L = -0.006 \text{ m}$　$E_D = \sum D = -0.006 \text{ m}$

$E = \sqrt{E_L{}^2 + E_D{}^2} = \sqrt{(-0.006)^2 + (-0.006)^2}$

$= 0.008 \text{ m}$

閉合比　$R = \dfrac{E}{\sum l} = \dfrac{0.008}{197.307} = \dfrac{1}{24\,663} \fallingdotseq \dfrac{1}{24\,600}$

5 トラバースの製図

　トラバースの製図は，一般に，各測点の X 座標および Y 座標を用いて，一つの原点を基準にして各測点を作図する。この方法には次のような利点があり，一般によく利用される。

① 製図時に生じる誤差が，その測点だけにとどまる。

② 各測点の位置が座標値でわかり，図の配置を定めやすい。

③ 製図の結果が，簡単に検査できる。

　製図は，手書きで行う方法とコンピュータ (CAD) を用いる方法があり，近年ではトータルステーションシステムの普及とともに，プリンタ出力が一般的となっている (図 17)。

　手書きで行う場合の手順は，おおむね，次のようになる。

操作

1… トラバース計算の結果から，X 座標の最大値と最小値および，Y 座標の最大値と最小値を確認する。

2… 次の式で，X 軸の最大長と Y 軸の最大長を求める。

$$X \text{ 軸の最大長} = (X \text{ 座標の最大値}) - (X \text{ 座標の最小値})$$
$$Y \text{ 軸の最大長} = (Y \text{ 座標の最大値}) - (Y \text{ 座標の最小値})$$

3… X 軸の最大長および Y 軸の最大長が図面におさまる範囲で必要な縮尺を決める。

4… 製図用紙に原点の位置を定め，座標軸をかく。

5… 各測点の X 座標・Y 座標を取り，各測点を用紙上にプロットし，図式記号等を作図して完成する。

　CAD を用いる方法は，この手順をコンピュータにより自動化したものである。

　製図操作は，コンピュータに組み込まれたアプリケーションプログラムによって，その操作方法に違いがある。

　図 17 に CAD による出力例を示す。

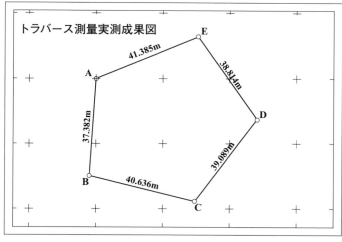

トラバース測量実測成果図

▲図 17　CAD による製図例

5　結合トラバースの計算

1　測定角の調整と方位角の計算

●1●　測定角の調整

a 測角誤差の算出　図 18 のような
結合トラバースにおいて，既知点 A
から既知点 B に結合トラバース A，1，
2，B を結んだとき，既知測線 AC の
方位角を α_A，既知測線 BD の方位角
を α_B，測定した交角を β_A，β_1，β_2，β_B
とすれば，

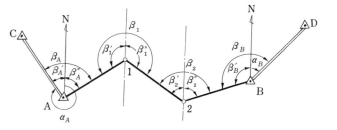

▲図 18　結合トラバース

$$\alpha_A + \beta_A{}' = 360° \qquad ①$$
$$\beta_A{}'' + \beta_1{}' = 180° \qquad ②$$
$$\beta_1{}'' + \beta_2{}' = 180° \qquad ③$$
$$\beta_2{}'' + \beta_B - \alpha_B = 180° \qquad ④$$

交角の総和を $\Sigma\beta$ とすると，式① ＋ 式② ＋ 式③ ＋ 式④は，

$$\overbrace{(\alpha_A + \beta_A{}')}^{360°} + \overbrace{(\beta_A{}'' + \beta_1{}') + (\beta_1{}'' + \beta_2{}') + (\beta_2{}'' + \beta_B - \alpha_B)}^{180° \times 3} = \alpha_A - \alpha_B + \Sigma\beta$$

したがって，測角の誤差 $\Delta\beta$ は，次のように表される。

$$\Delta\beta = (\alpha_A - \alpha_B + \Sigma\beta) - 180° \times (4 + 1)$$

測角数を n とすれば，測角の誤差 $\Delta\beta$ は，次のように表される。

$$\Delta\beta = (\alpha_A - \alpha_B + \Sigma\beta) - 180° \times (n + 1) \qquad (7)$$

この式は両端の既知測線の方向により異なる。その各方向と計算式
の関係を表 15 に表す。これらの式から求められた $\Delta\beta$ が，許容誤差
より小さい場合は，交角を調整する。

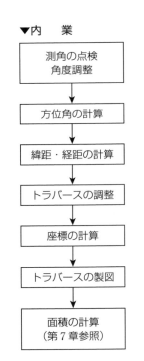

▼内　業

測角の点検 角度調整
↓
方位角の計算
↓
緯距・経距の計算
↓
トラバースの調整
↓
座標の計算
↓
トラバースの製図
↓
面積の計算 （第 7 章参照）

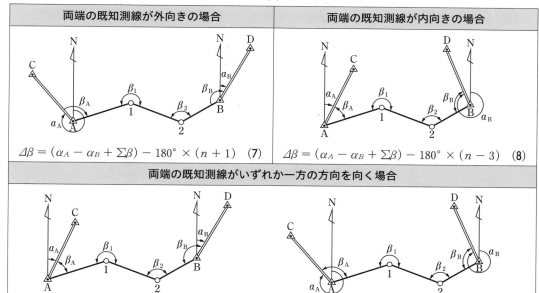

両端の既知測線が外向きの場合	両端の既知測線が内向きの場合
$\varDelta\beta = (\alpha_A - \alpha_B + \textstyle\sum\beta) - 180° \times (n + 1)$ (**7**)	$\varDelta\beta = (\alpha_A - \alpha_B + \textstyle\sum\beta) - 180° \times (n - 3)$ (**8**)

両端の既知測線がいずれか一方の方向を向く場合

$$\varDelta\beta = (\alpha_A - \alpha_B + \textstyle\sum\beta) - 180° \times (n - 1) \quad (\mathbf{9})$$

ｂ 測定角の調整　測定角の調整は，閉合トラバースの場合と同様の手順で，各測点へ測角誤差による調整量を均等に配分する。

例題 7　図 19 は，既知点 A から既知点 B に結合トラバース測量を行ったものである。表 16 に示す観測結果から測角誤差を計算し，測角誤差を調整せよ。

既知方位角　$\alpha_A = 330°15'30''$

既知方位角　$\alpha_B = 54°40'35''$

▼表16

測点	観測角
A	$105°20'52''$
1	$206°01'32''$
2	$117°42'03''$
B	$195°20'25''$

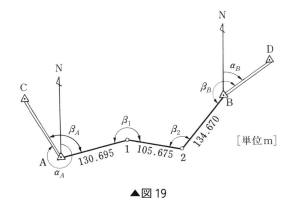

[単位m]

▲図19

解答

$\textstyle\sum\beta = \beta_A + \beta_1 + \beta_2 + \beta_{AB} = 624°24'52''$

式 (7) から，

$\varDelta\beta = (\alpha_A - \alpha_B + \textstyle\sum\beta) - 180° \times (n + 1)$

$= (330°15'30'' - 54°40'35'' + 624°24'52'') - 180° \times (4 + 1)$

$= 899°59'47'' - 900°00'00'' = -13''$

したがって，全体での調整量は 13″ となり，閉合トラバースの場合と同様に調整し，表 17 の結果となる。

▼表 17

測点	観測角	調整量	調整角
A	105°20′52″	＋3″	105°20′55″
1	206°01′32″	＋4″	206°01′36″
2	117°42′03″	＋3″	117°42′06″
B	195°20′25″	＋3″	195°20′28″

●2● 方位角の計算

結合トラバースでの方位角の計算は，閉合トラバースと同様に，調整した交角を用いて計算する。

結合トラバースは，図 18 のように，両端の既知点 A，B を結んだものであり，既知点 A，B，C，D の座標およびこれらの既知点を結ぶ測線 AC の方位角 α_A，測線 BD の方位角 α_B が正確にわかっているので，調整角を用いて計算される測線 BD の方位角の値と，既知点 BD を結ぶ測線の既知方位角 α_B の値を一致させることで，検算を行う。

例題 8 図 20 に示す結合トラバース測量を行い，表 18 の調整角を得た。これから，方位角を求めよ。

既知方位角　$\alpha_A = 330°15′30″$

既知方位角　$\alpha_B = 54°40′35″$

▼表 18

測点	観測角
A	105°20′55″
1	206°01′36″
2	117°42′06″
B	195°20′28″

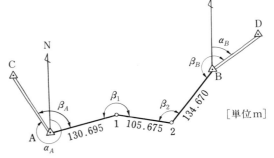

▲図 20

解答

測線 A1 の方位角 ＝ 測線 AC の方位角 ＋ 測点 A の交角 －360°❶

　　　　　　　＝ 330°15′30″ ＋ 105°20′55″ － 360°

　　　　　　　＝ 75°36′25″

測線 12 の方位角 ＝ 測線 A1 の方位角 ＋ 測点 1 の交角 －180°

　　　　　　　＝ 75°36′25″ ＋ 206°01′36″ － 180°

　　　　　　　＝ 101°38′01″

測線 2B の方位角 ＝ 測線 12 の方位角 ＋ 測点 2 の交角 －180°

　　　　　　　＝ 101°38′01″ ＋ 117°42′06″ － 180°

　　　　　　　＝ 39°20′07″

❶α_A と α_B の和が 360° を超えたので，360° を減じる。

なお，最初の測線の方位角計算のみ，ほかと異なることに注意する。

検算では，測線 2B の方位角に測点 B での交角を加えた値が，既知方
位角 α_B に等しいことを確認する。

測線 BD の方位角 ＝ 測線 2B の方位角 ＋ 測点 B の交角 $-180°$

$\qquad = 39°20'07'' + 195°20'28'' - 180°$

$\qquad = 54°40'35'' = \alpha_B$

2 緯距・経距と閉合誤差・閉合比の計算

● 1 ● 緯距・経距の計算

　緯距および経距は，任意の測線を南北方向と東西方向に三角関数を
用いて分解したもので，閉合トラバースと同じように，p. 58 で示した
式 (3) で計算できる。

● 2 ● 閉合誤差・閉合比の計算

　図 21 に示す結合トラバースでは，

① 既知点 A，B の座標の値がそれぞれ (X_A, Y_A)，(X_B, Y_B) とし
　て確定している。

② X_A に緯距の総和 ΣL を加えた値は，X_B に一致しなければなら
　ないが，実際には誤差 E_L が生じる。

③ Y_A に経距の総和 ΣD を加えた値は，Y_B に一致しなければな
　らないが，実際には誤差 E_D が生じる。

　これらから，結合トラバースの閉合誤差 E は，次式で求められる。

緯距の誤差 $E_L = (X_A + \Sigma L) - X_B$

経距の誤差 $E_D = (Y_A + \Sigma D) - Y_B$

閉合誤差 $E = \sqrt{E_L{}^2 + E_D{}^2}$

ΣL：緯距の総和

ΣD：経距の総和

　また，閉合比 R は，測線長の総和を Σl とすれば，次の式で求められる。

$$R = \frac{E}{\Sigma l} = \frac{\sqrt{E_L{}^2 + E_D{}^2}}{\Sigma l}$$

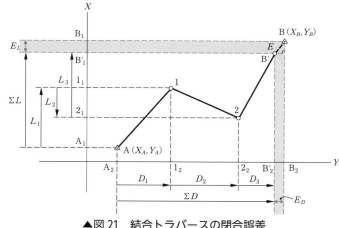

▲図 21　結合トラバースの閉合誤差

表 19 に示す測線の距離および方位角から緯距・経距を計算し，閉合誤差・閉合比を求めよ。ただし，既知点 A，B の座標値は，次の値である。

$$X_A = +390.365\,\text{m}, \quad Y_A = -185.740\,\text{m}$$

$$X_B = +505.709\,\text{m}, \quad Y_B = +129.706\,\text{m}$$

▼表 19

測線	距離 l [m]	方位角 α
A1	130.695	$75°36'25''$
12	105.675	$101°38'01''$
2B	134.670	$39°20'07''$

解答

(1) 緯距・経距の計算

式 (3) により，緯距・経距を求めると，表 20 のようになる。

▼表 20

測線	距離 l [m]	方位角 α	緯距 L [m]	経距 D [m]
A1	130.695	$75°36'25''$	32.487	126.593
12	105.675	$101°38'01''$	-21.310	103.504
2B	134.670	$39°20'07''$	104.161	85.362
計	371.040		$\sum L = 115.338$	$\sum D = 315.459$

(2) 閉合誤差と閉合比の計算

緯距の誤差

$$E_L = (X_A + \textstyle\sum L) - X_B$$
$$= (390.365 + 115.338) - 505.709 = -0.006\,\text{m}$$

経距の誤差

$$E_D = (Y_A + \textstyle\sum D) - Y_B$$
$$= (-185.740 + 315.459) - 129.706 = 0.013\,\text{m}$$

閉合誤差

$$E = \sqrt{E_L{}^2 + E_D{}^2} = \sqrt{(-0.006)^2 + (0.013)^2}$$
$$= 0.014\,\text{m}$$

閉合比

$$R = \frac{E}{\sum l} = \frac{0.014}{371.040} = \frac{1}{26\,503} \fallingdotseq \frac{1}{26\,500}$$

3 結合トラバースの調整と座標計算

● 1 ● 結合トラバースの調整

結合トラバースの調整は，閉合トラバースの場合（p. 61）と同様に，コンパス法則で行う。

● 2 ● X 座標・Y 座標の計算

結合トラバースの X 座標・Y 座標の計算は，起点側の既知点座標値に，各測線の緯距・経距を順次加算して，閉合トラバースの場合と同様の方法で求める。

また，この手順で求められた終点側の座標値と，既知点座標として確定している座標値とを比較し，検算を行う。

例題 10 表 21 のトラバースの緯距・経距の調整を行い，測点 1, 2 の X 座標・Y 座標を求めよ。

ただし，既知点 A，B の座標は，それぞれ，次の値である。

$$X_A = +390.365\,\text{m}, \quad Y_A = -185.740\,\text{m}$$
$$X_B = +505.709\,\text{m}, \quad Y_B = +129.706\,\text{m}$$

▼表 21

測線	距離 l [m]	緯距 L [m]	経距 D [m]
A1	130.695	32.487	126.593
12	105.675	− 21.310	103.504
2B	134.670	104.161	85.362
計	371.040	$\sum L = 115.338$	$\sum D = 315.459$

解答 (1) 緯距・経距の調整量と調整緯距・調整経距の計算

X 方向と Y 方向の閉合誤差 E_L と E_D を求めると，次のようになる。

$$E_L = (390.365 + 115.338) - 505.709 = -0.006\,\text{m}$$
$$E_D = (-185.740 + 315.459) - 129.706 = 0.013\,\text{m}$$

この値をもとに式 (6) を用いて調整量の計算を行うと，表 22 のようになる。

▼表 22

緯距の調整量の計算 [m]	経距の調整量の計算 [m]
A1 $= -\dfrac{(-0.006)}{371.040} \times 130.695 \fallingdotseq +0.002\overset{2}{1}1$	A1 $= -\dfrac{0.013}{371.040} \times 130.695 \fallingdotseq -0.004\overset{4}{5}8$
12 $= -\dfrac{(-0.006)}{371.040} \times 105.675 \fallingdotseq +0.001\overset{2}{7}1$	12 $= -\dfrac{0.013}{371.040} \times 105.675 \fallingdotseq -0.003\overset{4}{7}0$
2B $= -\dfrac{(-0.006)}{371.040} \times 134.670 \fallingdotseq +0.002\overset{2}{1}8$	2B $= -\dfrac{0.013}{371.040} \times 134.670 \fallingdotseq -0.004\overset{5}{7}2$

また，調整緯距・調整経距は，表 23 のようになる。

測線	緯距調整量 [m]	経距調整量 [m]	調整緯距 [m]	調整経距 [m]
A1	＋0.002	－0.004	32.489	126.589
12	＋0.002	－0.004	－21.308	103.500
2B	＋0.002	－0.005	104.163	85.357

(2) X 座標・Y 座標の計算

　測点 1 の座標は，既知点 A の座標に測線 A1 の緯距・経距を加えて求めることができる。また，測点 2 の座標は，測点 1 の座標に測線 12 の緯距・経距を加えて計算できる。

測点 1　$X_1 = +390.365 + 32.489 = 422.854\,\mathrm{m}$

　　　　$Y_1 = -185.740 + 126.589 = -59.151\,\mathrm{m}$

測点 2　$X_2 = +422.854 + (-21.308) = 401.546\,\mathrm{m}$

　　　　$Y_2 = -59.151 + 103.500 = 44.349\,\mathrm{m}$

　検算は，計算で求められた測点 2 の座標に，測線 2B の緯距・経距の値を加えて得られる計算結果が，既知点 B の座標値と一致することを確かめる。

$$X_B = +401.546 + 104.163 = 505.709\,\mathrm{m}$$

$$Y_B = +44.349 + 85.357 = 129.706\,\mathrm{m}$$

　一連の結合トラバースの計算表は，表 24 のようになる。

▼表 24　結合トラバース計算表

測線	距離 l [m]	方位角	緯距 L [m]	経距 D [m]
A1	130.695	75°36′25″	32.487	126.593
12	105.675	101°38′01″	－21.310	103.504
2B	134.670	39°20′07″	104.161	85.362
計	371.040		115.338	315.459

測線	緯距調整量 [m]	経距調整量 [m]	調整緯距 [m]	調整経距 [m]	測点	X 座標 [m]	Y 座標 [m]
A1	0.002	－0.004	32.489	126.589	A	390.365	－185.740
12	0.002	－0.004	－21.308	103.500	1	422.854	－59.151
2B	0.002	－0.005	104.163	85.357	2	401.546	44.349
計	0.006	－0.013			B	505.709	129.706

$$E_L = (390.365 + 115.338) - 505.709 = -0.006\,\mathrm{m}$$

$$E_D = (-185.740 + 315.459) - 129.706 = 0.013\,\mathrm{m}$$

閉合誤差　$E = \sqrt{E_L{}^2 + E_D{}^2} = \sqrt{(-0.006)^2 + (0.013)^2}$

　　　　　　$= 0.014\,\mathrm{m}$

閉合比　$R = \dfrac{E}{\sum l} = \dfrac{0.014}{371.040} = \dfrac{1}{26\,503} \fallingdotseq \dfrac{1}{26\,500}$

1 閉合トラバース測量を行い，表 25 の結果を得た。この測量の測角誤差を調整し調整角を求めよ。

▼表 25

測点	観測角
A	116°55′32″
B	100°05′27″
C	112°34′28″
D	108°44′13″
E	101°39′42″

2 トラバース測量を行い測角誤差を調整して，図 22 に示す調整角を得た。この値から，各測線の方位角を求めよ。

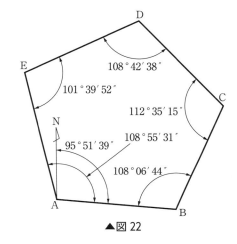

▲図 22

3 トラバース測量で，表 26 の結果を得た。この測量の閉合誤差と閉合比を求めよ。

▼表 26

測線	距離 l [m]	緯距 L [m]	経距 D [m]
AB	31.790	27.938	15.169
BC	35.232	13.711	32.455
CD	42.256	− 32.818	26.619
DE	33.485	− 19.169	− 27.456
EA	47.928	10.352	− 46.797

4 トラバース測量の結果，図 23 の観測角と距離を得た。観測角の測角誤差を配分し，トラバースを調整して各測点の座標を求めよ。

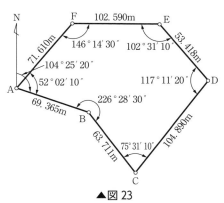

▲図 23

5　図 24 に示す結合トラバース測量を行い，表 27 の観測角を得た。この測量の測角誤差を調整し調整角を求めよ。

既知方位角　$\alpha_A = 335°20'15''$

既知方位角　$\alpha_B = 56°45'25''$

▼表 27

測点	観測角
A	105°15′35″
1	206°06′20″
2	112°22′13″
B	197°40′25″

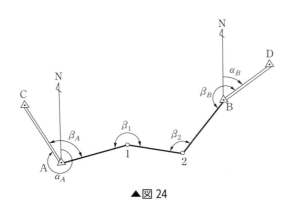

▲図 24

6　既知の測点 A，B を結合するトラバース測量を行って，表 28 の結果を得た。閉合誤差と閉合比を求めよ。ただし，測点 A，B の座標は，それぞれ，次の値である。

$X_A = 541.630\,\mathrm{m}$,　$Y_A = -215.603\,\mathrm{m}$,

$X_B = 442.220\,\mathrm{m}$,　$Y_B = 23.041\,\mathrm{m}$

▼表 28

測線	距離 l [m]	緯距 L [m]	経距 D [m]
A1	82.856	− 46.302	68.701
12	80.545	4.038	80.435
23	86.213	45.113	− 73.478
34	90.235	25.218	86.630
45	95.270	− 36.731	87.904
5B	91.483	− 90.752	− 11.542

7　図 25 は，既知点 A から既知点 B に結合トラバース測量を行ったものである。

表 29 に示す観測角の測角誤差を配分し，トラバースを調整して測点 1, 2, 3 の X 座標・Y 座標を求めよ。

▼表 29

α_A	40°25′10″	既知方位角
α_B	108°26′54″	既知方位角
β_A	68°26′55″	観測角
β_1	121°36′20″	観測角
β_2	262°52′35″	観測角
β_3	101°40′25″	観測角
β_B	233°26′00″	観測角

測点	X 座標	Y 座標
A	− 560.760	− 1 862.724
B	− 564.384	− 1 023.910

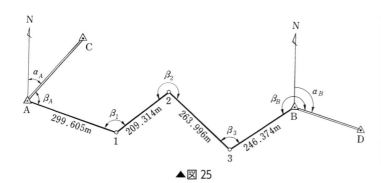

▲図 25

第 **4** 章

細部測量

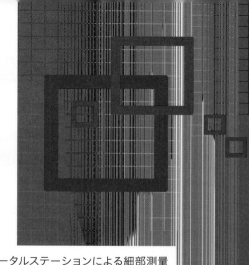

◀トータルステーションによる細部測量

トータルステーションと
電子平板▶

◀GNSSを用いた細部測量

　細部測量とは，位置（座標）が明確な基準点や既知点に，トータルステーションや GNSS 受信機などをすえつけて，地表の高低や起伏の形を示す地形や地物を測定する作業をいう。

?

- 細部測量の方法には，その目的や精度によってどのようなものがあるのだろうか。
- トータルステーションと電子平板を用いた細部測量では，平板測量と比べてどのような利点があるのだろうか。
- GNSS を用いた細部測量では，どのような観測条件に留意する必要があるのだろうか。

1 　細部測量とは

　トラバース測量や基準点測量[1]などで，その位置が明らかとなった既知点を基準として，地形[3]や地物[4]の位置などを詳細に測量することを**細部測量**という。

　細部測量のおもな方法には，図1のように，トータルステーションを用いた方法，GNSS受信機を用いた方法，平板測量がある。

　これまでは，細部測量の代表的な方法として平板測量が用いられてきたが，こんにちでは，地形や地物の位置（座標）や標高を数値データとして取り扱えるトータルステーションを用いた方法や，GNSS受信機を用いることが多い。

[1] 第3章参照。
[2] 詳しくは，第8章で学ぶ。
[3] 土地の起伏，河川など。
[4] 道路，鉄道，建物など。

[5] 平板測量は，作業規程の準則には規定されていないが，準則第17条の規定を満たせば実施可能である。

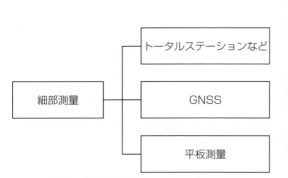

▲図1　細部測量における主な観測方法

▲図2　細部測量の例

《Challenge》

　地物には，ほかにどのようなものがあるか調べてみよう。

2 トータルステーションを用いた細部測量

1 細部点の測定

　トータルステーションを用いた細部測量は，地形や地物などの細部点の位置を明らかにするために，**放射法**を用いることが多い。

　放射法とは，ある一つの点から，基準方向（測線）と各細部点の方向との交角および各細部点までの距離を順次，測定・記録する方法である。

　図3の場合での観測は次の順序で行う。

操作

1… 既知点 T_2 にトータルステーションをすえつけ，既知点 T_1 を視準して，水平角の値を $0°00'00''$ にする。

2… 一般に，ひとつの既知点の周囲には，多くの細部点が存在するため，現地でスケッチを行い，順番に細部点番号を明記する。❶

3… 細部点番号 201 をつけた細部点にミニプリズムなどを設置して視準し，既知点 T_2 から観測した水平距離と水平角を記録する。❷

4… 同様に，202，203……208 と視準と記録を繰り返す。

5… すべての細部点の観測と記録を終えれば，次の既知点に移動して，その測点の周囲にある細部点の観測と記録を行う。❸

6… 基準点だけで細部測量を行えない場合は，TS点を設置し，TS点から細部測量を行う。

❶コンピュータで処理しやすい順に番号をつける。

❷細部測量の場合，一般に，反位の観測は行わない。

❸4級基準点と同程度の精度をもつ補助的に追加する基準点のこと。
詳しくは，p. 172で学ぶ。

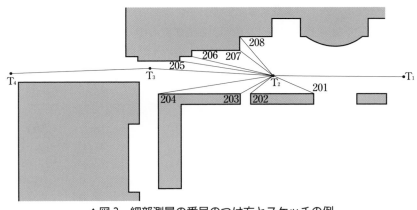

▲図3　細部測量の番号のつけ方とスケッチの例

4
細部測量

2 細部測量の計算

トータルステーションで観測・記録したデータをコンピュータに転送して計算処理を行い，座標を算出する。算出された結果は計算表として出力するほか，コンピュータで図面に編集して出力する。

図3のように，2つの既知点 E，A を利用して，細部点1，2，3の座標を求めるには，次の順序で行う。なお，実際には，これらの計算については，すべてコンピュータで処理される。

❶トラバース計算と同様の計算を行い，細部点の X 座標・Y 座標を求める。

操作

1… 測点 E にトータルステーションをすえつけ，図4のように，測線 EA と E1，E2，E3 との交角 β_1，β_2，β_3 の測定と，測点 E から細部点1，2，3までの測距を行う。

2… 測線 EA の方位角をもとにして，それぞれの方位角を計算する。

E1 の方位角

$= 3°51'42'' + 13°26'10'' = 17°17'52''$

E2 の方位角

$= 3°51'42'' + 39°02'40'' = 42°54'22''$

E3 の方位角

$= 3°51'42'' + 60°00'30'' = 63°52'12''$

3… 操作1と操作2の結果を基に，表1のようにまとめる。

4… トラバース計算と同じ方法で X 座標・Y 座標を求め，各細部点の座標値とする。

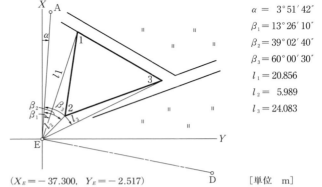

$\alpha = 3°51'42''$
$\beta_1 = 13°26'10''$
$\beta_2 = 39°02'40''$
$\beta_3 = 60°00'30''$
$l_1 = 20.856$
$l_2 = 5.989$
$l_3 = 24.083$

$(X_E = -37.300,\ Y_E = -2.517)$ ［単位　m］

▲図4　トータルステーションを用いた細部測量

▼表1

測線	距離 l [m]	観測角	方位角 α	緯距 L [m]	経距 D [m]	測点	X 座標 [m]	Y 座標 [m]
EA	—		3°51'42''	—	—	E	−37.300	− 2.517
E1	20.856	13°26'10''	17°17'52''	19.913	6.201	1	−17.387	+ 3.684
E2	5.989	39°02'40''	42°54'22''	4.387	4.077	2	−32.913	+ 1.560
E3	24.083	60°00'30''	63°52'12''	10.606	21.622	3	−26.694	+19.105

注.　細部点を求める計算は，mm 単位まで求める（―公共測量―作業規程の準則　解説と運用第90条）。

3 トータルステーションを用いた測点の測設

1 直線の延長

図5のように，直線 AB の延長線上の点 C を設ける場合，次のような方法を用いる。

5 ### ●1● 測点 A にトータルステーションをすえつける方法

操作

1…図5のように，トータルステーションを測点 A にすえつける。

10 **2**…測点 B を視準し，その視準線上に AC 間の距離をはかり，測点 C を測設する。

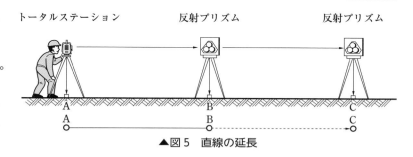

▲図5 直線の延長

●2● 測点 B にトータルステーションをすえつける方法

15 操作

1…図6のように，トータルステーションを測点 B にすえつけ，望遠鏡正位で点 A を視準して望遠鏡を反転し，点 C′ をしるす。

20 **2**…望遠鏡反位で点 A を視準し，望遠鏡を反転して点 C″ をしるす。

25 **3**…C′C″ の中点に測点 C を測設する。

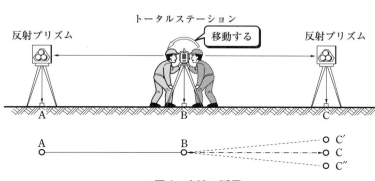

▲図6 直線の延長

2 測点の測設[1]

> [1] 既知点を基準に，新たな点を設ける測量。

図7において，測線 AB を基準にして水平角 θ（52°32′40″）をトータルステーションで測設するには，次の順序で行う。

操作

1… トータルステーションを測点 A にすえつけ，電源を入れる。

2… 測点 B を視準し，液晶表示盤に表示される水平角の値を $0°00'00''$ にする。

3… 水平締付けねじをゆるめ，$52°32'$ 付近まで回転させる。水平締付けねじを締め，水平微動ねじで $52°32'40''$ になるように合わせて視準する。

4… 視準線上に距離 L をはかって杭を打ち，杭上に C′ をしるす（杭上に視準線の方向を示すため C″ もしるす）。

5… ∠BAC′ を測定して，θ $(52°32'40'')$ との差 δ'' を求める（たとえば，測定した角度が $52°32'30''$ の場合，$\delta''=10''$）。

6… δ'' に対する移動量 e を計算し，C′C″ に直角に e を測定して測設点 C を決定する。なお，簡単に求めるときは，正位と反位で求めた点の中点を測設点 C とする。

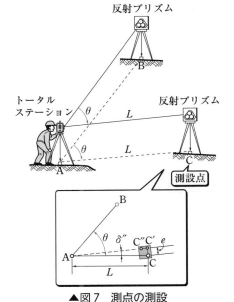

▲図7　測点の測設

❶$e = L \times \dfrac{\delta''}{\rho''}$

ただし，$\rho'' = 206265''$
$\rho'' = (2 \times 10^5)''$ として計算する場合もある。

3 座標を用いた測点の測設

　図8のように，既知点 O および既知点 A から測点 D までの，それぞれの X 座標・Y 座標が，表2のようにわかっている場合，測点 A にトータルステーションをすえつけて，測点 B から測点 D までの点を測設するには，次の順序で行う。

▼表2

測点	X 座標 [m]	Y 座標 [m]
O	81.280	41.870
A	32.060	21.940
B	49.780	69.960
C	11.150	85.780
D	− 9.970	35.840

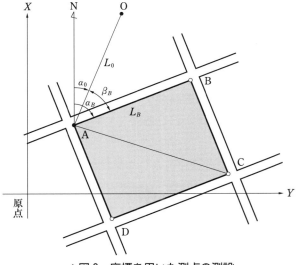

▲図8　座標を用いた測点の測設

操作

1⋯既知点 A から既知点 O までの距離 L_O と方位角 α_O を求める。

$$L_O = \sqrt{(X_O - X_A)^2 + (Y_O - Y_A)^2}$$
$$= \sqrt{(81.280 - 32.060)^2 + (41.870 - 21.940)^2}$$
$$= 53.102 \text{ m}$$

$$\alpha_O = \tan^{-1}\frac{Y_O - Y_A}{X_O - X_A} = \tan^{-1}\frac{41.870 - 21.940}{81.280 - 32.060} = 22.04385°$$
$$= 22°02'38''$$

2⋯既知点 A から測点 B までの距離 L_B と方位角 α_B を求める。

$$L_B = \sqrt{(X_B - X_A)^2 + (Y_B - Y_A)^2}$$
$$= \sqrt{(49.780 - 32.060)^2 + (69.960 - 21.940)^2}$$
$$= 51.185 \text{ m}$$

$$\alpha_B = \tan^{-1}\frac{Y_B - Y_A}{X_B - X_A} = \tan^{-1}\frac{69.960 - 21.940}{49.780 - 32.060} = 69.74529°$$
$$= 69°44'43''$$

3⋯既知点 A で，既知点 O から測点 B までの交角 β_B を求める。

$$\beta_B = (測点 B の方位角 \ \alpha_B) - (既知点 O の方位角 \ \alpha_O)$$
$$= 69°44'43'' - 22°02'38'' = 47°42'05''$$

　なお，トータルステーションでは，既知点の座標および設置する点の座標を設定すれば，自動的に既知点方向からの角度と距離が計算されて，デジタル表示される器械が多い。

4⋯既知点 A にトータルステーションをすえつけ，既知点 O を視準し，液晶表示盤に表示される水平角の値を $0°00'00''$ にする。

5⋯水平締付けねじをゆるめて $47°40'$ 付近まで回転させる。水平締付けねじを締め，水平微動ねじで $47°42'05''$ に合わせて視準する。

6⋯視準線上に距離 $L_B = 51.185$ m をはかり，測点 B を測設する。

7⋯以下，同様にして測点 C，D を測設する。

　このように，他の既知点から方位角と距離を測定し，測点を測設する方法を**逆トラバース**という。

4 電子平板

　電子平板とは，インストールされたアプリケーションを活用して，トータルステーションと接続して一体的に活用できる，携帯可能な測量現場専用の小型コンピュータシステムをいう。トータルステーションで観測した測量結果を記録する機能，記録した測量結果を計算処理して画面上に細部点の現況を表示・編集する機能をもち，より高度なデータ処理が可能となる。また，得られた結果は GIS で活用できるなど，汎用性が高い。図 9 に作業の流れと，作業状況を示す。

❶詳しくは，p. 269 で学ぶ。

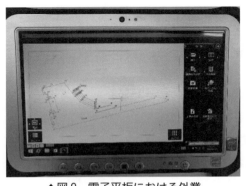

▲図 9　電子平板における外業

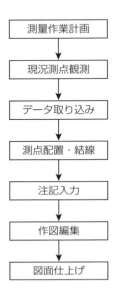

測量作業計画

↓

現況測点観測

↓

データ取り込み

↓

測点配置・結線

↓

注記入力

↓

作図編集

↓

図面仕上げ

前方交会法

　前方交会法は，何らかの原因で既知点からの距離が測定できない場合に用いられる測量方法で，トータルステーションが普及する以前に用いられていた測量方法のひとつである。

　図 10 において，未知点 P と既知点 A 間の距離 b および未知点 P と既知点 B 間の距離 a が測定できないものとする。このとき，未知点 P を，測線 AP および測線 BP の交点とすれば，AB 間の距離 c，既知点 A での角度 α，既知点 B での角度 β を観測し，座標を算出することで次の式から a，b が求まり，点 P の座標が求まる。

$$\frac{a}{\sin \alpha} = \frac{b}{\sin \beta} = \frac{c}{\sin \gamma} \left(= \frac{c}{\sin (180° - \alpha - \beta)} \right)$$

　このように，観測者の前方で測線を交差して，未知点の座標を求める方法を**前方交会法**という。

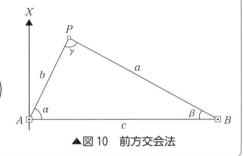

▲図 10　前方交会法

4 GNSS を用いた細部測量

1 GNSS 測量の測位方法

　GNSS を用いた測量を **GNSS 測量**といい，精度や測量方法によって，**単独測位方式**と**相対測位方式**に大別される。その特徴を表 3 にまとめる。

　GNSS 測量では，相対測位方式が主として用いられ，相対測位方式は，図 11 に示したように，さらに，**スタティック法**，**キネマティック法**，**RTK法**，**ネットワーク型 RTK 法**に分類される。このうち，細部測量では，キネマティック法，RTK 法，ネットワーク型 RTK 法を用いることが多い。

❶わが国では，アメリカの GPS，ロシアの GLONASS，日本の準天頂衛星を利用したシステムをいう。

❷Real Time Kinematic
❸詳しくは，p. 84 で学ぶ。

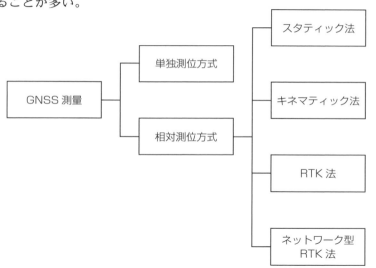

▲図 11　GNSS の測位方法

▼表 3　単独測位方式と相対測位方式の特徴

項目	単独測位方式	相対測位方式
観測衛星数	4 衛星以上	複数観測点で同時に 4 衛星以上
受信機台数	1 台	複数台数（異なる観測点に設置）
観測時間	数秒	測量の目的により，数秒〜1 時間以上
観測誤差	数 10〜100 m 程度の誤差を必ず含む。	数 mm 程度が期待できる（観測方法による）。
観測結果	その点の位置（緯度・経度・高さ）	各観測点の位置，相対的な距離など
用　途	自動車や船舶のナビゲーションなど	さまざまな測量に用いられる。
その他	携帯できる程度の小型のものがある。	コンピュータの専用ソフトウェアが必要

4. GNSS を用いた細部測量　◇ **83**

2 GNSS 測量の特徴と観測誤差

　GNSS 測量の大きな特徴は，GNSS 衛星からの電波を受信するために，上空視界の確保が必要であるものの，測点相互間の視通が不要であること，24 時間の観測が可能であり，独自の座標系を用いている[1]こと，特有の観測誤差が生じることである。GNSS 測量におけるおもな観測誤差を表 4 に示す

❶GPS, GLONASS, 日本の準天頂衛星で，それぞれ固有の座標系を用いている。

▼表 4　GNSS 測量の誤差と原因

誤差の種類	誤差の原因
時計誤差	GNSS 衛星の精密な時計と，GNSS 受信機に搭載された時計の精度の違いから生じる誤差
マルチパス	GNSS 衛星から発射される電波が受信機周辺の地物（トタン屋根や看板など）に反射して発生する誤差
サイクルスリップ	GNSS 衛星からの電波が遮られ観測データが不連続となるために生じる誤差
電離層遅延誤差	GNSS 衛星からの電波が，電離層通過時に屈折して，電波到達時間が遅くなるために生じる誤差
対流圏遅延誤差	GNSS 衛星からの電波が，対流圏通過時に生じる速度遅延による誤差

3 細点部の測定

　GNSS を用いた細部測量では，キネマティック法または RTK 法を用いる方法と，ネットワーク型 RTK 法を用いる方法に分けられる。

●1● キネマティック法および RTK 法──

　キネマティック法とは，1 台の GNSS 受信機を基準点などにすえつけ（固定局），ほかの 1 台で，順次，各細部点を移動（移動局）しながら，地形や地物などを細部点として，その位置の観測データを得る方法である。観測データは別途計算処理を行う必要がある。

　RTK 法は，図 12 のように，基準点などの既知点に GNSS 受信機をすえつけ（固定局），固定局から無線や携帯電話などにより送信された観測データを用いて，細部点（移動局）の位置

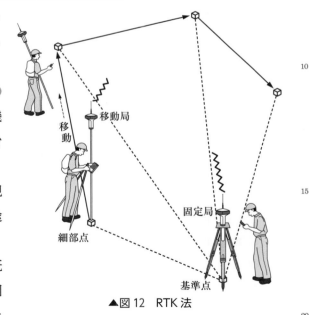

▲図 12　RTK 法

を瞬時に計算し，移動局のコンピュータなどに出力させる方法である。

●2● ネットワーク型 RTK 法

　ネットワーク型 RTK 法では，3 点以上の電子基準点のデータと，細部点での GNSS 受信機による観測データを，インターネットや電話回線などを利用して送受信して，細部点の位置を瞬時に求める観測方法である。受信機 1 台での観測が可能で RTK 法と同等の精度で観測データが得られる。また，RTK 法では困難な 10 km を超える測定が可能になるなどの特徴がある。このように，細部点のみに GNSS 受信機を用いて，直接的にその点の位置を求める方法を単点観測法といい，2 台の GNSS 受信機を用いて，点と点を結ぶ基準線を求める方法を間接観測法という。

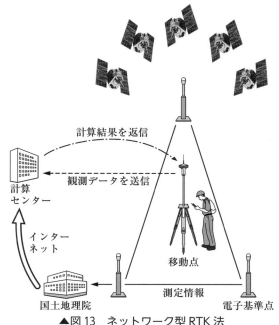

計算結果を返信
観測データを送信
計算センター
インターネット
国土地理院
移動点
測定情報
電子基準点

▲図 13　ネットワーク型 RTK 法

●3● GNSS 測量を用いた細部測量におけるアンテナ高の測定

　GNSS 受信機によってアンテナ高を自動で計算してくれるものと，手動で計算しなければならないものがある。アンテナ高を求める必要がある場合は，図 14 のように，斜距離 C を測定して GNSS 受信機に入力し，アンテナ高を求める。

半径 D
C
アンテナ高 h

アンテナ高　$h=\sqrt{C^2-D^2}$

▲図 14　アンテナ高の測定

Challenge

　GNSS 測量において，1 セットでなぜ 4 衛星以上が必要なのだろうか。

5 平板測量を用いた細部測量

　図15のような器具を使用して，現地の状況をある縮尺で紙面上に再現する測量を**平板測量**という。

1 平板測量の器具

　平板測量は，図15のように，平板に三脚を取りつけて行われる。

●1● 平板（図板）

　平板測量では，平板に図紙を張り，測定した結果を直接作図していく。そのため，平板の表面は，反（そ）りや伸縮が生じない材質で，平滑に仕上げられている。平板の大きさはいろいろあるが，約 40 cm × 50 cm のものが多く用いられている。

●2● 三脚

　三脚頭部には，図16のように，平板と三脚を固定する締付けねじ，平板を水平にする整準ねじ，平板をわずかに移動させることのできる移心装置がある。

●3● アリダード

　平板上で目標を視準し，この視準線の方向を図紙上に描く器具を，**アリダード**[1]という。アリダードには，視準板付きアリダード，望遠鏡付きアリダード，光波測距儀付きアリダードがある。たんにアリダードといえば，視準板付きアリダードをさす（図17）。幅約 4 cm，長さ 22，27 cm の

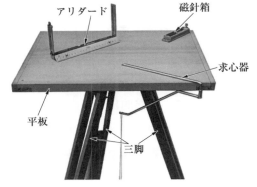
▲図15　平板測量の器具

▲図16　平板と三脚の取りつけ

[1]alidade

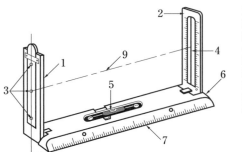

1. 後視準板
2. 前視準板
3. （上，中，下）視準孔
4. 視準糸
5. 気泡管
6. 定規
7. 定規縁
8. 外心距離
9. 視準線

▲図17　視準板付きアリダード

金属製または竹製であり，定規縁には，縮尺目盛が刻まれた定規がねじで取りつけられるようになっている。

　また，視準板は，前・後視準板に分かれている。前視準板の中央に1本の**視準糸**❶が張ってあり，視準するときの基準とする。後視準板には，上，中，下の3個の**視準孔**❷があり，この視準孔と前視準板の視準糸とで，目標を見通して方向を定める。視準板付きアリダードには，構造上次のような誤差がある。

ⓐ 視準誤差　視準誤差は，視準孔の直径と視準糸の太さから，視準する方向に生じる誤差である。

ⓑ 外心誤差　外心誤差は，図17の，視準線と定規縁にへだたり（外心距離）があるために生じる誤差である。

　一般に使用されているアリダードの外心距離は，約3cmである。外心誤差を図上0.1mm以内にするためには，1/300より小さな縮尺❸にしなければならない。

❶peep thread

❷peep hole

❸縮尺が1/300以上の場合は，外心誤差のない構造のものを使用する。

● 4 ● 付属品

ⓐ 求心器および下げ振り　求心器は，金属棒でつくられ，これに下げ振りを下げて，地上の測点Aと図紙上の点aとを同一鉛直線上に一致させるために用いる（図18）。

ⓑ 測量針　測量針は，図18の図紙上の点aに立て，目標を視準する場合に，アリダードの定規縁をあてて用いる。したがって，針の径が細いほど，誤差は少ない。

ⓒ 磁針箱　磁針箱は，図19のように，長方形の箱の中に磁針をもったものである。箱の短辺の中央の印に磁針の先端を合わせると，その長辺は磁北を指す。

　磁針を用いないときには，必ず磁針の押し上げねじを締めて，軸先の摩耗を防ぐようにしなければならない。

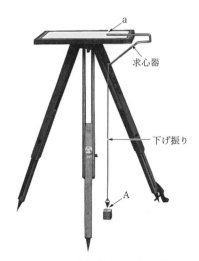

▲図18　求心器および下げ振り

▲図19　磁針箱

2 　平板測量の方法

●1● 平板の標定

平板を測点にすえつけるには，次の三つの条件を満足することが必要である。この作業を**標定**という。

求心 図紙上に示された測点が，地上の測点の同一鉛直線上にあるようにすること（**致心**ともいう）。

整準 平板を水平にすること（**整置**ともいう）。

定位 図紙上の測線の方向と，地上の測線の方向とを一致させること（**指向**ともいう）。

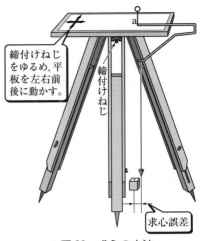

締付けねじをゆるめ，平板を左右前後に動かす。

締付けねじ

求心誤差

▲図 20 　求心の方法

●2● 求心

操作

1… 図 20 のように，図紙上の測点 a に測量針を立て，これに求心器の先端を合わせる。

2… 求心器に下げ振りをつけて，下げ振りの先端が地上の測点 A の高さより少し短かめになるように，糸の長さを調節する。

3… 三脚頭部の締付けねじをゆるめ，移心装置を用いて平板を移動し，下げ振りの先端を測点 A に合わせる。

4… 求心誤差[❶]の許容範囲は，図の縮尺を $1/M$ とすると $0.1\,\mathrm{mm} \times M$ 以上であればよい。

各縮尺による求心誤差の許容範囲は，表 5 のようになる。

❶地上の測点 A と，下げ振りの先端との差。

▼表 5 　求心誤差の許容範囲

縮　尺	許容範囲 [cm]
1/1 000	10
1/500	5
1/300	3
1/200	2
1/100	1

●3● 整準

操作

1… 図 21(a) のように，3 個の整準ねじのうち，任意の 2 個のねじ S_1, S_2 の中心を結ぶ直線と平行な位置にアリダードを置く。次に，整準ねじ S_1, S_2 を図の矢印の方向に回して，気泡管の気泡を中央に導く。このとき，気泡は，右手親指の動く方向に動く。

2… アリダードを，図 (b) のように，直角の方向に置き替えて，気泡が中央にくるように，整準ねじ S_3 を，矢印の方向に回す。

3… 1, 2 を繰り返して，どの方向にアリダードを置いても，気泡が中央にくるようにする。

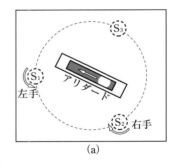

(a)

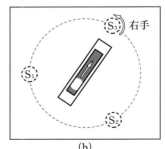

(b)

▲図 21 　整準の方法

●4● 定位

操作

1… 図22のように，アリダードの定規縁を，図紙上の測線 ab に正しく合わせる。

5　2… 視準線が，測点 B に立てたポールと重なるように，平板を回転させる。

3… 視準線が，正しくポールと重なったら，視準しながら，締付けねじを締める。

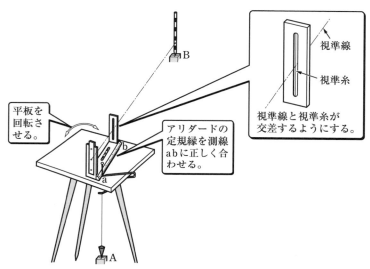

▲図22　定位の方法

 標定についての注意事項

10　① 平板を，製図作業するのに適した高さにすえる。

② 最初に，標定の3条件をほぼ満足するように平板を測点上にすえつけたのち，求心・整準・定位の操作を繰り返し，正確に標定を行う。

③ 標定の3条件のうちでは，定位のくるいが最も大きく誤差に影響し，このために図がねじれてくる。したがって，定位はじゅうぶん正確に行15　うようにしなければならない。

●5● 平板による測定方法

平板を用いて，地形や地物を測定する細部測量には，放射法を用い，次の順序で行う。

操作

1… 測量する区域の測点 O で平板を標定する。

2… 測点 O から細部点 A の方向を視準し，距離を測定し，定められた縮尺で点 a を決める。

3… 以下，これと同じ方法で点 B，C，……を視準して，点 b，c，……を求めていく。

4… 求められた点により，地形・地物を製図する。

　また，BB′C′C のような長方形の建物は，B，C の位置が定まると，L_1，L_2 をはかることにより，作図を行うことができる。この方法を，**家まき**という。

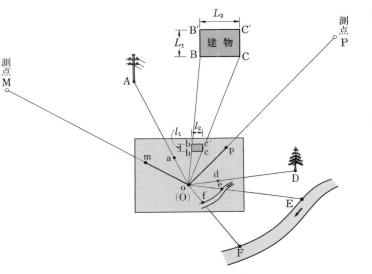

▲図 23　平板による測定方法

⚠ 放射法についての注意事項

1　ポールを持つ人は，ポールと巻尺の 0 目盛側を同時に持って，目的の点にポールを立てる。観測者が，このポールを視準する間に，距離を測定する人は，平板上の測量針または地上の測点の位置で，巻尺を読み取る。

2　距離は，縮尺を考えて必要な位まで読み取る。測距による誤差を図上 0.1 mm 以内にするためには，1/250 では 2.5 cm 以内，1/500 では 5 cm 以内，1/1 000 では 10 cm 以内の精度で測定する。

3　方向線は全部引かないで，必要な部分だけを引く。

4　点が求まれば，忘れないうちに整理して，図面を仕上げる。❶

5　方向線長は，図上 10 cm 以内とする。

❶国土交通省公共測量作業規程第 86 条（平成 14 年度版）

●6● オフセットによる方法

オフセットによる方法は，図 24(a) のように，両測点 M，N のいずれからも，細部点 A が，障害物などのため視準できない場合に用いられる。

測線 MN を**本線**（準拠線）といい，求めようとする点 A から本線へおろした垂線の長さ AA′ を，**オフセット**[1]（支距）という。本線上の距離 MA′ と AA′ を測定して，細部点 A を図上に求める。

またとくに，正確さを必要とするときは，図 (b) のように，本線上の 2 点 B1，B2 を定め，BB1，BB2 の距離を測定し，細部点 B を求める。これを，**斜めオフセット**[2]という。

[1]offset
5 m 以内とする（国土交通省公共測量作業規程第86条（平成 14 年度版））。

[2]diagonal offset

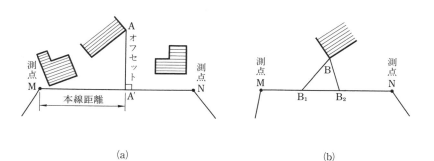

(a)   (b)

▲図 24　オフセットによる方法

ここで，電子平板と平板測量との作業手順を比較すると次の通りである。（表 6）

▼表 6　細部測量による比較

電子平板及びトータルステーション	平板測量
トータルステーションでプリズムにより細部の観測点を視準する。	アリダードで細部の観測点にポールを視準して方向線を示す。
電子平板により観測点を画面に自動描画する。	巻尺で器械点と細部の観測点を測距して図上の方向線上に縮尺距離をプロットする。
細部の観測点を順次測定し，自動で描画を繰り返す。	細部の観測点を順次測定し，図上にプロットしながら明示する。
視準できる観測点をすべて測定する。	プロットした点を結線し，線形線を手書きで描く。
地形，地物を測定し，数値地形図データを取得する。	基準となる図上点をもとに必要な点間距離を測距し，直角が確認できるものは手書きで描く。
視準できない観測点は，交会法や支距法などにより測定し，CAD 編集などにより描画する。	視準できない観測点は，交会法や支距法などにより測定し，手書きで描く。

第 **4** 章 章末問題

1 次の文は，公共測量における細部測量について述べたものである。明らかに間違っている
ものはどれか選べ。

(1) 細部測量とは，地形，地物などを測定し，数値地形図データを取得する作業である。

(2) トータルステーションを用い，地形，地物などの測定を放射法により行った。

(3) 基準点からの測定が困難なため，トータルステーション点を設置した。

(4) 設置したトータルステーション点を既知点とし，別のトータルステーション点を設置
した。

(5) 障害物のない上空視界の確保されている場所で，GNSS 受信機を用いてトータルス
テーション点を設置した。

2 縮尺 1/500 の地形図を作成するための細部測量において，既知点 A に平板を整置し，既知
点 B の目標板を視準して平板を定位した後，点 C の位置を放射法により求めた。測定後，点
B の目標板が点 A と点 B を結ぶ線に対し，直角方向に 1.0 m 偏心して設置されていること
がわかった。点 C の図上でのずれの量はいくらか。ただし，AB 間の水平距離は 56.0 m，
AC 間の水平距離は 42.0 m とする。

3 次の文は，平板の標定に関する説明である。間違っているものはどれか。

(1) 地上点と平板上の対応点とを同一鉛直線上にすることを求心（致心）という。

(2) 整準（整置）は，平板の表面を水平にすることをいう。

(3) 平板を正しい方向に固定することを定位（指向）という。

(4) 基準点を用いて平板を正しい方位に置くには，なるべく遠い基準点を使用する。

(5) 整準装置付き三脚を用いて標定する場合は，ふつう定位・求心・整準の順で行う。

4 次の文は，トータルステーションおよびデータ処理システムを用いる細部測量について述
べたものである。間違っているものはどれか。

(1) トータルステーションおよびデータ処理システムを用いる細部測量では，取得した地
形，地物などのデータをもとに，コンピュータを活用して地形図などを作成する。

(2) 平板を用いた細部測量と比較して，測定距離が長くとれるので，一つの基準点から，
より数多くの地形，地物を測定することができる。

(3) 地形，地物の水平位置および標高の測定には，主として，前方交会法が用いられる。

(4) コンピュータの図形処理システムは，地図データの追加，削除，修正が行える編集装
置と，原図を作成する自動製図機および編集ソフトウェアなどから構成される。

(5) 取得したデジタル地図データは，統計・土地利用等のデータと組み合わせることによ
り，幅広い分野で利用することができる。

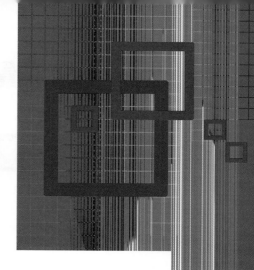

第 **5** 章

水準測量

◀オートレベルによる水準測量

電子レベルによる水準測量▶

水準測量は，地表面上の高低差を知るために行い，ある点の基準面からの標高や，建設工事に必要な土地の高低差を求める測量である。

?

● 富士山などの標高は，どこを基準にして標高を求めているのだろうか。

● 水準測量の器械・器具には，どのようなものがあり，また，どのようにして高低差を測定するのだろうか。

1 水準測量の用語

1 水準面と水平面

　図1において，平均海面やこれに平行な曲面を，**水準面**という。水準面の1点でこれに接する平面を，その点における**水平面**という。

　潮汐・海流などの影響を除いた静止海面を考え，さらに陸地部では，ごく狭い溝に海水を導入してできる仮想的な海面を**ジオイド**という。

❶geoid
❷GNSS 測量により求められる値である。

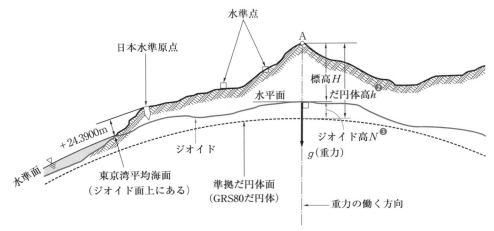

▲図1　水準面と水平面

2 基準面

❸日本各地の値は国土地理院から公表されている既知の値である。
❹datum plane

　ある点の高さを表す基準となる水準面を**基準面**といい，その面上の高さを ± 0 m と定める。基準面には，次のようなものがある。

●1● 測定した平均海面を用いる場合

　国土地理院では，1873～1879 年の 6 年間で，当時の陸地測量部が，東京湾霊岸島で測定した潮位を平均して求めた**東京湾平均海面**を基準面としている。

　基準面は仮定の面であるから，これを実用化するために，旧陸地測量部の構内に**水準原点**がつくられた(図2)。その高さは，当時で東京湾平均海面上 + 24.500 m であった。しかし，1923 年の関東大地震による地殻変動で + 24.4140 m に改定され，2011 年の東北地方太平洋沖

▲図2　日本水準原点
東京都千代田区永田町 1 丁目 1 番地内

地震による地殻変動で ＋24.3900 m と改定された。

▲図3　水準点

●2● 水準点を用いる場合

　建設工事の水準測量では，主要国道に配置された，図3のような**水準点**[1]をもとに測量を行う。

●3● 干潮面を用いる場合

5　河川や港湾などの建設工事では，表1のように，おのおのの固有の基準面を定めている。それには各地方の湾内の干潮面，またはその付近の港湾の水位標の零位[2]を取っている。

▼表1　河川の基準面（―公共測量―作業規程の準則 解説と運用第416条）

河　川　名	基準面	東京湾平均海面との関係	河　川　名	基準面	東京湾平均海面との関係
北上川	K.P.	－0.8745 m	淀川	O.P.	－1.3000 m
鳴瀬川	S.P.	－0.0873 m	吉野川	A.P.	－0.8333 m
利根川	Y.P.	－0.8402 m	渡川	T.P.W	＋0.113 m
荒川，中川，多摩川	A.P.	－1.1344 m	東京湾平均海面	T.P.	－

注．この表で，たとえば，Y.P.の－0.8402とは，基準面が東京湾平均海面から0.8402 m 低いことを示す。

10　### ●4● その他の場合

　工事の種類や目的により，海水面との関係がまったくない局部的な水準測量をするとき，便宜的に任意の基準面を定める場合もある。

［3］ 標高および水準点

　水準測量の基準となる点を水準点という。基準面からある点にいたる鉛直距離を**標高**[3]という。水準点は，基準面からの標高を正確に求め

15　てあり，これからある点の標高を求めることができる。

　水準点には，永久的なものとして，図3のように，12～20 cm 角の頭部に丸みをつけた花こう岩の標石，または，図4のように，丸みのある金属標をコンクリートで固めてある。

20　また，高さ5 m のステンレス製のタワーに GNSS 衛星から電波を受信するためのアンテナが内蔵された電子基準点[4]も標高を正確に求められる基準点である。

▲図4　金属標の基準点

[1] bench mark；略して**BM**という。仮に設けた水準点のことを**仮 BM**という。
　詳しくは，p. 240で学ぶ。
[2] 詳しくは，p. 254で学ぶ。
[3] elevation
[4] 詳しくは，p. 143で学ぶ。

2 水準測量の器械・器具

水準測量で高低差を観測するには，次のような器械や器具が使用される。

1 レベル

● 1 ● オートレベル

a 構造 オートレベル❶の構造は，目標点に立てた標尺❷の値を読み取るための望遠鏡と，視準線を水平に導く装置に分けられる。視準線を水平に導く装置には，図5に示すように，オートレベル下部に取りつけられた円形気泡管と，オートレベル内部に組み込まれた**コンペンセータ**❸とよばれる自動補正機構から構成される。

オートレベルでは，円形気泡管を用いてオートレベルをほぼ水平にすえつければ，コンペンセータが自動的に望遠鏡の視準線を正確な水平に保つように補正するため，すえつけが簡単にでき，機能的で安定した測量精度が得られる。

❶auto level
自動レベルともいう。
❷詳しくは，p. 99で学ぶ。

❸compensator；コンペンセータは，構造上のしくみであり，電子的な制御ではないので，電源は必要としない。

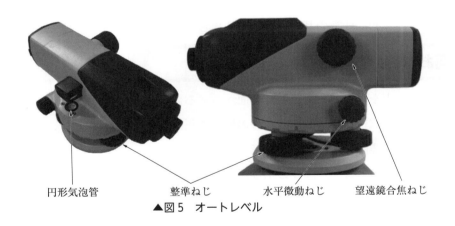

| 円形気泡管 | 整準ねじ | 水平微動ねじ | 望遠鏡合焦ねじ |

▲図5　オートレベル

b オートレベルの取り扱い

1… 器械をほぼ水平になるようにすえつける。

2… 整準ねじを使用して，円形気泡管の気泡を中央の円内に導く。

3… 2の状態で視準線は，自動的に水平となるので，この状態で目標点の標尺を視準し，目盛を読み取る。

●2● 電子レベル ────────────────────

a 構造 図6に示す**電子レベル**❶は，オートレベルと同様の操作ですえつけができる構造になっている。専用のバーコード式の標尺を，自動的にかつ，すばやく読み取ることができ，誤差がひじょうに少ない水準測量を行うことができる。

❶digital level
デジタルレベルともいう。

b 電子レベルの取り扱い

操作

1… 器械をほぼ水平になるようにすえつける。

2… 整準ねじを使用して円形気泡管の気泡を中央の円内に導く。

3… 専用のバーコード式の標尺を視準することにより測定値が表示される。

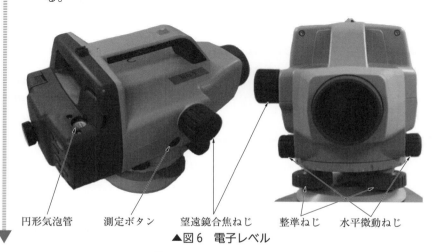

円形気泡管　　測定ボタン　　望遠鏡合焦ねじ　　整準ねじ　水平微動ねじ

▲図6　電子レベル

●3● チルチングレベル❷ ──────────────────

❷tilting level

a 構造 **チルチングレベル**は，円形気泡管を用いて，器械をほぼ水平にすえつけたのち，高低微動ねじを使用して，望遠鏡内に見える主気泡管の気泡管像両端を合致させることで，視準線を水平にできる構造である。

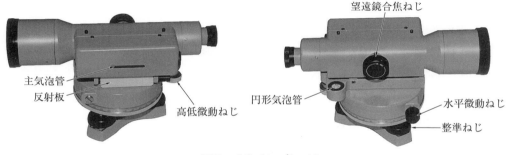

主気泡管
反射板
高低微動ねじ
望遠鏡合焦ねじ
円形気泡管
水平微動ねじ
整準ねじ

▲図7　チルチングレベル

ⓑ チルチングレベルの取り扱い

操作

1… 器械をほぼ水平な状態になるようにすえつける。

2… 整準ねじによって, 円形気泡管の気泡を中央の円内に導く。

3… 目標点の標尺を視準したとき, 主気泡管の気泡の状態を見る。

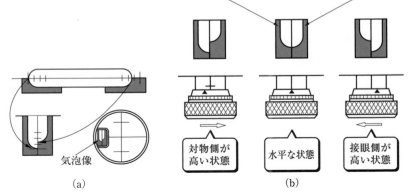

対物側気泡端　　接眼側気泡端

気泡像

(a)

対物側が高い状態　水平な状態　接眼側が高い状態

(b)

▲図8　主気泡管と高低微動ねじの操作方法

4… 図8(a) のように, 両気泡端が合致していなければ, 高低微動ねじを回して, 図(b) のように, 合致させるように整準を行う。

5… 両気泡端が合致したら, 視準線が水平になるから, 目標点に立てた標尺の目盛を読み取る。

●4● 気泡管の構造と感度 ──────────

レベルには, すでにセオドライトで示したものと同じ外観の**気泡管**❶が取りつけられている。

気泡管には, 管状のものと円形のものとがある。一般に, 管状のものは感度がよいため, 主気泡管として用いられる。❷

ⓐ気泡管の構造
主気泡管は, 図9のように, 円筒形のガラス管の内側上面をある半径の円弧につくり, その中にアルコール・石油またはエーテルのような粘性の少ない液体を入れ, 気泡を残して両端を閉じたものである。これを金属またはプラスチックの円筒の中に入れ, 管中の気泡の位置を知るのに便利なように, ガラス管または筒の上面の中央から左右対称に目盛をつけている。なお, 気泡管は, 温度変化に対して敏感に反応するので, 日射などに注意を要する。

気泡管の上内面の円弧の中点における接線を気泡管軸線というが, 気泡端が中央から左右等しい距離にあるときには, 気泡管軸線は水平線となる。

また, 図10は**円形気泡管**(丸形レベル)であり, 気泡を中央にもっ❸てくることにより, 接平面が水平となる。

❶level tube
❷管状のものより感度が劣り, 主気泡管の補助として用いられることが多い。

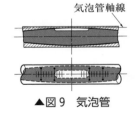

気泡管軸線

▲図9　気泡管

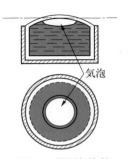

気泡

▲図10　円形気泡管

❸円形気泡管の上内面の中心に接する平面である。

b 気泡管の感度　気泡が，気泡管の1目盛 (ふつう2 mm) だけ移動するときの気泡管の傾き，すなわち，1目盛に対する中心角を，**気泡管の感度**という。気泡管がわずかに傾斜しても，気泡が大きく移動するとき，すなわち，1目盛に対する中心角の小さいもの (気泡管面の半径の大きいもの) ほど，感度がよいという。

ふつう，レベルに取りつけられている気泡管は，1目盛に対して，その感度は40″ (40″/2 mm と表す) 程度である。

図11で，気泡管の半径 R，気泡管の感度 P は，次の式で求まる。

$$R ≒ \frac{n\alpha L}{S}$$

$$P = 206\,265″\overset{❶}{} × \frac{S}{nL}$$

❶関連資料 p. 283 参照。

L：器械から標尺までの距離　　α：気泡管1目盛の長さ

n：気泡の動いた目盛数　　　　S：標尺の読みの差

例題 ❶　図11において，器械から100 mはなれたところに標尺を立て，気泡管の気泡を中心にして，標尺の読み1.582 mを読んだ。次に，気泡を2目盛だけ移動させて，標尺の読み1.620 mを読んだ。気泡管面の半径と感度を求めよ。

ただし，気泡管の1目盛の長さを2 mmとする。

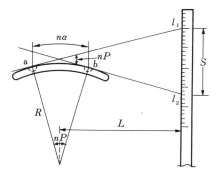

▲図11　気泡管の感度

解答　気泡が，aの位置にあるときの標尺の読みを l_1，bの位置にあるときの標尺の読みを l_2 とすれば，気泡管面の半径 R と気泡管の感度 P は，次のように求まる。

$$R = \frac{n\alpha L}{S} = \frac{2 × 0.002 × 100}{1.620 - 1.582} = 10.526 \text{ m}$$

$$P = 206\,265″ × \frac{S}{nL} = 206\,265″ × \frac{1.620 - 1.582}{2 × 100} = 39″$$

2 標尺

標尺は，長さを示す目盛がついており，図12(a) のように，2段または3段の引き抜き式になっているものがあり，箱形をしているので箱尺ともいう。電子レベルでは，図 (c) のような専用のバーコード目盛の標尺を用いる。

❷rod
スタッフともいう。

標尺手 (標尺を持つ人) が，標尺を測定する点に鉛直に立て，測定者

が望遠鏡によって，その十字横線の位置の目盛を読み取る。図12(b) のように，標尺の目盛の左側部分は，白黒それぞれ 5 mm 単位で表し，目盛の右側部分は，同じく 1 cm 単位を表す。5 mm 以下は，目分量で 1 mm 単位まで読み取る。

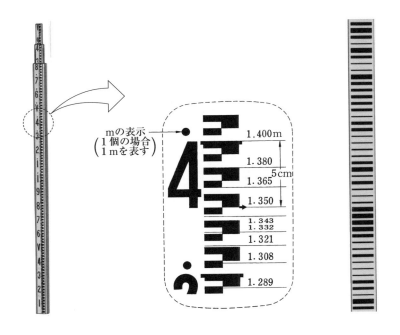

mの表示
(1個の場合
(1mを表す)

1.400m
1.380
1.365
1.350
5cm
1.343
1.332
1.321
1.308
1.289

(a) 引き抜き式　　　　(b) 標尺の目盛と読み　　　(c) バーコード式
▲図12　標尺

⚠ **標尺を取り扱うときの注意事項**······························

① 標尺手は，標尺を鉛直に立てる。左右の傾きは，望遠鏡の十字縦線で簡単にみつけられるが，前後の傾きは確認しにくいから，とくに注意しなければならない。

② 標尺は，両手で標尺の目盛をかくさないように両側から支えて持ち，前後にゆっくり動かして❶，最小の値を読み取らせる。

③ 標尺を鉛直に立てるため，図13のような標尺用の**水準器**を用いると便利である。

▲図13　標尺用の水準器

▲図14　標尺台

④ 標尺を立てる点は，沈下や移動しないところを選ぶ。地盤の悪いところが避けられないときは，図14のような**標尺台**を用いるとよい。

⑤ 標尺を引き出した状態で用いるときは，継目の目盛が正確に一致しているかどうか確認する。

❶下図のような操作を**ウェービング**という。引き抜き式標尺で用いられる。バーコード式標尺を用いる場合は水準器を用いて鉛直状態を保持する。

前　　後

視準線

3 レベルの検査・調整

1 オートレベルとチルチングレベルの検査・調整

●1● 円形気泡管の調整

a 目的　円形気泡管の中央の接平面と鉛直軸とを直角にする。

b 検査と調整　円形気泡管の気泡を中央に導き，器械を180°回転したとき，気泡がつねに中央にあればよい。

気泡が中央にないときは，円形気泡管の調整ねじで移動した量の半分を調整し，残りの半分を整準ねじで中央に導く。

●2● 視準線の検査

a 目的　オートレベルは，よく調整された円形気泡管によってすえつけても，視準線が十字線の中央を通るとは限らない。したがって，十字線が水平な視準線に合っているかを確認するための検査が必要となる。なお，チルチングレベルでは，気泡管軸線と視準線が平行であるかを確認するための検査・調整が必要となる。

b 検査　視準線の検査は杭打ち調整法とよばれている方法で行われる。その方法は，次の順序で行う。

⸢操⸥⸢作⸥

1…ほぼ平たんな場所を選び，$60 \sim 100\,\mathrm{m}$ はなれた2点A，Bに杭を打ち，2点A，Bの中央に点Cを正確に定める。

2…点Cに器械をすえつけて，点Aと点Bに立てた標尺の読み a_1，b_1 を求める。

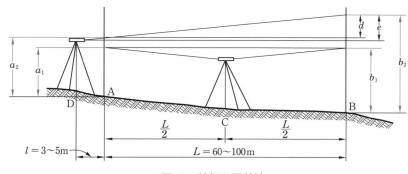

▲図15　杭打ち調整法

3… 次に，AB の延長線上に点 A から 3〜5 m の点 D に器械をすえつける。

4… 2 点 A，B の標尺の読み a_2，b_2 を求める。

　　このとき，$a_2 - a_1 = b_2 - b_1$ であれば，調整する必要はない。

5… $a_2 - a_1 \neq b_2 - b_1$ のとき，オートレベルの場合は，メーカーまたは製造元へ検査，調整を依頼する。なお，チルチングレベルの場合は，視準線を水平にするための調整量 e については，次の式で求められる。

$$e = \frac{L + l}{L} \times d$$

　　　　　ただし，$d = (a_2 - a_1) - (b_2 - b_1)$

　　次に，e の正負の符号を考えて，$(b_2 + e)$ を視準するように，高低微動ねじで操作する。この状態では視準線は水平となるが，気泡は移動して，両気泡端は合致しないので，気泡管調整ねじにより，両気泡端を合致させる。

例題 2

図 15 のように，チルチングレベルの気泡管の調整を行うため，点 C に器械をすえつけたときの 2 点 A，B の両標尺の読みは，$a_1 = 0.629\,\text{m}$，$b_1 = 1.312\,\text{m}$ であった。次に，点 D に器械をすえつけたときの 2 点 A，B の両標尺の読みは，$a_2 = 1.214\,\text{m}$，$b_2 = 1.927\,\text{m}$ であった。点 D にすえつけた器械の十字横線を，点 B の標尺のどの目盛と一致させて，気泡管の調整をすればよいか。ただし，AD $= 4\,\text{m}$，AC $=$ CB $= 30\,\text{m}$ とする。

解答

(1) 　$a_2 - a_1 = 1.214 - 0.629 = 0.585\,\text{m}$
　　　$b_2 - b_1 = 1.927 - 1.312 = 0.615\,\text{m}$
　　　$d = (a_2 - a_1) - (b_2 - b_1) = -0.030\,\text{m}$

(2) 　$e = \dfrac{L + l}{L} \times d = \dfrac{60 + 4}{60} \times (-0.030) = -0.032\,\text{m}$

(3) 　ゆえに，点 D から視準して標尺 B の目盛が，次のように視準できるように調整する。
　　　$b_2 + e = 1.927 + (-0.032) = 1.895\,\text{m}$

2 電子レベルの検査・調整

●1● 円形気泡管の調整

円形気泡管の調整は，オートレベルでの円形気泡管の調整と同じである。

●2● 視準線の調整

操作

1··· 図 16(a) のように約 60 m 離れた 2 点 A，B に標尺を設置し，中央に電子レベルをすえつける。

2··· 高さを比較することができる機能が有効となるように電源を入れ，調整モードにする。

3··· 標尺 A，B をそれぞれ視準する。

4··· 次に図 (b) のように A から約 10 m 離れた位置にレベルを移動し気泡を合わせる。

5··· 標尺 A，B をそれぞれ視準すれば補正値が表示される。

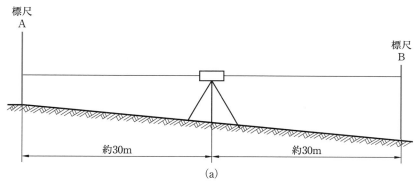

(a)

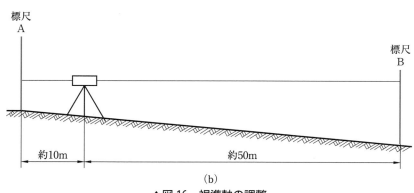

(b)

▲図 16　視準軸の調整

4 水準測量の方法

　水準測量とは，既知点に基づき，新しい点の標高を求める作業をいう。標尺とレベルを用いて行う水準測量には，標尺の高さを基準として測定する**昇降式**と，レベルの視準線の高さを基準として測定する**器高式**とがある。

1 水準測量（昇降式）

●1● 作業上の用語

a 地盤高　図17のように，地表上の点A（点B）の基準面からの高さ H_A（H_B）（標高）を**地盤高**といい，**GH** と略記する。

b 高低差　図17のように，2点A，Bの地盤高（標高）の差 H を**高低差**という。

c 後視と前視　図17のように，地盤高が既知の点Aに立てた標尺の読み a を**後視**といい，**BS** と略記する。

　また，地盤高を求めようとする点B（未知点）に立てた標尺の読み b を**前視**といい，**FS** と略記する。

　ここで，前・後という語は，いずれも作業を進める進行方向とは，無関係である。

❶ground height
❷difference of elevation 比高ともいう。
❸back sight
❹fore sight

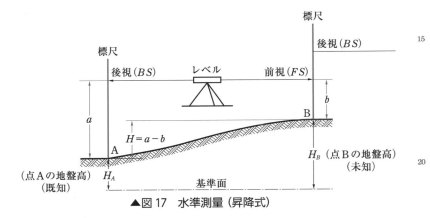

▲図17　水準測量（昇降式）

●2● 外業の方法

　図17において，水平視準線により，2点A，Bに立てた標尺を視準して，その読みをそれぞれ a，b とすれば，2点A，B間の高低差 H は，次の式で求められる。

$$H = a - b \tag{1}$$

　点Aの地盤高を H_A とすれば，点Bの地盤高 H_B は，次の式で求められる。

$$H_B = H_A + a - b \tag{2}$$

以上のように，点 A の地盤高を既知として，点 B の地盤高を求めるには，次の順序で行う。

操作

1… 図 17 において，2 点 A，B に対してほぼ等距離の位置に器械をすえつけ，円形気泡管の気泡を中央に導いて整準する。

2… 点 A に立てた標尺を視準して a を読み，点 A の後視として記帳する。

3… 点 B の標尺の読みを b とし，点 B の前視として記帳する。

4… **1〜3** の作業が終わったとき，$a - b =$（後視）−（前視）は 2 点 A，B 間の高低差 H となる。このとき，＋ であれば点 B は点 A より高く，反対に − であれば点 B のほうが低くなる。

　　　チルチングレベルの場合は，円形気泡管の気泡を中央に導き，標尺を視準するごとに高低微動ねじを操作して整準を行い，標尺を読み取る。

❶この理由については，p. 115 表 12 参照。

もし，図 18 のように，2 点 A，B 間の距離が長いときには，適当な区間に分けて点 C，D を設け，後視・前視を読み取る。

点 A の後視を a_1，点 C の前視・後視を c_2，c_1，点 D の前視・後視を d_2，d_1，点 B の前視を b_2 とすれば，2 点 A，B 間の高低差 H は，次のように求められる。

$$H = (a_1 - c_2) + (c_1 - d_2) + (d_1 - b_2)$$
$$= (a_1 + c_1 + d_1) - (c_2 + d_2 + b_2) = \sum BS - \sum FS \qquad \textbf{(3)}$$

　　　ただし，$\sum BS$：後視の総和　　　$\sum FS$：前視の総和

したがって，2 点 A，B の地盤高をそれぞれ H_A，H_B とすれば，次の関係がなりたつ。

$$H_B = H_A + (\sum BS - \sum FS) \qquad \textbf{(4)}$$

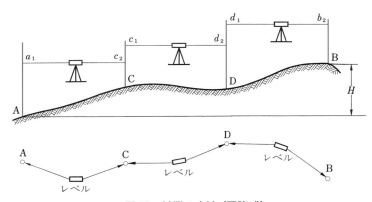

▲図 18　外業の方法（昇降式）

●3● 視準距離

レベルと標尺間の距離を大きくするほど，器械のすえつけ回数や視準回数などが少なくなり，作業は敏速で能率もよい。しかし，使用器械の性能，測量の精度，天候・地形などによって，視準できる距離が異なる。

公共測量における視準距離の最大は，精度に応じて 50〜80 m と定[1]められている。

❶最大視準距離

1 級水準測量	50 m
2 級水準測量	60 m
3, 4 級水準測量	70 m
簡易水準測量	80 m

（―公共測量―作業規程の準則第 64 条）

●4● 昇降式野帳の記入方法

昇降式野帳の記入方法は，次の順序で行う。

操作

1… 表 2 のように，後視から前視を引いた値が高低差となるから，その値が ＋ のときは昇，－ のときは降の欄にそれぞれ記入する。

2… 後視した点の地盤高に，昇・降の値を順に加え，前視した点の地盤高を求める。

▼表 2　昇降式野帳の記帳例

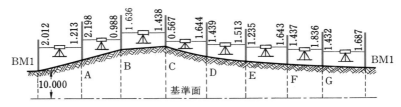

[単位　m]

点	距　離	後　視	前　視	昇	降	地盤高	調整量	調整地盤高	備　考
BM1		2.012				10.000			出発点の
A	56.3	2.198	1.213	0.799		10.799			BM1 の
B	48.7	1.636	0.988	1.210		12.009			地盤高を
C	56.5	0.567	1.438	0.198		12.207			10.000 m
D	52.8	1.439	1.644		1.077	11.130			とする。
E	36.4	1.235	1.513		0.074	11.056			検算
F	42.9	1.437	1.643		0.408	10.648			9.994
G	38.0	1.432	1.836		0.399	10.249			−10.000
BM1	52.0		1.687		0.255	9.994			−0.006
計	383.6	11.956 −11.962 −0.006	11.962	2.207 −2.213 −0.006	2.213				

●5● 誤差の調整

一つの水準路線（地盤高を求める点を結ぶ線）についての水準測量

は，往復測定とする。往復の高低差を比較すれば，両者の差は，この測量の誤差となる。また，表2のように，水準路線がはじめの点に戻る閉合路線では，後視の総和と前視の総和は理論的に等しくなるから，両者の差はその誤差となる。

これらの誤差が許容誤差以内であるとき，各点の調整量は距離に比例するものとして配分する。すなわち，誤差をeとすれば，各点の調整量dは，次のようになる。

❶詳しくは，p.111で学ぶ。

$$d = -e \times \frac{\text{始点からの距離}}{\text{路線の全長}} \tag{5}$$

表2の野帳例では，eは $-0.006\,\mathrm{m} = -6\,\mathrm{mm}$ であり，路線の全長は383.6 m，BM1 から A までの距離は56.3 m であるから，A の調整量d_1は，次のようになる。

$$d_1 = -(-0.006) \times \frac{56.3}{383.6} = 0.001\,\mathrm{m}$$

BM1 から B までの距離は，$56.3 + 48.7 = 105\,\mathrm{m}$ であり，B の調整量d_2は，次のようになる。

$$d_2 = -(-0.006) \times \frac{105}{383.6} = 0.002\,\mathrm{m}$$

以上のように求めた各点の調整量を各点の地盤高に加え，調整地盤高とする。表3にその記入例を示す。

▼表3　調整量と調整地盤高の記入例　　　　　　　　[単位　m]

点	距　離	後　視	前　視	昇	降	地盤高	調整量	調整地盤高	備　考
BM1		2.012				10.000	0.000	10.000	出発点の
A	56.3	2.198	1.213	0.799		10.799	+ 0.001	10.800	BM1 の
B	48.7	1.636	0.988	1.210		12.009	+ 0.002	12.011	地盤高を
C	56.5	0.567	1.438	0.198		12.207			10.000 m
D	52.8	1.439	1.644		1.077	11.130			とする。
E	36.4	1.235	1.513		0.074	11.056			検算
F	42.9	1.437	1.643		0.408	10.648			9.994
G	38.0	1.432	1.836		0.399	10.249			− 10.000
BM1	52.0		1.687		0.255	9.994			− 0.006
計	383.6	11.956 −11.962 − 0.006	11.962	2.207 − 2.213 − 0.006	2.213				

問 1　表3の残りの調整量と調整地盤高を求めよ。

2 水準測量 (器高式)

●1● 作業上の用語

a 後視と前視　図19において，既知点 No. 0 に立てた標尺の読み を**後視**といい，未知点 No. 1, No. 1 + 15.50 m, No. 2 に立てた標尺 の読みを**前視**という。

b 器械高　図19のように，基準面から望遠鏡の視準線までの高さ (視準線の標高) を**器械高**といい，IH と略記する。

❶instrument height

c 中間点ともりかえ点　図19のように，レベルをすえつけたのち， 数点の前視を測定するような場合，たんにその地点 No. 1, No. 1 + 15.50 mの点の地盤高を求めるだけのために標尺を立て，前視だけ 読み取る点を**中間点**といい，IP と略記する。

❷**プラス杭**という。 　詳しくは，p. 220で学 ぶ。

また，レベルを移動してすえかえたとき，後視として読み取る点 (No. 2) すなわち，前視および後視をともに読み取る点を**もりかえ点** といい，TP と略記する。

❸intermediate point

❹turning point 　**移器点**ともいう。

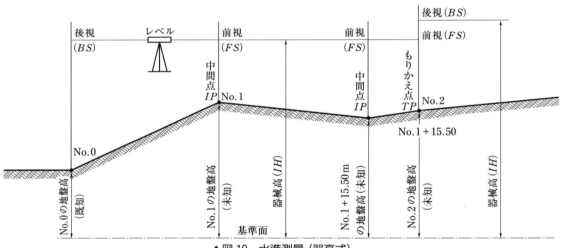

▲図19　水準測量 (器高式)

●2● 器高式野帳の記入方法

器高式野帳の記入方法は，次のように行う。

①　後視を読み取った点の地盤高に後視を加え，器械高を求める。

②　器械高から前視を引けば，前視した点の地盤高が得られる。

この方法は，中間点が数多くあるときに用いると便利である。

操作

1… 表4において，既知点 No.0 ともりかえ点 No.2 に対して，ほぼ等距離の位置にレベルをすえつける。

2… No.0 に立てた標尺を視準し，No.0 の後視として記帳する。

3… No.1 の標尺を読み，No.1 の中間点として記帳する。

4… No.1 + 15.50 m の標尺を読み，中間点として記帳する。

5… No.2 の標尺を読み，No.2 のもりかえ点として記帳する。

▼表4　器高式野帳の記帳例

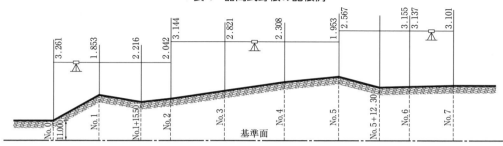

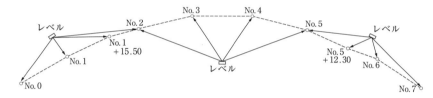

[単位　m]

点	距　離	後　視 (*BS*)	器械高 (*IH*)	前視 (*FS*) もりかえ点 (*TP*)	前視 (*FS*) 中間点 (*IP*)	地盤高 (*GH*)	備考
No. 0	0.00	3.261	14.261			11.000	No. 0 の地盤高を 11.000 m とする。
No. 1	20.00				1.853	12.408	
No. 1 + 15.50	15.50				2.216	12.045	
No. 2	4.50	3.144	15.363	2.042		12.219	検算
No. 3	20.00				2.821	12.542	12.876
No. 4	20.00				2.308	13.055	− 11.000
No. 5	20.00	2.567	15.977	1.953		13.410	1.876
No. 5 + 12.30	12.30				3.155	12.822	
No. 6	7.70				3.137	12.840	
No. 7	20.00			3.101*		12.876	
計	140.00	8.972 − 7.096 1.876		7.096			

＊最終点の前視は，もりかえ点へ記入する。

6⋯ レベルを移動し，No. 2 の標尺を読み，後視として記帳する。

7⋯ **1〜6** の作業が終わったら，計算は次の順序で行う。

$$器械高 ＝ 既知点の地盤高 ＋ 後視$$
$$未知点の地盤高 ＝ 器械高 － 前視$$

表 3 において，

$$No. 0 の器械高（IH）= 11.000 + 3.261 = 14.261 \text{ m}$$
$$No. 1 の地盤高（GH）= 14.261 - 1.853 = 12.408 \text{ m}$$

以下，同様に計算すると，表 4 のようになる。

問2 図 20 において，No. 0（BM）の地盤高を 20.000 m とするとき，各点の地盤高を器高式で求めよ。

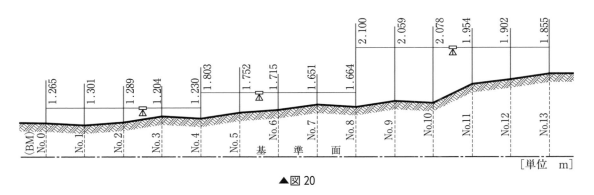

▲図 20

問3 表 5 は，器高式水準測量野帳の記入例である。空欄ア，イ，ウ，エの数値として正しい値はいくらか。

▼表 5　　　　　　　[単位　m]

点	距　離	後　視	器械高	前　視 もりかえ点 (TP)	前　視 中間点 (IP)	地盤高
BM 1		1.798	ア			31.512
No. 1	20.0				2.296	イ
No. 2	20.0				2.514	30.796
No. 3	20.0	2.014	エ	1.890		ウ
No. 4	20.0			2.130		31.304

《Challenge》

　水準測量には，器高式と昇降式に二つの方法がある。二つの方法のメリット・デメリットについて，具体的に考えてみよう。

3 水準測量の誤差

●1● 許容誤差

　一つの水準路線において，往復測定で求められた高低差の誤差が，許容誤差以内のときは平均をとる。

5　　水準測量において，視準距離を一定とし，同一器械を用いて同一状態で測量すれば，その誤差は，測定距離を L とすると，おおよそ $\sqrt{L}$ に比例する。したがって，測定距離が異なるとき，たとえば，標高既知の各

10　点から，ある測点の標高を求めるようなときは，各路線のもつ誤差は $\sqrt{L}$ に比例する。

　　—公共測量—作業規程

15　の準則では，許容誤差を表6のように定めている。

▼表6　　　　　　　　　　[単位　mm]

区　　分	往復差	閉合させたときの環閉合*差	既知点から既知点までの閉合差
1級水準測量	$2.5\sqrt{L}$ **	$2\sqrt{L}$	$15\sqrt{L}$
2級水準測量	$5\sqrt{L}$	$5\sqrt{L}$	$15\sqrt{L}$
3級水準測量	$10\sqrt{L}$	$10\sqrt{L}$	$15\sqrt{L}$
4級水準測量	$20\sqrt{L}$	$20\sqrt{L}$	$25\sqrt{L}$
簡易水準測量	—	$40\sqrt{L}$	$50\sqrt{L}$

＊環状に閉合させた水準路線。
＊＊L は測定距離（片道）[単位 km]（—公共測量—作業規程の準則第65・69条では，測定距離を S としているが，本書では，面積の記号 S と混同するので L とした）。

●2● 観測値の誤差

a 往復観測値の較差　　図21のように，既知点 A から他の既知点 B の間に水準点1，2，3，4を新設して，往復の水準測量を行うとき，往

20　復の地盤高の差が往復差となる。

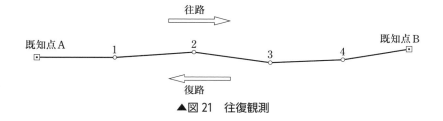

▲図21　往復観測

　図21において，既知点 A，B 間に水準点1，2，3，4を1 km 間隔に新設して，往復の水準測量を行い，表7の結果を得た。往復観測値の較差が許容範囲を超えているのは，どの区間か。

25　　ただし，往復の較差の許容範囲は，$10\,\mathrm{mm}\,\sqrt{L}$（$L$ は距離，単位は km）とする。

▼表7

往 観 測		復 観 測	
点	A を基準とする観測比高	点	B を基準とする観測比高
A	0.000 m	B	0.000 m
1	＋ 14.267 m	4	＋ 6.582 m
2	＋ 10.374 m	3	＋ 4.308 m
3	＋ 16.746 m	2	－ 2.072 m
4	＋ 19.039 m	1	＋ 1.827 m
B	＋ 12.461 m	A	－ 12.445 m

解答

① 較差の許容範囲の計算をする。

較差の許容範囲 $= 10 \text{ mm} \sqrt{L} = 10 \text{ mm} \sqrt{1} = \pm 10 \text{ mm}$

（ただし，$L=1 \text{ km}$）

② 各区間の往復の高低差の較差と較差の許容範囲を比較検討すると，表8のようになる。

③ 表8の結果から，往復観測値の較差の許容範囲を超えているのは，3と4の区間である。

▼表8　較差の比較検討

区間	往の高低差 [m]	復の高低差 [m]	較差 [mm]	較差の許容範囲 [mm]	判定
A-1	14.267 － 0.000 ＝ 14.267	－ 12.445 － 1.827 ＝ － 14.272	－ 5	± 10	○
1-2	10.374 － 14.267 ＝ － 3.893	1.827 －（－ 2.072） ＝ 3.899	＋ 6	± 10	○
2-3	16.746 － 10.374 ＝ 6.372	－ 2.072 － 4.308 ＝ － 6.380	－ 8	± 10	○
3-4	19.039 － 16.746 ＝ 2.293	4.308 － 6.582 ＝ － 2.274	＋ 19	± 10	×
4-B	12.461 － 19.039 ＝ － 6.578	6.582 － 0.000 ＝ 6.582	＋ 4	± 10	○

ⓑ 閉合させたときの環閉合差

図22のように，既知点 A から環状に測定し，既知点 A に戻る場合，既知地盤高と測定地盤高の差が**環閉合差**となる。

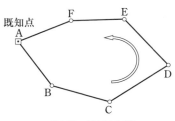

▲図22　環閉合差

図 23 のように，既知点 A より環状に水準測量を行った。
各点の地盤高を計算し，誤差と調整地盤高を求めよ。

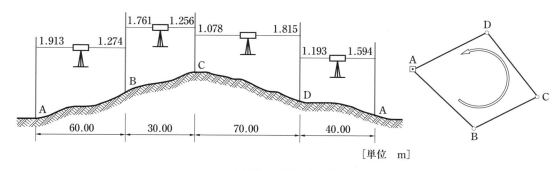

[単位　m]

▲図 23　環閉合差の例

解答

▼表 9　　　　　　　　　　　　　　　　　　　[単位　m]

点	距　離	後　視	前　視	昇（＋）	降（−）	地盤高	調整量*	調整地盤高	備　考
A	—	1.913				10.000		10.000	点 A の地
B	60.00	1.761	1.274	0.639		10.639	− 0.002	10.637	盤高を
C	30.00	1.078	1.256	0.505		11.144	− 0.003	11.141	10.000 m
D	70.00	1.193	1.815		0.737	10.407	− 0.005	10.402	とする。
A	40.00		1.594		0.401	10.006	− 0.006	10.000	検算
計	200.00	5.945 − 5.939 + 0.006	5.939	1.144 − 1.138 + 0.006	1.138				10.006 − 10.000 + 0.006

*式（5）によって求める。

C 既知点から他の既知点までの閉合差　　図 24 のように，既知点 A
から他の既知点 B まで測定する場合，A から B までの水準測量によ
る B の地盤高と B の既知地盤高の差が，閉合差となる。

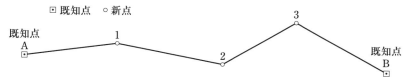

▣ 既知点　　○新点

▲図 24　既知点から他の既知点までの閉合差

図 24 のように，既知点 A を出発点として，既知点 B に結
合する水準測量を実施し，表 10 の結果を得た。水準点 1，2，
3 の調整された標高はいくらか。

▼表10

水準点	距離 [km]	観測比高 [m]	観測標高 [m]	調整量 [m]	標　高 [m]
既知点 A					82.490
	0.6	+ 4.763			
水準点 1					
	0.8	− 1.248			
水準点 2					
	0.7	+ 3.463			
水準点 3					
	0.9	− 0.754			
既知点 B					88.729

解答

① 各水準点の観測標高を計算する。

水準点 1 = 82.490 + (+ 4.763) = 87.253 m

水準点 2 = 87.253 + (− 1.248) = 86.005 m

水準点 3 = 86.005 + (+ 3.463) = 89.468 m

既知点 B = 89.468 + (− 0.754) = 88.714 m

② 各水準点の調整量を計算する。

誤差 e = 88.714 − 88.729 = − 0.015 m

水準点 1 の調整量 d_1 = − (− 0.015) × $\dfrac{0.6}{3.0}$ = + 0.003 m

水準点 2 の調整量 d_2 = − (− 0.015) × $\dfrac{1.4}{3.0}$ = + 0.007 m

水準点 3 の調整量 d_3 = − (− 0.015) × $\dfrac{2.1}{3.0}$ = + 0.0105 m ≒ + 0.011 m

既知点 B の調整量 d_B = − (− 0.015) × $\dfrac{3.0}{3.0}$ = + 0.015 m

③ 調整後の各水準点の標高は，表11となる。

▼表11

水準点	距離 [km]	観測比高 [m]	観測標高 [m]	調整量 [m]	標　高 [m]
既知点 A					82.490
	0.6	+ 4.763			
水準点 1			87.253	+ 0.003	87.256
	0.8	− 1.248			
水準点 2			86.005	+ 0.007	86.012
	0.7	+ 3.463			
水準点 3			89.468	+ 0.011	89.479
	0.9	− 0.754			
既知点 B			88.714	+ 0.015	88.729

問 4　9 km の閉合路線を水準測量した。2 級水準測量での許容誤差を，p. 111 表 6 によって求めよ。

問 5　片道 16 km の路線を 1 級水準測量で行う場合，往復差の許容誤差を，p. 111 表 6 によって求めよ。

●3● 水準測量の誤差とその消去法

a レベルに関する誤差

▼表12

誤差の原因	消　去　法
視差による誤差*	接眼レンズで十字線をはっきり映し出し，次に目標物への焦点を合わせる。
望遠鏡の視準軸と気泡管軸が平行でないための誤差（視準線誤差）	前視・後視の視準距離を等しくする。
レベルの三脚の沈下による誤差	堅固な地盤にすえつける。

＊ p.32 参照。

b 標尺に関する誤差

▼表13

誤差の原因	消　去　法
目盛の不正による誤差（指標誤差）	基準尺と比較し，尺定数を求めて補正する。
標尺の零目盛誤差*（零点誤差）	出発点に立てた標尺を到着点に立てる。（レベルのすえつけを偶数回とする。）
標尺の傾きによる誤差	標尺を前後に動かし，最小値を読み取る。また，水準器を取りつけ，つねに鉛直に立てる。
標尺の沈下による誤差	堅固な地面にすえつける。または標尺台を用いる。
標尺の継目による誤差	標尺を引き伸ばしたときは，継目が正しいかどうか確認する。

＊標尺底面が摩耗や変形している場合，標尺の零目盛が正しく0でないために生じる誤差。

c 自然現象に関する誤差

▼表14

誤差の原因	消　去　法
球差・気差*による誤差	前視・後視の視準距離を等しくする。
かげろうによる誤差	地上，水面から視準線を離して測定する。（標尺の下部付近を視準しないようにする。）
気象（日照・風・温度・湿度など）の変化による誤差	かさなどでレベルをおおう。往復の観測を午前と午後に分けて平均する。

＊詳しくは，p.158 で学ぶ。

d その他の誤差

　水準測量での誤差には，以上で述べたほかに，視準誤差，気泡の合わせ方による誤差，読み取り誤差などがある。

4 交互水準測量

　川や谷を越えて水準測量を行う場合には，器械を中央に置くことができない。そのため，前視・後視の距離が著しく異なる。このようなとき，図25のように，両岸で同じ器械を用いて測量を行い，2組の高低差の平均を求める。これを，**交互水準測量**という。

❶reciprocal leveling

　いま，図25において，$AC = BD = l$，$AD = BC$，点Cにおいて2点A，Bに立てた標尺の読みをa_1，b_1とし，a_1，b_1の誤差をe_1，e_2とする。また，点Dにおいて2点A，Bに立てた標尺の読みをa_2，b_2とする。この場合，同じ器械を使っているので，a_2，b_2の誤差はe_2，e_1となる。

　2点A，Bの地盤高をH_A，H_B，高低差をHとすると，

$$H = H_B - H_A = (a_1 - e_1) - (b_1 - e_2) = (a_2 - e_2) - (b_2 - e_1)$$

となり，高低差Hは，次の式で求められる。

$$H = \frac{1}{2}\{(a_1 - b_1) + (a_2 - b_2)\} \tag{6}$$

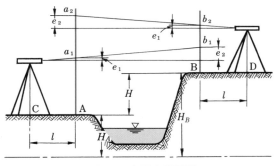

▲図25　交互水準測量

例題 6	図25において，交互水準測量を行い，次の結果を得た。

$a_1 = 1.432\,\text{m}$，$b_1 = 0.932\,\text{m}$，$b_2 = 1.957\,\text{m}$，$a_2 = 2.461\,\text{m}$

2点A，B間の高低差Hを求めよ。

解答	高低差Hは，式(6)より，

$$H = \frac{1}{2}\{(a_1 - b_1) + (a_2 - b_2)\}$$

$$= \frac{1}{2}\{(1.432 - 0.932) + (2.461 - 1.957)\} = 0.502\,\text{m}$$

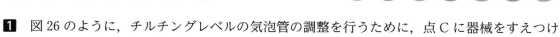

1 図 26 のように，チルチングレベルの気泡管の調整を行うために，点 C に器械をすえつけた。

　このときの標尺 A，B の読みは，$a_1 = 0.849$ m，$b_1 = 1.118$ m である。次に，点 D に器械をすえつけたときの標尺 A，B の読みは，$a_2 = 1.940$ m，$b_2 = 2.229$ m であった。

　点 D にすえつけた器械の十字横線を，点 B の標尺のどの目盛と一致させて，気泡管の調整をすればよいか。

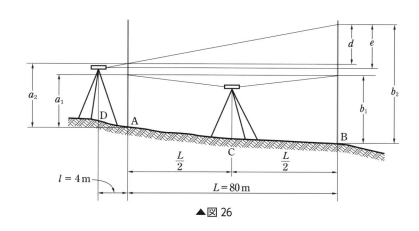

▲図 26

2 多角点 P の標高を定めるために，水準点 A から点 P を経て点 B にいたる水準測量を行い，表 15 の結果を得た。この点 P の地盤高と調整地盤高を求めよ。また，野帳の空欄をうめよ。

　ただし，点 A の地盤高は 5.694 m，点 B の地盤高は 6.971 m とする。

▼表 15　　　　　　　　　　　　　　　　　　[単位　m]

点	距離	後視	前視	昇	降	地盤高	調整量	調整地盤高
A	0	1.125						
1	65	2.306	1.097					
2	66	1.238	2.216					
3	66	0.296	0.223					
P	68	1.508	1.627					
4	65	0.411	0.296					
5	68	0.669	1.121					
6	67	2.002	0.095					
B	65		1.594					

3 表16は点No.0からNo.7までの器高式水準測量の観測値である。表を完成させよ。

▼表16　　　　　　　　　　　　　　　[単位　m]

点	距　離	後　視	器械高	前視		地盤高
				もりかえ点	中間点	
No.0	0.00	1.098				10.000
No.1	20.00				1.117	
No.2	20.00				1.045	
No.3	20.00	1.989		1.592		
No.4	20.00				1.705	
No.5	20.00				1.673	
No.5＋15.00	15.00	1.759		1.850		
No.6	5.00				1.340	
No.7	20.00			1.265		
計						

4 図27のように，水準点OからBM1の標高を求めるため，中間にA，B点を設け，往復観測を行い，表17の結果を得た。どの区間において再測が必要か判断せよ。

ただし，公共測量の3級水準測量とする。

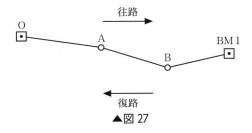

往路
O
A
B
BM1
復路
▲図27

▼表17

測点	距離	高低差 [m]	
		往観測	復観測
O～A	1.05 km	＋1.441	－1.432
A～B	1.10 km	－0.698	＋0.683
B～1	0.91 km	＋1.249	－1.243

5 図28の水準路線網の測定で，表18の結果を得た。再測が必要な場所はどこか判断せよ。

ただし，公共測量の3級水準測量とする。

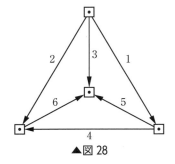

2　3　1
6　5
4
▲図28

▼表18

路線番号	高低差 [m]	路線長 [km]
1	－1.340	4.0
2	＋3.976	4.0
3	＋2.283	2.5
4	＋5.306	4.0
5	＋3.583	2.5
6	－1.680	2.5

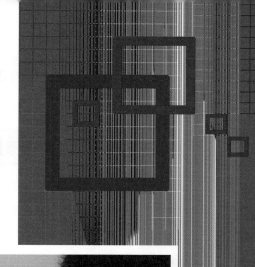

第 **6** 章

測量の誤差

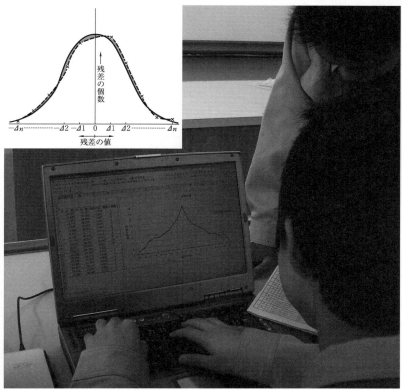

測量では，目的に応じた精度を得るため，測定した値に含まれる
誤差を，決められた許容誤差以内にしなければならない。

? 　誤差はどのような原因で生じるのだろうか。

　測定した誤差が，許容誤差以内にあるとき，その誤差はどのようにして処理
　されるのだろうか。

1 誤差の種類

1 誤差の原因による種類

すでに学んだように，誤差の原因は，次の三つに分けられる。

器械的誤差 測定に用いる器械・器具が正しい状態でないために生じる誤差

自然的誤差 温度・気圧，風や光の屈折などの自然現象の変化の影響によって生じる誤差

個人的誤差 測定者の視覚など，個人ごとに差があるために生じる誤差

2 誤差の性質による種類

●1● 定誤差

定誤差は，測定の条件が変わらなければ，大きさや現れ方が一定しており，測定値が加算されるに従って累積していく誤差である。

この誤差は，発生の原因によってその大きさを求め，測定値を補正することができる。

定誤差を，**系統誤差**❶ともいう。

●2● 不定誤差❷

不定誤差は，誤差の原因が不明であるもの，また，定誤差を生じる原因が予期できない変化や，測定者の感覚の不完全性などによったり，さらに原因がわかっても，その影響が除去できないものが複雑に重なって生じる誤差である。

したがって，この誤差は，すべて除去することはできないが，測定時に注意すれば，誤差を小さくすることができる。

また，この誤差は，測定値の個数を多くすれば，正（＋）の誤差と負（－）の誤差が同じ程度に現れ，測定値の個数の平方根に比例して増大すると考えられている（測定値の軽重率（p. 123 参照）が同じ場合）。たとえば，一つの測定値で生じる不定誤差が $\pm x$ [mm] とすると，n 個の測定値では $\pm x\sqrt{n}$ [mm] となる。

❶systematic error **累積誤差**ともいう。
❷accidental error

❸測定者の不注意によるものを過失または錯誤といい，理論上では誤差の中に含めない。

2 測定値の計算処理

1 最確値

　誤差の種類で学んだように，測定値には誤差が含まれ，**真の値**を測定することは不可能である。しかし，測定の過失をなくし，定誤差をできるだけ取り除き，不定誤差だけを含む同一量の一群の測定値を用いて，理論的に，真の値に最も近いと考えられる値を求めることは可能であり，このようにして求めた値を，**最確値**という。

❶most probable value

2 標準偏差

　測量では，真の値が求められないから，測定値の真の誤差も求めることはできない。そこで，不定誤差だけを含む同一量の一群の測定値の誤差のかわりに，**残差**を用いる。残差のばらつきの範囲や，測定の精度を知るために，**標準偏差**を求める。

　不定誤差だけを含む同一量の一群の測定値について，図1のように，残差の値を横軸に，各残差の個数を縦軸に取って，プロットした点を結ぶと，破線のような山形になる。もし，測定回数をかぎりなく増したと仮定すれば，破線の山形は，実線のように左右対称（正規分布）の曲線になると考えられる。この曲線を，**誤差曲線**という。

❷residual
　残差 = 各測定値
　　　　 − 最確値
❸standard deviation
　p. 122 式 (1) から，標準偏差 m_0 が小さいほど精度がよいことがわかる。
　具体的な求めかたは，測定条件により異なるため，p. 122 式 (3)，p. 124 式 (5)，式 (6) を参照。

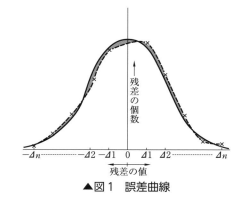

残差の個数

残差の値

$-\Delta n$　$-\Delta 2$　$-\Delta 1$　0　$\Delta 1$　$\Delta 2$　Δn

▲図1　誤差曲線

❹error curve

　この誤差の現象から，次のことがいえる。

　　①　小さい誤差は，大きい誤差よりも数多く起こる。

　　②　絶対値の等しい誤差の起こる回数は，ほぼ同じである。

　　③　きわめて大きい誤差は，ほとんど起こらない。

　この三つが，**誤差の公理**である。

誤差曲線の変曲点（曲線の向きが変わる点，図2）に相当する残差 m_0 の大きさが標準偏差と等しくなる。標準偏差の値により，残差のばらつきかたや，変動係数を知ることができる。

　変動係数 P は，最確値を M，標準偏差を m_0 とすると次の式で求められる。

$$P = \frac{m_0}{M} \qquad (1)$$

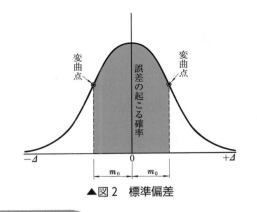

▲図2　標準偏差

3　測定条件が同じ場合の計算

●1● 最確値

　測定が同一条件で行われ，その精度が等しいと考えられるとき，最確値 M は，一群の測定値の平均値で求められる。

$$M = \frac{l_1 + l_2 + \cdots\cdots + l_n}{n} = \frac{[l]}{n} \qquad (2)$$

$[l]$：測定値の総和　　　　n：測定値の数

●2● 標準偏差

　同一条件で測定した，一群の測定値から求めた最確値の標準偏差 m_0 は，次の式で求められる。

$$m_0 = \pm\sqrt{\frac{[v \cdot v]}{n(n-1)}} \qquad (3)$$

$[v \cdot v]$：残差の平方の総和　　　　n：測定値の数

例題 1　同一角を同一条件で測定し，次の結果を得た。最確値 M と最確値の標準偏差 m_0 を求めよ。

測定値　①　36°28′32″　②　36°28′36″　③　36°28′34″

解答

最確値　$36°28′30″ + \dfrac{2″ + 6″ + 4″}{3}$

$= 36°28′34″$

$m_0 = \pm\sqrt{\dfrac{[v \cdot v]}{n(n-1)}} = \pm\sqrt{\dfrac{8}{3(3-1)}}$

$= \pm\sqrt{\dfrac{8}{6}} \fallingdotseq \pm 1″$

したがって，$36°28′34″ \pm 1″$ となる。

▼表1　標準偏差

	測定値	最確値	v	$v \cdot v$
①	36°28′32″	36°28′34″	− 2″	4
②	36°28′36″	36°28′34″	+ 2″	4
③	36°28′34″	36°28′34″	0″	0

v：残差　　　$[v \cdot v] = 8$

4 測定条件が異なる場合の計算

●1● 軽重率

測定値の信用の度合いを表すものを，**軽重率**または**重み**(重量) という。測定条件が異なった測定値を用いるときは，それぞれに軽重率を考えなければならない。

軽重率を定めるには，次のような考え方がある。

a 各測定値の測定回数が異なる場合　軽重率は，測定回数に比例する。たとえば，表2のようになる。

▼表2

	測定値 [m]	測定回数	軽重率
①	32.356	4	2
②	32.358	8	4
③	32.354	6	3

$p_1 : p_2 : p_3 = 4 : 8 : 6$
$= 2 : 4 : 3$

p_1, p_2, p_3：軽重率

b 各測定値の標準偏差が異なる場合　軽重率は，標準偏差の2乗に反比例する。たとえば，表3のようになる。

▼表3

	測定値	標準偏差	軽重率
①	45°28′30″	± 2″	1
②	45°28′35″	± 1″	4

$p_1 : p_2 = \dfrac{1}{2^2} : \dfrac{1}{1^2} = \dfrac{1}{4} : 1$
$= 1 : 4$

c 各測定値の路線長が異なる場合　軽重率は，路線長に反比例する。

たとえば，図3のように，BM1，BM2 および BM3 から点 P の標高を求める場合，それぞれの軽重率は，表4のようになる。

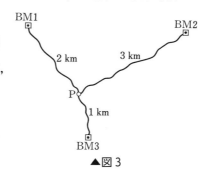

▲図3

▼表4

	距離 [km]	軽重率
BM1	2	3
BM2	3	2
BM3	1	6

$p_1 : p_2 : p_3 = \dfrac{1}{2} : \dfrac{1}{3} : \dfrac{1}{1}$
$= 3 : 2 : 6$

●2● 最確値

軽重率を考えた場合の測定値の最確値 M は，次の式で求められる。

$$M = \frac{p_1 l_1 + p_2 l_2 + \cdots\cdots + p_n l_n}{p_1 + p_2 + \cdots\cdots + p_n} \tag{4}$$

$p_1, \ p_2, \ \cdots\cdots, \ p_n$：軽重率　　　　$l_1, \ l_2, \ \cdots\cdots, \ l_n$：測定値

●3● 標準偏差

測定条件の異なった一群の測定値から求めた最確値の標準偏差 m_0 は，次の式で求められる。

$$m_0 = \pm \sqrt{\frac{[p \cdot v \cdot v]}{[p](n-1)}} \tag{5}$$

$[p]$：軽重率の総和　　　$[p \cdot v \cdot v]$：軽重率と残差の平方との積の総和

例題 2

測線 AB の距離を測定し，表5の結果を得た。最確値の標準偏差および精度を求めよ。

▼表5

	測定値 [m]	測定回数
①	32.355	2
②	32.358	4
③	32.354	3

解答

軽重率　$p_1 : p_2 : p_3 = 2 : 4 : 3$

最確値　$M = 32.350 + \dfrac{0.005 \times 2 + 0.008 \times 4 + 0.004 \times 3}{9}$

$\qquad\qquad\quad = 32.356\ \mathrm{m}$

標準偏差

▼表6

	測定値 [m]	最確値 [m]	v [mm]	$v \cdot v$	p	$p \cdot v \cdot v$
①	32.355	32.356	-1	1	2	2
②	32.358	32.356	$+2$	4	4	16
③	32.354	32.356	-2	4	3	12

$[p] = 9 \qquad\qquad [p \cdot v \cdot v] = 30$

$$m_0 = \pm \sqrt{\frac{[p \cdot v \cdot v]}{[p](n-1)}} = \pm \sqrt{\frac{30}{9(3-1)}} \fallingdotseq \pm 1.3\ \mathrm{mm} \fallingdotseq \pm 0.001\ \mathrm{m}$$

結果は，$32.356 \pm 0.001\ \mathrm{m}$ である。

精度　$P = \dfrac{m_0}{M} = \dfrac{0.001}{32.356} = \dfrac{1}{32356} \fallingdotseq \dfrac{1}{32300}$

●4● 1測線を数区間に分けて測定した場合の標準偏差

1測線を数区間に分けて測定し，測定区間ごとの標準偏差が求められたとき，1測線全長の標準偏差は，次の式で求められる。

$$m_0 = \pm \sqrt{m_{01}{}^2 + m_{02}{}^2 + \cdots\cdots + m_{0n}{}^2} \tag{6}$$

m_0：標準偏差　　　$m_{01}, \ m_{02}, \ \cdots\cdots, \ m_{0n}$：区間ごとの標準偏差

 章末問題

1 ある測線長を測定し，次の結果を得た。標準偏差および精度を求めよ。ただし，各測定値の測定条件は同一である。

測定値　①　102.572 m　　②　102.573 m　　③　102.570 m　　④　102.571 m

2 トータルステーションを用いて，ある水平角を4回に分けて観測し，表7の結果を得た。これから求められる水平角の最確値はいくらか。ただし，観測対回数を軽重率とする。

▼表7

観測値	観測対回数
95°26′29″	2
95°26′34″	3
95°26′20″	4
95°26′25″	6

3 同一角を異なった測定回数によって測定し，次の結果を得た。最確値とその標準偏差を求めよ。

36°28′30″（2回の測定）　　　36°28′36″（4回の測定）　　　36°28′38″（6回の測定）

4 A，B，Cの3班が，ある距離を測定して，次の結果（最確値 ± 標準偏差）を得た。最確値を計算せよ。

100.521 m ± 0.030 m

100.526 m ± 0.015 m

100.532 m ± 0.045 m

5 図4において，A，B，C3個の水準点から点Pの標高を求めるため水準測量を行い，表8の結果を得た。点Pの標高を求めよ。

▼表8

点	標高 [m]	距離 [km]	高低差 [m]
A	10.205	5	＋ 2.442
B	8.603	4	＋ 4.037
C	13.500	2.5	－ 0.864

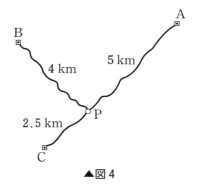

▲図4

6 図5に示す水準路線を新設するため，既知点 A，B，C，D 間で水準測量を行い，表9の結果を得た。交点1の標高の最確値はいくらか。

ただし，既知点 A，B，C，D の標高は，

$$H_A = 20.000 \text{ m} \qquad H_B = 30.000 \text{ m} \qquad H_C = 40.000 \text{ m} \qquad H_D = 50.000 \text{ m}$$

とする。

▼表9

路線	距離 [km]	観測比高 [m]
A → 1	2	＋ 8.748
1 → B	4	＋ 1.247
C → 1	1	－ 11.254
1 → D	2	＋ 21.246

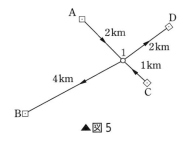

▲図5

7 三角点 A，B，C から点 P の座標を求めるため，図6のように，トラバース測量を行い，表10の結果を得た。点 P の座標の最確値を求めよ。

▼表10

	距離 [m]	点 P の座標値	
		X [m]	Y [m]
A	6	＋ 3 425.48	－ 946.81
B	4	＋ 3 425.39	－ 946.92
C	3	＋ 3 425.44	－ 946.76

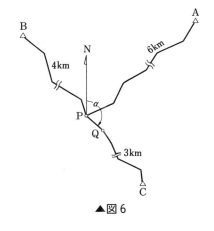

▲図6

8 ある測線長を4区間に分けて測定した結果，次の値（最確値 ± 標準偏差）を得た。測線全長の最確値とその標準偏差および精度を求めよ。

第1区間　49.573 2 m ± 0.000 2 m

第2区間　47.856 3 m ± 0.000 4 m

第3区間　48.785 6 m ± 0.000 3 m

第4区間　46.678 1 m ± 0.000 5 m

第 7 章

面積および体積

　土木工事においては，面積および体積を算出することが必要となる。

?

- 面積および体積は，どのように測定し，どのような方法によって計算するのだろうか。
- 土木工事において土量はどのように計算するのだろうか。

1 面積の計算

1 三角区分法

平面図をいくつかの三角形に分け，それぞれの面積を求めて総計し，全面積を計算する方法を**三角区分法**という。

これには，次のような方法がある。

●1● 三斜法

区分した各三角形の底辺と高さから面積を求める方法を，**三斜法[1]**という。

図1において，三角形の面積 S は，次の式で求められる。

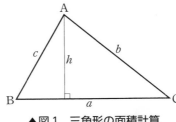

▲図1　三角形の面積計算

❶diagonal and perpenicular method

$$S = \frac{ah}{2} \qquad (1)$$

この方法を用いる場合，分割された各三角形の底辺と高さが，なるべく等しくなるように注意する。なお，これらの値を現地で測定すれば，いっそう正確な結果が得られる。

図2に示す多角形を三斜法で求めた面積は，表1のようになる。

▼表1　三斜求積表

地番	底辺 [m]	高さ [m]	倍面積 [m²]
①	43.47	21.87	950.688 9
②	47.91	35.07	1 680.203 7
③	41.58	29.66	1 233.262 8
④	42.14	33.52	1 412.532 8
⑤	42.14	22.57	951.099 8
		倍面積	6 227.788 0
		面　積	3 113.894 0

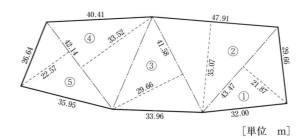

[単位　m]

▲図2　三斜法による求積図

例題 ① 1 図3の多角形の面積を求めよ。

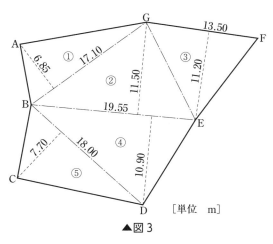

[単位 m]

▲図3

解答 表2の求積表にまとめる。

▼表2

三角番号	底辺 [m]	高さ [m]	倍面積 [m²]
①	17.10	6.85	117.135 0
②	19.55	11.50	224.825 0
③	13.50	11.20	151.200 0
④	19.55	10.90	213.095 0
⑤	18.00	7.70	138.600 0
	総倍面積		844.855 0 m²
	面　積		422.427 5 m²

●2● 三辺法

区分した各三角形の3辺から面積を求める方法を，**三辺法**[1]という。

図4の三角形 ABC の3辺の長さ a，b，c を測定すれば，面積 S は，次のヘロンの公式から求められる。

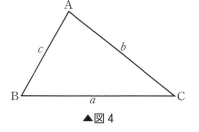

▲図4

$$S = \sqrt{s(s-a)(s-b)(s-c)} \quad \text{ただし,} \quad s = \frac{1}{2}(a+b+c) \quad (2)$$

[1] triangle division method

例題 ① 2 図4において，$a = 45.3\,\text{m}$，$b = 34.7\,\text{m}$，$c = 31.6\,\text{m}$ のとき，三角形 ABC の面積を求めよ。

解答 三角形 ABC の面積を S とすると，式(2)から，

$$s = \frac{1}{2} \times (45.3 + 34.7 + 31.6) = 55.8\,\text{m}$$

$$S = \sqrt{55.8 \times (55.8 - 45.3) \times (55.8 - 34.7) \times (55.8 - 31.6)}$$

$$= 546.97\,\text{m}^2$$

①公共測量では，土地の面積を計測する方法として，座標による方法を原則としている（—公共測量—作業規程の準則第452条。）

すでに学んだ，各測点の X 座標・Y 座標を用いて，面積を次のようにして求める。

図5のように，各測点から Y 軸に引いた垂線の足を A′，B′，C′，D′ とすれば，面積 S は，次の式で求められる。

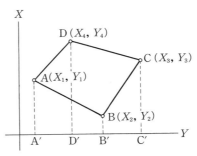

▲図5 座標による面積の計算

$$S = (台形A′ADD′) + (台形D′DCC′)$$
$$- (台形A′ABB′) - (台形B′BCC′)$$

この式の中のそれぞれの台形の面積は，次の式で求められる。

$$(台形 A′ADD′) = \frac{1}{2}(X_1 + X_4)(Y_4 - Y_1)$$

$$(台形 D′DCC′) = \frac{1}{2}(X_4 + X_3)(Y_3 - Y_4)$$

$$(台形 A′ABB′) = \frac{1}{2}(X_1 + X_2)(Y_2 - Y_1)$$

$$(台形 B′BCC′) = \frac{1}{2}(X_2 + X_3)(Y_3 - Y_2)$$

これらの式を面積 S を求める式に代入すると，

$$S = \frac{1}{2}\{(X_1 + X_4)(Y_4 - Y_1) + (X_4 + X_3)(Y_3 - Y_4)$$
$$- (X_1 + X_2)(Y_2 - Y_1) - (X_2 + X_3)(Y_3 - Y_2)\}$$
$$= \frac{1}{2}\{X_1(Y_4 - Y_2) + X_2(Y_1 - Y_3) + X_3(Y_2 - Y_4)$$
$$+ X_4(Y_3 - Y_1)\} \tag{3}$$

一般に，多角形の各測点の X 座標に，その前後の測点の Y 座標の差をかけたもの $X_n(Y_{n-1} - Y_{n+1})$ を加えると，多角形の2倍の面積が求まる。これを**倍面積**②という。したがって，倍面積を2で割れば，多角形の面積が求められる。なお，面積計算の結果が負となる場合もあるが，絶対値だけを考えればよい。

この方法で，式(3)の X と Y を入れ替えても，面積は求められる。

②double area

例題 **3**　表3は，図6の閉合トラバースの X 座標・Y 座標の値である。座標による方法で，トラバースの面積を求めよ。

▼表3

測点 n	X 座標 X_n [m]	Y 座標 Y_n [m]
A	0.000	0.000
B	− 37.297	− 2.517
C	− 47.095	36.920
D	− 15.685	60.188
E	16.214	38.077

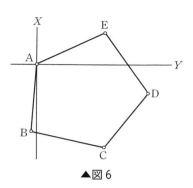

▲図6

解答　表4の求積表にまとめる。

▼表4

測点 n	X 座標 X_n [m]	Y 座標 Y_n [m]	Y_{n-1}	Y_{n+1}	$Y_{n-1} - Y_{n+1}$	倍面積* $X_n(Y_{n-1} - Y_{n+2})$ [m²] (+)	(−)
(E)		38.077					
A	0.000	0.000	38.077	− 2.517	40.594	0.000 000	0
B	− 37.297	− 2.517	0.000	36.920	− 36.920	1 377.005 240	
C	− 47.095	36.920	− 2.517	60.188	− 62.705	2 953.091 975	
D	− 15.685	60.188	36.920	38.077	− 1.157	18.147 545	
E	16.214	38.077	60.188	0.000	60.188	975.888 232	
(A)		0.000					
計					0	5 324.132 992	0
総倍面積 [m²]						5 324.132 992	
面積(総倍面積/ 2) [m²]						2 662.066 496	

＊面積は，小数第7位を切り捨てて，小数第6位までと定められている。

（―公共測量―作業規程の準則第445条）

3　屈曲部の面積の計算

土地が，河川などを境として屈曲が激しいか，または，曲線に囲まれているときは，その境界線の内または外に沿ってトラバースを組み，図7のように，オフセットを測定する。

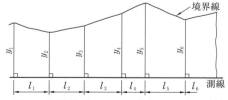

▲図7　台形公式による屈曲部の面積の計算

測線と境界線の間の面積は，次のように台形公式により計算する。

図7において，y_1，y_2，y_3，……，y_n をオフセットの長さ，l_1，l_2，l_3，……，l_{n-1} をオフセットの間隔とし，隣り合うオフセット間の境界線を直線とみなせば，この部分は台形となり，その面積 S は，次の式で求められる。

$$S = l_1\left(\frac{y_1 + y_2}{2}\right) + l_2\left(\frac{y_2 + y_3}{2}\right) + \cdots\cdots + l_{n-1}\left(\frac{y_{n-1} + y_n}{2}\right)$$

もし，$l_1 = l_2 = \cdots\cdots = l_{n-1} = l$ とすれば，

$$S = l\left(\frac{y_1 + y_n}{2} + y_2 + y_3 + \cdots\cdots + y_{n-1}\right) \tag{4}$$

例題 4　図8のような測量の結果を用いて，面積を求めよ。

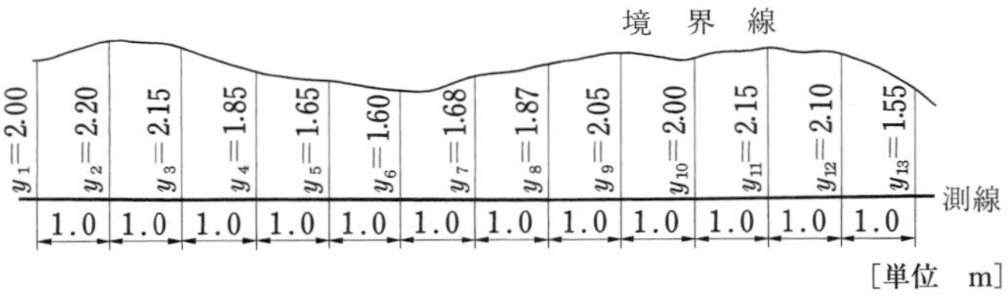

境　界　線

$y_1 = 2.00$　$y_2 = 2.20$　$y_3 = 2.15$　$y_4 = 1.85$　$y_5 = 1.65$　$y_6 = 1.60$　$y_7 = 1.68$　$y_8 = 1.87$　$y_9 = 2.05$　$y_{10} = 2.00$　$y_{11} = 2.15$　$y_{12} = 2.10$　$y_{13} = 1.55$

測線

1.0　1.0　1.0　1.0　1.0　1.0　1.0　1.0　1.0　1.0　1.0　1.0

［単位　m］

▲図8

解答　式 (4) に l，y_1，……，y_{13} の数値を入れて計算する。

$$S = 1.0 \times \left(\frac{2.00 + 1.55}{2} + 2.20 + 2.15 + 1.85 + 1.65 \right.$$
$$\left. + 1.60 + 1.68 + 1.87 + 2.05 + 2.00 + 2.15 + 2.10\right)$$
$$= 23.08\,\text{m}^2$$

4 プラニメーターによる面積の計算

図9のような外周線が不規則な等高線に囲まれた面積や，地図上の面積を求める場合に用いる器械に，**プラニメーター**[1]がある。

❶planimeter

プラニメーターは，指標を図形の外周に沿って一周させ，測輪の回転数を読んで面積を求める器械であり，地図上の面積などを求めるのに適している。そのさい，乾湿により図紙に伸縮があると，測定の結果に大きな影響を与えるから，注意しなければならない。

また，測定する面積の大きさを見て，1回で測定できるかどうかを判断し，器械の移動範囲の限界を超える図形の面積であれば，分割して測定する。

●1● 極式プラニメーター

極式プラニメーターは，図9のように，固定桿・滑走桿・レンズなどからできており，固定桿の一端に極針がある。

測定を行う場合，極針を軸として，滑走桿の一端にあるレンズ（指標）を，図形の外周線上に沿って移動させ，液晶表示盤に表示された値を読み取って，面積を求めるようになっている。

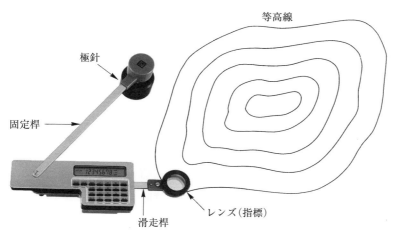

▲図9 極式プラニメーター

●2● 無極式プラニメーター

図10は，**無極式プラニメーター**の外観である。左右の移動は，ローラーが受け持ち，上下移動はアーム部およびレンズ（指標部）が受け持つ構造になっている。

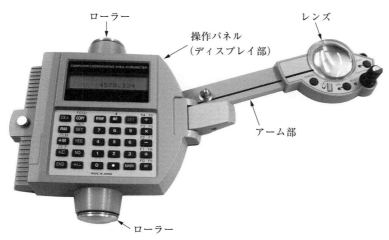

▲図10 無極式プラニメーター

2 土量（体積）の計算

1　両端断面平均法による土量（体積）の計算

　両端断面平均法は，細長い土地
の土量を計算するときに用いる方
法である。

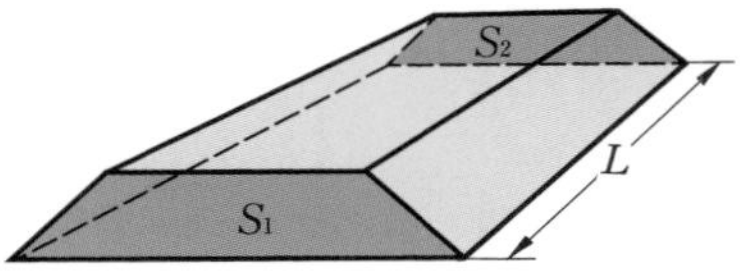

　図 11 において，両端の断面積

▲図 11

を S_1，S_2 とし，両端断面間の距離を L としたときの土量 V は，次の
式で近似的に求められる。

$$V \fallingdotseq \frac{S_1 + S_2}{2} L \qquad (5)$$

　路線測量などで，縦・横断面図の作成にあたって，縦断面図に適切
な計画線を記入し，地盤高・**計画高**から**切土高・盛土高**を求め，横断
面図に施工断面を記入する。

　その各断面における**切土断面積**❹(CA)・**盛土断面積**❺(BA) を求め，
両端の断面積を平均し，両端断面間の距離をかければ，その区間の土
量が得られる。したがって，全区間の切土・盛土の土量を個々に求め
て，合計すれば，その路線の全土量を求めることができる。

❶，❷，❸は，第 11 章で
学ぶ。

❹cutting area
切取り断面積ともいう。
❺banking area

例題 5　　図 12 のような測量結果を得た。No. 6 から No. 10 までの
土量を求めよ。ただし，各測点間の距離は 20 m である。

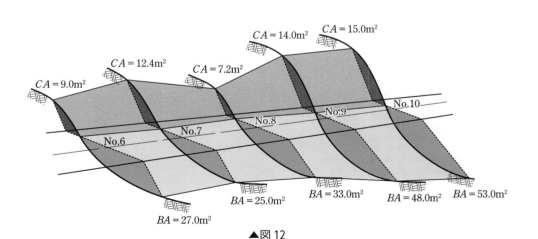

▲図 12

| 解答 | ① 各点の切土・盛土の断面積を別々に計算で求めるか，または，プラニメーターによって求め，その値を表5に記入する。
② 次に，切土・盛土の断面積の平均に，距離をかけて別々に土量を求め，その結果を表5の土量計算表に記入する。 |

▼表5　土量計算表

測点	断面積 [m²]		距離 [m]	土 量 [m³]	
	切土	盛土		切土	盛土
No. 6	9.0	27.0	20.0	214.00	520.00
No. 7	12.4	25.0	20.0	196.00	580.00
No. 8	7.2	33.0	20.0	212.00	810.00
No. 9	14.0	48.0	20.0	290.00	1 010.00
No. 10	15.0	53.0			
計				912.00	2 920.00

2　等高線を利用した土量計算

　図13の各等高線に囲まれた面積をプラニメーターで求め，等高線の間隔（高低差）を距離とし，両端断面平均法により土量を計算する方法である。この方法は，山地の土量を求めたり，ダムの貯水量の計算に用いると便利である。

| 例題 6 | 　図13において，各等高線に囲まれた面積が表6のようである場合，土量を求めよ。 |

❶詳しくは，p.172, p.173で学ぶ。

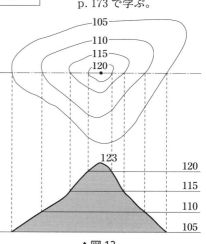

▲図13

▼表6　等高線で囲まれた面積

等高線 [m]	105	110	115	120	123
面 積 [m²]	5 493.0	4 826.8	2 874.2	947.4	0❷

❷頂上の面積は，0とした。

| 解答 | $$\frac{(5\,493.0 + 4\,826.8)}{2} \times 5 = 25\,799.5 \text{ m}^3$$
$$\frac{(4\,826.8 + 2\,874.2)}{2} \times 5 = 19\,252.5 \text{ m}^3$$
$$\frac{(2\,874.2 + 947.4)}{2} \times 5 = 9\,554.0 \text{ m}^3$$
$$\frac{(947.4 + 0)}{2} \times 3 = 1\,421.1 \text{ m}^3$$
$$計（土量）= 56\,027.1 \text{ m}^3$$ |

3 点高法による土量の計算

点高法は，建物敷地の地ならし，土取り場と土捨て場の容積測定など，広い面積の土量の計算をするときに用いられる。

●1● 長方形に区分した場合

土地を区分するとき，同形の長方形に区分し，区分した一つの長方形の立体を取れば，図14のような形をしている。その四角柱の土量 V は，次の式で求められる。

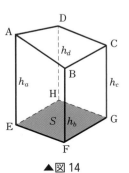

$$V = \frac{S}{4}(h_a + h_b + h_c + h_d)$$

S：水平面積

▲図14

h_a, h_b, h_c, h_d：各点の地盤高

地ならしの場合は，図15のように，土地を碁盤目に分割して各交点の地盤高をはかり，h_1, h_2, h_3, h_4 に分類する。

いま，ABCDEF の範囲を取って考えると，その基準面上の土量 V は，次の式で求められる。

$$V = \frac{S}{4}(\sum h_1 + 2\sum h_2 + 3\sum h_3 + 4\sum h_4) \tag{6}$$

S：1個の長方形の面積

$\sum h_1$：1個の長方形だけに関係する点の地盤高の和

$\sum h_2$：2個の長方形に共通する点の地盤高の和

$\sum h_3$：3個の長方形に共通する点の地盤高の和

$\sum h_4$：4個の長方形に共通する点の地盤高の和

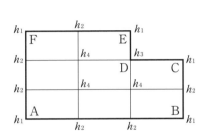

▲図15 長方形区分による土量の計算

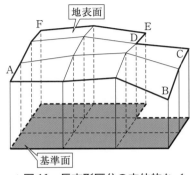

▲図16 長方形区分の立体的なイメージ

<table>
<tr><td>例題
7</td><td>図 17 のような地域を平たんな土地
にするとき，平たんな土地の地盤高は
いくらになるか。ただし，長方形の区
分 1 個の面積を 16 m² とする。</td></tr>
</table>

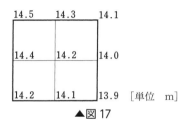

▲図 17

解答
$\sum h_1 = 14.5 + 14.1 + 13.9 + 14.2 = 56.7\,\text{m}$

$\sum h_2 = 14.3 + 14.0 + 14.1 + 14.4 = 56.8\,\text{m}$

$\sum h_3 = 0 \qquad \sum h_4 = 14.2\,\text{m}$

$$V = \frac{16}{4} \times (56.7 + 2 \times 56.8 + 4 \times 14.2) = 908.4\,\text{m}^3$$

平たんな土地の地盤高 $H = 908.4 \div (16 \times 4) \fallingdotseq 14.2\,\text{m}$

● 2 ● 三角形に区分した場合

土地を区分するとき，同形の三角形に区分
すると便利である。いま，区分した一つの三
角形の立体を取れば，図 18 のような形をし
ている。この三角形の土量 V は，次の式で
求められる。

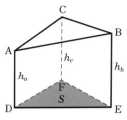

▲図 18　区分した一つ
の三角形の立体

$$V = \frac{S}{3}(h_a + h_b + h_c)$$

S：水平面積

$h_a,\ h_b,\ h_c$：三角形 ABC の各点の地盤高

図 19 のように，土地を三角形に分割し，各
交点の地盤高をはかり，ある基準面からの高
さを h_1，h_2，h_3，……に分類する。たとえば，
図 19 において，ABCDEF の範囲を取って
考えると，その基準面上の土量 V は，次の式で求められる。

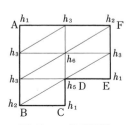

▲図 19　三角形区分に
よる土量の計算

$$V = \frac{S}{3}\{\sum h_1 + 2\sum h_2 + 3\sum h_3 + 5\sum h_5 + 6\sum h_6\}^{●} \tag{7}$$

S：1 個の三角形の面積

$\sum h_1$：1 個の三角形だけに関係する点の地盤高の和

$\sum h_2$：2 個の三角形に共通する点の地盤高の和

$\sum h_3$：3 個の三角形に共通する点の地盤高の和

$\sum h_5$：5 個の三角形に共通する点の地盤高の和

$\sum h_6$：6 個の三角形に共通する点の地盤高の和

●三角形に区分した場合，
1 個〜8 個の三角形に共
通する点が考えられるが，
図 19 では 4 個，7 個，8
個の共通点はないので，
式 (7) で は $4\sum h_4$，$7\sum h_7$，
$8\sum h_8$，は除外している。

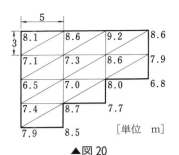

▲図 20

例題 8　図 20 のような地域を平たんな土地にするとき，平たんな土地の地盤高はいくらになるか。

解答

$\sum h_1 = 8.1 + 8.5 + 7.7 + 6.8 = 31.1 \, \text{m}$

$\cdots\cdots\cdots\cdots\cdots\cdots\cdots\cdots\cdots\cdots\cdots\cdots \quad \sum h_1 = 31.1 \, \text{m}$

$\sum h_2 = 7.9 + 8.6 = 16.5 \, \text{m} \, \cdots\cdots \, 2\sum h_2 = 2 \times 16.5 = 33.0 \, \text{m}$

$\sum h_3 = 7.1 + 6.5 + 7.4 + 7.9 + 9.2 + 8.6 = 46.7 \, \text{m} \, \cdots\cdots \, 3\sum h_3 = 3 \times 46.7 = 140.1 \, \text{m}$

$\sum h_5 = 8.7 + 8.0 = 16.7 \, \text{m} \, \cdots\cdots \, 5\sum h_5 = 5 \times 16.7 = 83.5 \, \text{m}$

$\sum h_6 = 7.3 + 7.0 + 8.6 = 22.9 \, \text{m} \quad \underline{6\sum h_6 = 6 \times 22.9 = 137.4 \, \text{m}}$

計 $425.1 \, \text{m}$

ゆえに，土量　$V = \dfrac{7.5}{3} \times 425.1 \fallingdotseq 1062.8 \, \text{m}^3$

また，地盤高　$H = 1062.8 \div (7.5 \times 18) \fallingdotseq 7.9 \, \text{m}$

例題 9　図 21 のような長方形の造成予定地を，平たんな土地にしたい。地盤高はいくらにすればよいか。

ただし，土量は，この土地を図のような面積 S の等しい 8 個の三角形に区分して，点高法により求める。図 21 の数字は，各点の地盤高（m 単位）を示している。

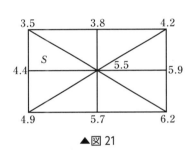

▲図 21

解答

$\sum h_2 = 3.5 + 3.8 + 4.2 + 5.9 + 6.2 + 5.7 + 4.9 + 4.4 = 38.6 \, \text{m}$

$2\sum h_2 = 2 \times 38.6 = 77.2 \, \text{m}$

$\sum h_8 = 5.5 \, \text{m}$

$8\sum h_8 = 8 \times 5.5 = 44.0 \, \text{m}$

$V = \dfrac{S}{3} \times (77.2 + 44.0) = 40.4S \, \text{m}^3$

平たんな土地の地盤高　$H = 40.4S \div 8S = 5.05 \, \text{m}$

Challenge

面積および体積の計算はどのような土木工事に必要なのだろうか。

1 測点 A，B，C で囲まれた三角形の土地の面積を算出す

るため，トータルステーションを使用して測量を行った。

表 7 は測定した結果を示している。この土地の面積を求め

よ。

▼表 7

測点	方位角	距離 [m]
A	0°00′00″	50.000
B	300°00′00″	20.000
C	30°00′00″	30.000

2 図 22 のように直角に交わる道路に接した五角形の土地 ABCDE がある。同じ面積を持つ，

破線で示したような長方形の土地に直したい。五角形の座標値は表 8 のとおりである。G 点

の Y 座標の値はいくらにすればよいか。ただし，AB 測線は破線の直方形の一辺と同じであ

る。

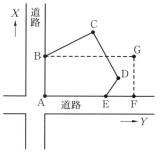

▲図 22

▼表 8

測点	X [m]	Y [m]
A	12.240	14.680
B	44.540	14.680
C	64.860	39.250
D	27.060	59.880
E	12.240	40.170

3 境界線上に沿って，測距・測角が困難なため，敷地内に，図 23 のように，測点 1，2，3，

4 を設け，トラバース測量を行い，計算の結果，表 9 の X 座標・Y 座標を得た。

いま，面積 ABCD を求めるため，各測点より境界点 A，B，C，D に対して測距・測角を

行い，表 10 のような結果を得た。点 A，B，C，D の X 座標・Y 座標を求め，面積を計算せよ。

▼表 9

測点	X 座標 [m]	Y 座標 [m]
1	0	0
2	+ 28.421	+ 72.152
3	− 37.451	+ 116.935
4	− 76.788	+ 35.103

▲図 23

▼表 10

測線	距離 [m]	方位角
1A	$l_1 = 16.150$	$\alpha_1 = 270°00′00″$
2B	$l_2 = 22.297$	$\alpha_2 = 20°15′05″$
3C	$l_3 = 9.862$	$\alpha_3 = 109°10′25″$
4D	$l_4 = 14.119$	$\alpha_4 = 200°52′58″$

注．表 10 の方位角は，方位角のわかっている測線より交角を測定して求めたものである。

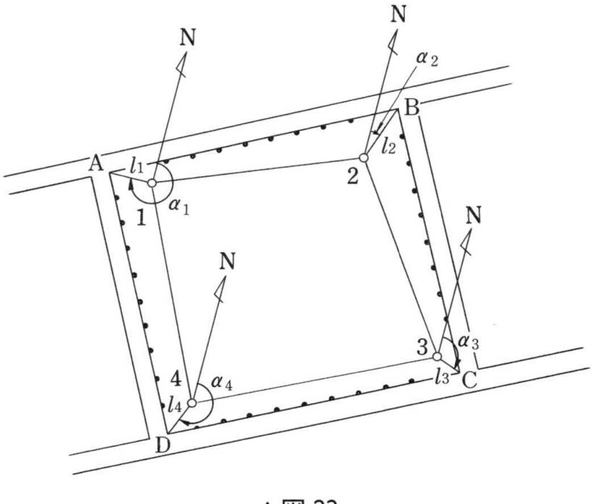

4 図 24 のような現況の土地に，実線で示す堤防を築く場合，堤防の断面積を求めよ。ただし，斜面の法勾配（のりこうばい）(法面勾配ともいい，垂直距離に対する水平距離の割合で表される) は，すべて1：2とする。

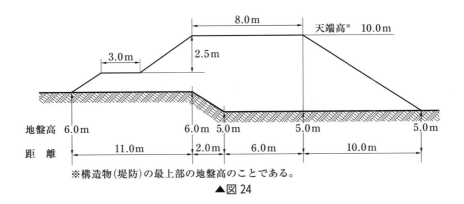

▲図 24

5 図 25 は，ある路線の横断測量によって得られた No. 5〜No. 7 の断面図と，その断面における切土断面積 (CA) および盛土断面積 (BA) とを示したものである。各測点間の距離を20 m とするとき，この区間における盛土の土量と切土の土量との差はいくらか。

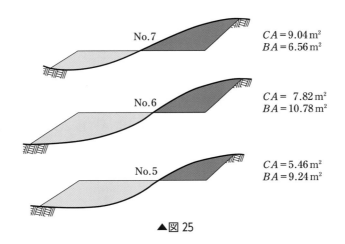

$$CA = 9.04\,\text{m}^2$$
$$BA = 6.56\,\text{m}^2$$

$$CA = 7.82\,\text{m}^2$$
$$BA = 10.78\,\text{m}^2$$

$$CA = 5.46\,\text{m}^2$$
$$BA = 9.24\,\text{m}^2$$

▲図 25

6 測量した結果，地盤高が，図 26 のようになった。切土・盛土の土量を等しくするためには，平たんな土地の地盤高をいくらにすればよいか。

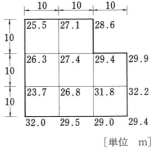

［単位　m］

▲図 26

第**8**章

基準点測量

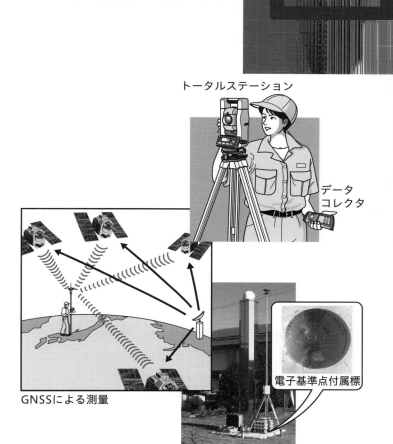

トータルステーション

データコレクタ

GNSSによる測量

電子基準点付属標

電子基準点と電子基準点付属標の設置

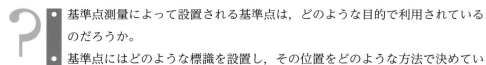

　基準点測量は，地図や建設工事用の図面などを作成する場合にすべての公共工事の基準となる点（公共基準点）をつくるためになくてはならない測量である。

?

- 基準点測量によって設置される基準点は，どのような目的で利用されているのだろうか。
- 基準点にはどのような標識を設置し，その位置をどのような方法で決めているのだろうか。
- 基準点の位置は，どのようにして表示されるのだろうか。
- 基準点測量では，最先端の測量技術は，どのように活用されているのだろうか。

1 基準点と基準点測量

▌1 基準点

　各種測量の目的によって位置（水平位置の座標，高さ・方向・距離など）に関する数値的なデータを求めるための基準として，標識などで表示され，その**位置座標**が定められた点を**基準点**[1]という。

　基準点測量は，既知点[2]に基づいて，新点[3]である基準点の位置を決定する作業である。

　また，基準点測量により改測される既知点を改測点[4]という。

▌2 基準点測量の区分と体系

●1● 基準点測量の区分

　基準点測量は，既知点の種類，既知点間の距離および新点間の距離によって，1級基準点測量・2級基準点測量・3級基準点測量・4級基準点測量に区分される[5]。

●2● 基準点測量の体系

　基準点測量は，狭い意味での基準点測量（以下「基準点測量」）と，すでに学んだ水準測量に分けられる。基本測量・公共測量においての基準点測量の体系は，図1のとおりである。

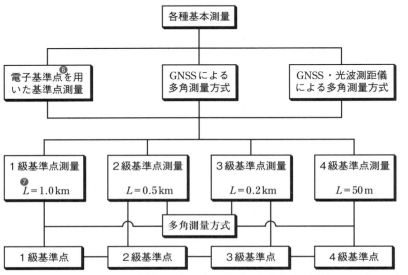

▲図1　基準点測量の体系（「国土交通省公共測量作業規程　解説と運用第19条（平成15年度版）」をもとに作成）

[1]control point　　　　5

[2]既知点は，既設の基準点で，基準点測量の実施にさいして，その成果がすでにわかっている点である。

[3]新点は，基準点測量により新設される基準点などである。

[4]改測とは，すでに設置済みの基準点を再測して新たな成果を得ることである。

[5]阪神淡路大震災，東日本大震災などの災害において被害状況や復旧のための測量を目的に復興基準点が設けられる場合がある。

[6]詳しくは，p.143で学ぶ。

[7]*L*は，新点間距離を示す。

2 基準点測量の測量方法と方式

1 基準点測量の測量方法

　基準点測量は，第1章・4章で学んだ図2のようなGNSS衛星を用いる**GNSS測量**や，トータルステーションなどを用いて行われている方法がある。現在では，急速な測量機器の進歩によりGNSS測量が広く活用されている。

2 GNSS測量と電子基準点

　電子基準点とは，おもにGNSSを用いて観測する基準点（既知点）で，図4のように，地殻変動の検出のために全国で整備がはじまり，現在では，新しい基準点として基準点測量はもとより，各種測量に利用されている。

　電子基準点は，上部にGNSS衛星からの電波を連続的に受信するためのアンテナが取りつけてある。全国に約1300点ある電子基準点の観測データは，国土地理院❶に送られ，地殻変動の連続的な監視などに役立てられている。

❶測量に使われる基準点の整備や地図の作成，地殻変動の監視など，おもにわが国の地理空間にかかわるさまざまな情報を管理・提供している機関。
　所在地は，茨城県つくば市。

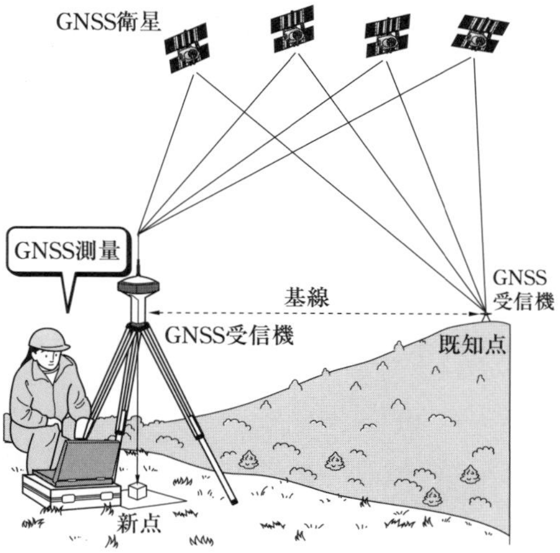

▲図2　GNSS衛星を用いた測量

▲図3　電子基準点

▲図4　全国の電子基準点配点図

Challenge

　国内には，さまざまな形の電子基準点があるが，その種類や形状の理由について調べてみよう。

3 基準点測量の測量方式

　基準点測量の GNSS 測量やトータルステーションを用いた測量の方式は，図5のような**結合多角方式**または，図6のような**単路線方式**で行われる。

　用途や要求される精度によって，これらの方式から選ぶが，基準点測量は，主として，結合多角方式で行われている。

❶traversing
　1, 2 級基準点測量では，結合多角方式を原則とする。

● 既知点　⊘ 新点　↰ 角観測
── 距離観測　---- 距離観測しない辺

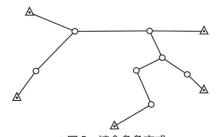

▲図5　結合多角方式

● 既知点　⊘ 新点　↰ 角観測
── 距離観測　---- 距離観測しない辺

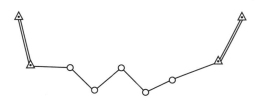

▲図6　単路線方式

●1● 結合多角方式

　結合多角方式は，方向と距離の観測を繰り返すことによって，新点の位置（座標）を決定する測量である。この方式は，座標が既知点から出発し，新点を経由して他の既知点に到着する観測路線となる。

●2● 単路線方式

　単路線方式は，既知点間を一路線で結ぶ多角方式である。トータルステーションなどを使用する場合は，いずれかの既知点で方向角の観測が必要となる。

❷3, 4 級基準点測量では結合多角方式または単路線方式により行う。

3 測量計画

1 測量実施計画

●1● 実施計画の準備

実施計画を立てるために必要な基準点配点図，既設の基準点の成果表，点の記，および空中写真などの資料を準備する。

●2● 測量実施計画書の作成

測量作業を期限までに効率的に行い，所要の成果をあげるために，測量機器の選択，技術者の編成，作業実施期間，工程表および必要経費などを決定し，測量実施計画書を作成する。

その場合，工程別作業区分および順序を知る必要がある。

2 測量の計画

測量の計画は，発注者側の計画機関が作業規程の仕様書として作成する。その内容は，基準点測量の目的，測量の範囲，測量の精度，配点密度，作業期間，測量の実施時期，作業方法などである。

3 作業計画

作業計画❷は，作業機関が適当な縮尺の地図，空中写真などを参考に，地形図上で新点の概略位置を決定し，選点図および製品仕様書や作業規程の準則に適合する**平均計画図**❸（図 7）を作成する。

▲図 7　平均計画図

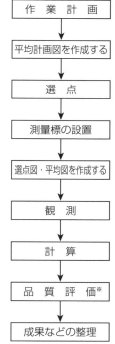

❶詳しくは，p. 148 で学ぶ。

❷これをもとに実作業を行う。測量担当者が細部計画を立てて作業工程表を作成する。

❸踏査・選点の「基図」となる。平均図で，机上で計画する。

▼工程別作業区分および順序

作　業　計　画

↓

平均計画図を作成する

↓

選　点

↓

測量標の設置

↓

選点図・平均図を作成する

↓

観　測

↓

計　算

↓

品　質　評　価※

↓

成果などの整理

※基準点測量成果において，製品仕様書が規定するデータ品質を満足しているかを評価する作業

4 踏査・選点，測量標の設置

1 踏査・選点

既知点の成果および測量区域の地形図や空中写真を入手し，平均計画図に既知点などを記入する。その点の，経路，道路の状況，見通しなどを調べる現地での**踏査**を行い，設置されている土地所有者や管理者に測量の目的などを説明し，基準点 (新点) 設置の承諾を得る。

選点は，後続作業での利用などを考慮して，適切な位置に選定する[1]。選点にさいしては，次のような点に注意する。

 注意

① 新点は，測量区域内の目的によって配点密度がじゅうぶんで，均等となるように配置する。

② 測点間の見通し[2]，後続作業での利用，永久標識の保全などを考慮して，最も適切な位置に選点する。

③ GNSS 測量では，観測点間の見通しは必要ないが，図 10 のように上空視界が開けた場所に選点し，障害電波源や多重反射を起こす看板やトタン屋根等の障害物のない場所を選ぶ。上空の視界が確保できない場合には，図 9 のようにサテライトポールを用いる。

❶関係する既知点や予定する新点から，方向を確認するために測旗などを立てる。

❷見通しがきかない場合の対策
1) 偏心点を設ける。
2) 視準標を立てる。

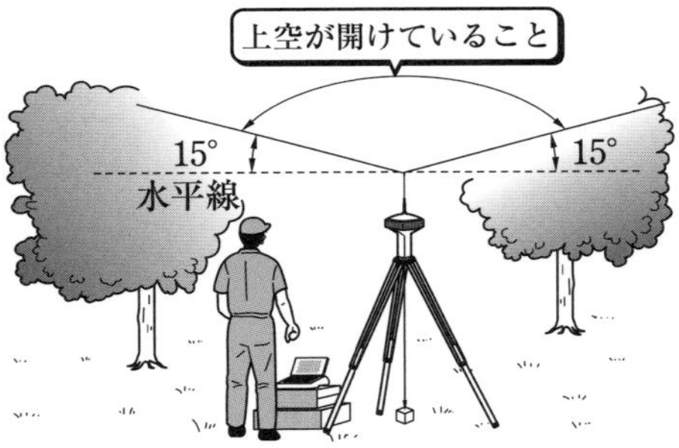

▲図8　上空視界の確保

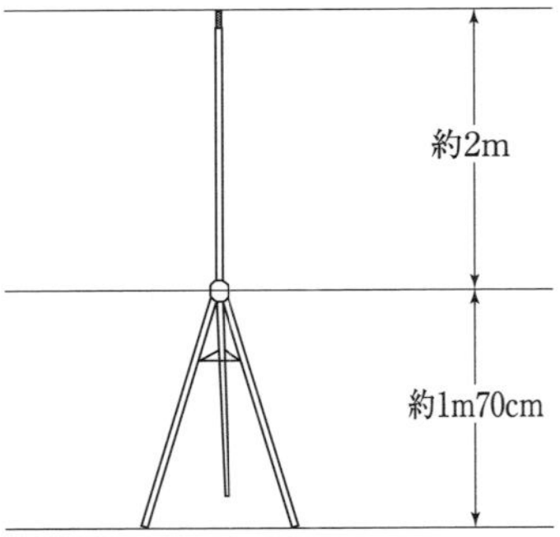

▲図9　サテライトポール

2 選点図と平均図

選点が終わると平均計画図には，新設した基準点の位置や距離や角度の測定（観測）のため，新点・既知点間の見通し線（方向線）が図示される。この図を**選点図**という。（図10）

また，選点図および現地踏査の結果から背景図のない白紙上に新設する基準点の位置や観測する方向線を記入して作成する図を**平均図**という。（図11）

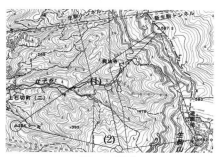

▲図10　選点図

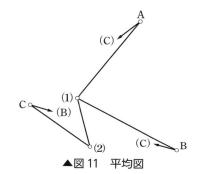

▲図11　平均図

例題 1　次の文は，基準点測量の踏査・選点について述べたものである。間違っているものはどれか。

1. 作業計画では，地形図上で新点の概略位置および測量方式を決定し，平均計画図を作成する。

2. 測量方式の決定や既知点の利用にあたっては，精度および効率性を考慮する。

3. 新点は，周囲の見通しがよく，後続作業・永久標識の保存に適した場所に選点する。

4. 新点の選定にあたっては，視通，後続作業での利用などを考慮する。

5. 新点の位置の精度は，網の図形の良否に関係しない。

解答　5. 新点の位置の精度は網の図形の良否に影響する。配点密度を等しく均等にする。

3 測量標の設置

●1● 永久標識の設置

基準点（新点）の選点が終われば，この点を地上に明示するため，標識を堅固に設置する。この標識を**測量標**という。新点の位置には，原則として，図12のような**永久標識**❶を設置し，測量標設置位置通知書を作成する。また，永久標識は，必要に応じて固有番号等を記録したICタグを取りつけることができる。

このICタグは小型のチップ状のもので，点名・所在地・設置年月日・周辺の地理情報などの情報が記録されているICメモリである。

❶3～4級基準点には，標杭を用いることができる。なお，永久標識については，写真などにより記録する。

(a) 地上埋設　(b) 屋上埋設

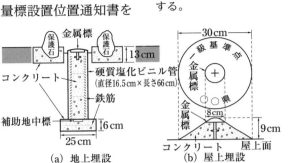

▲図12　永久標識

●2● 点の記の作成

点の記❷とは，基準点の位置，地目，所有者，順路，その地域の詳細なスケッチなど，将来の参考になる事項を記載したものであり，設置した永久標識について作成する。

❷撮影した永久標識の写真などを点の記に記載する場合もある。

●3● 視準標の設置

基準点測量では，基準点を視準するための測量標上に，図14のような標識を設けることがある。この標識を，**視準標**という。

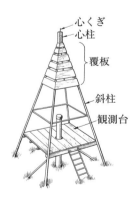

▲図14　視準標

三等三角点の記

基準点コード	5437−74−4901		
ふりがな	つるぎだけ	1/20万図名	高山
点名	劔岳	1/5万図名	立山
三角測量原簿（部号）	第537部		
冠字選点番号	景 第27号	設置区分	地上（保護石0個）
標識番号	標石 第――号	柱石長	0.79m
所在地	富山県中新川郡立山町芦峅寺 ブナ坂外11国有林124イ林小班	地目	山林
所有者	農林水産省（管理者）富山森林管理署		
選点	明治40年 7月13日	選点者	柴崎 芳太郎
設置	平成16年 8月24日	設置者	伊藤 純一
観測	平成16年 8月25日	観測者	山中 雅之
自動車到達地点	室堂ターミナル		
歩道状況	登山道		
徒歩時間（距離）	8時間(約7km)　：剱沢小屋より約4時間30分(約3km)		
三角点周囲の状況	劔岳山頂		
履歴（1）	――		
履歴（2）	――		
備考	平成16年 8月24日 新設 GPS測量　立山有料道路（立山駅～室堂ターミナル）は一般車両通行不可	アンテナ高	☑本点 □偏心点 1.408

要図 1/5万

平成16年9月7日 調製　国土地理院

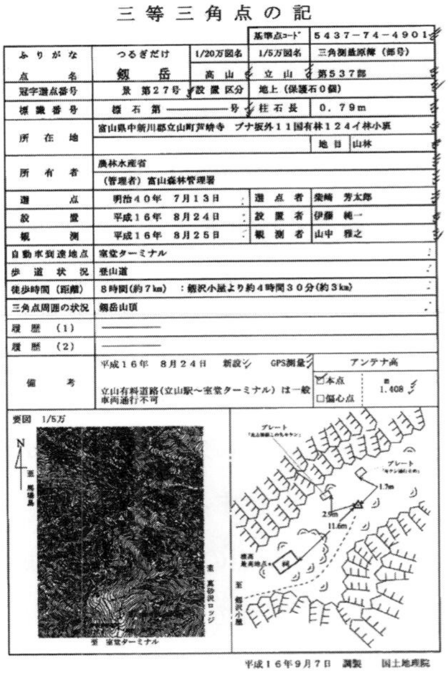

▲図13　点の記（国土地理院）

> **Challenge**
> 基本地図を作るために3級基準点・4級基準点を調べてみよう。

5 観測

1 観測に使用する機器

観測に使用する機器は，GNSS 受信機，トータルステーションなどである。これらの機器は，いずれも国土地理院測量機器性能基準を満たしたものを使用する。使用する機器は，目的とする基準点測量によって，それぞれに適合する機器を選んで使用する。

2 機器の検定と点検

●1● 機器の検定

観測に使用する機器は，定められた検定を受けたものとし，適宜，点検および調整を行う。検定は，比較基線場などで行われ，機器の検定有効期間は 1 年である。❶

●2● 機器の点検

機器の点検は，機能および観測に関する点検を観測着手前および観測期間中に適宜行い，必要があれば調整し，つねに良好にその性能が発揮できる状態にして使用する。トータルステーションおよび測距儀の観測に関する点検は，図 15 のように比較基線場において，観測値と基線長との差が表 1 に示す許容範囲内にあるか否かを点検する。❷

また，GNSS 受信機の点検においても同じく観測値と基準長との差が表 2 の許容範囲内にあるか否かを点検する。

❶検定により所定の性能確認ができれば検定証明書が発行される。

❷5 測定を 1 セットとし，2 セットの測定を行った平均値。

▼表 1　点検の許容範囲

測　定　項　目	許容範囲
国土地理院比較基線場基線長との比較（1 級，2 級）	20 mm
50 m 比較基線場	20 mm

▼表 2　点検の許容範囲

項目	許容範囲
水平方向の差（基準長）	15 mm
高さ方向の差（高低差）	50 mm

（―公共測量―作業規程の準則　解説と運用第 36 条）

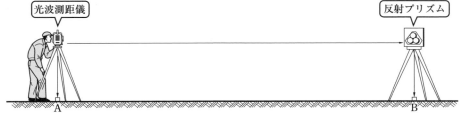

▲図 15　比較基線場での点検

3 ⟩ トータルステーションによる観測

トータルステーションを使用する場合は，水平角観測・鉛直角観測・距離測定[1]は，1視準で同時に行う。

なお，観測は，次の点に留意して行う。

① 水平角観測は，1視準1読定で，定められた対回観測を行う。

なお，水平角観測では，一組の観測方向数は，5方向以下とする。[2]

② 鉛直角観測は，1視準1読定で，望遠鏡正位および反位の観測を1対回として観測する。

③ 距離測定は，1視準2読定を1セットとして，2セットの測定を行う。

観測の対回数などは，表3のとおりである。

※右段注釈
❶器械高およびプリズムなどの高さは，cmまで測定する。
❷観測方向が，6方向以上の場合は，北方にある点を基準とし，次のような組み合わせで観測する。
1回目 B → P_1 → P_2 → P_3
2回目 B → P_4 → P_5 → P_6

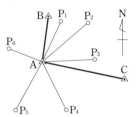

▼表3　点検の許容範囲（―公共測量―作業規程の準則第37条）

項目	区分	1級基準点測量	2級基準点測量		3級基準点測量	4級基準点測量
			1級トータルステーション，セオドライト	2級トータルステーション，セオドライト		
水平角観測	読定単位	1″	1″	10″	10″	20″
	対回数	2	2	3	2	2
	水平目盛位置	0°，90°	0°，90°	0°，60°，120°	0°，90°	0°，90°
鉛直角観測	読定単位	1″	1″	10″	10″	20″
	対回数	1				
距離測定	読定単位	1 mm				
	セット数	2				

4 ⟩ GNSSによる観測

●1● 観測方法

GNSSを使用する場合は，第4章で学んだ細部測量と同じように，おもに相対測位方式で行われることが多い。ただし，基準点測量では，キネマティック法以外にも，スタティック法がある。表4に**スタティック法**と**キネマティック法**を基準点測量する際の条件や特徴を示す。

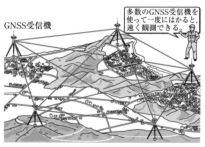

▲図16　スタティック法

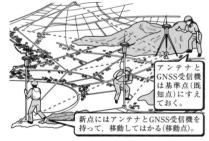

▲図17　キネマティック法

150 ◇第8章　基準点測量

観測方法		観測時間	データ取得間隔	GNSS衛星の組合せと必要数		方式・特徴	摘要可能な基準点測量の精度
				GPS [注1]	GPSおよびGLONASS		
スタティック法	スタティック法	120分以上	30秒以下	4衛星以上 [注3]	5衛星以上 [注2,3]	複数の観測点でGNSS受信機を固定して同時に観測を行う方法で，長時間観測のため，比較的高い精度が得られる。	1〜2級（10km以上）
		60分以上					1〜2級（10km未満）3〜4級
	短縮スタティック法	20分以上	15秒以下			通常のスタティック法の観測時間を短縮して観測を行う方法である。	3〜4級
キネマティック法	キネマティック法	10秒以上	5秒以下	5衛星以上	6衛星以上 [注2]	1台のGNSS受信機を固定局（既知点）として固定し，別の1台のGNSS受信機を移動局として短時間で複数の各未知点（新点）に移動しながら観測を行う方法で，観測時間が短いため高い精度は期待できない。	3〜4級
	RTK法（リアルタイムキネマティック法）	10秒以上	1秒			固定局での衛星観測データを移動局のGNSS受信機に無線などで転送し，移動局で瞬時に計算処理する方法で，距離が長くなるに従い精度は低下する。	3〜4級
	ネットワーク型RTK法	10秒以上	1秒			インターネットを介して電子基準点を基に算出されたデータを通信装置により，移動局で受信し，同時にGNSS衛星から信号を受信して処理しながら順次移動して同様の観測を繰り返し行う。移動局の観測データを補正した計算結果を用いて即時に位置決定を行う方法で，RTK法と同等の精度で観測ができる。	3〜4級

注1．準天頂衛星は，GPS衛星と同等のものとして扱うことができる。

注2．GLONASS衛星を用いて観測する場合は，GPS衛星およびGLONASS衛星を，それぞれ2衛星以上を用いること。

注3．スタティック法による10km以上の観測では，GPS衛星を用いて観測する場合は5衛星以上とし，GPS衛星およびGLONASS衛星を用いて観測する場合は6衛星以上とする。

●2● セッション計画

　GNSS観測のなかでもスタティック法は，複数のGNSS受信機を同時に用いて実施する。効率的な観測を行うために**セッション計画**を立てたうえで，観測図にセッション計画を記入する。

5　観測は，図18のように，1セッションで1回の観測行う。

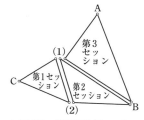

▲図18　観測図（セッション計画）

8

基準点測量

6 角の偏心観測

角の偏心計算

トータルステーションによる水平角の観測は，ふつう測点に器械をすえつけ，他の測点を視準して行う。しかし，基準点測量では，器械の中心，標識の中心，視準標の中心が一致しない場合や，視（基）準点を視準できない場合，基準点に器械をすえつけられない場合などの理由（要因）から観測できない場合がある。このようなときには，角の偏心観測を行い，計算によって基準点での角度に補正する。

●1● 視準点の偏心

図 19 において，基準点 C に器械をすえつけたとき，基準点 B が視準できない場合，視準標 B′ を視準し，偏心距離を e，偏心角を φ，辺 CB の距離を L とすれば，補正角 x は，次の式で求められる。

三角形 CBB′ において，正弦定理から，

$$\frac{e}{\sin x} = \frac{L}{\sin \varphi} \quad \text{よって，} \quad \sin x = \frac{e}{L} \sin \varphi$$

x が小さい角度の場合，$\sin x = x$ と近似できるので，上式は，$x = \dfrac{e}{L} \sin \varphi$ [rad] となる。これを秒単位で表した補正量 x ["] は，次の式のようになる。

$$x = \rho'' \frac{e}{L} \sin \varphi = \frac{e}{L} 206\,265'' \sin \varphi \qquad (1)$$

●2● 器械点の偏心

図 20 で，器械をすえつけられない基準点を C，C のかわりにかりに選んで器械をすえつける点を E，視準する基準点を O として，CE の距離（偏心距離）e，1 辺 CO の距離 L，EO を基準として EC までの右回りの角度（偏心角）φ を測定する。$360° - \varphi = \alpha$ とすれば，求めようとする方向 CO は，測定した方向 EO に x だけ補正すればよい。この補正量 x は，次のようにして求める。

三角形 CEO において，正弦定理から，

$$\frac{e}{\sin x} = \frac{L}{\sin \alpha} \quad \text{よって，} \quad \sin x = \frac{e}{L} \sin \alpha$$

❶観測の原則は B, C, P を一致させることである。

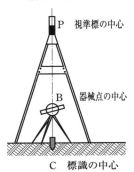

❷$\rho'' \fallingdotseq 206\,265''$
（p. 283 関連資料参照）

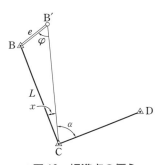

▲図 19　視準点の偏心

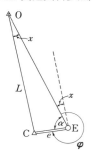

▲図 20　器械点の偏心

(1) を求めたとき同様の計算をすると上式は，次の式のようになる

$$x = \rho'' \frac{e}{L} \sin \alpha = \frac{e}{L} 206\,265'' \sin \alpha \qquad (2)$$

式中の L は，既知点から他の方法で測定し，近似値を用いる。

図 21 の O，P のように，視準する基準点が数個あるときは，基準になる視準点 O だけについて φ の測定を行う。これに対する α_O を計算しておけば，他の視準方向に対する α_P は，α_O に基準線 EO からの方向角（∠OEP）を加えれば求まる。

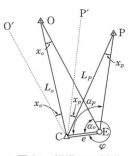

▲図 21　視準する基準点が多い場合

8

基準点測量

例題 2　図 21 の O，P，の観測方向角を，それぞれ $0°\,00'\,00''$，$35°\,20'\,10''$ とすると，それぞれの補正量はいくらか。また，補正後の ∠OCP はいくらになるか。

ただし，$e = 3.560\,\mathrm{m}$，$\varphi = 286°\,36'\,20''$，$L_O = 3\,460\,\mathrm{m}$，$L_p = 1\,320\,\mathrm{m}$ とする。

解答　O 方向の $\alpha_O = 360° - \varphi = 360° - 286°\,36'\,20'' = 73°\,23'\,40''$

P 方向の $\alpha_P = 35°\,20'\,10'' + 73°\,23'\,40'' = 108°\,43'\,50''$

α_O，α_P，の数値を式 (2) に代入する。

$$x_O = 206\,265'' \times \frac{3.560}{3\,460} \times \sin 73°\,23'\,40'' = 203'' = 0°\,03'\,23''$$

$$x_P = 206\,265'' \times \frac{3.560}{1\,320} \times \sin 108°\,43'\,50'' = 527'' = 0°\,08'\,47''$$

$$\angle OCP = \angle OEP + x_P - x_O = 35°\,20'\,10'' + 0°\,08'\,47'' - 0°\,03'\,23''$$
$$= 35°\,25'\,34''$$

●3● 距離が測定できない場合

図 22 のように，基準点 A，B 間の水平距離 L_o を求めようとしたところ，基準点 A において基準点 B が見通しできない場合，点 C に偏心して観測を行って，表 5 の結果を得た。AB 間の水平距離 L_o を求めるため，次の順序で行う。

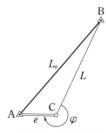

▲図 22　偏心観測

1⋯測点 C で偏心観測を行い，表 5 のような結果を得る。

2⋯余弦定理を用いて，AB 間の水平距離 L_o を計算する。

$$L_o = \sqrt{L^2 + e^2 - 2Le \cos \varphi}$$
$$= \sqrt{1\,000.000^2 + 2.000^2 - 2 \times 1\,000.000 \times 2.000 \times \cos 242°\,20'\,00''}$$
$$= 1\,000.930\,\mathrm{m}$$

▼表 5

CB 間の距離 L	$1\,000.000\,\mathrm{m}$
偏心距離 e	$2.000\,\mathrm{m}$
偏心角 φ	$242°\,20'\,00''$

7 基準点測量に関する諸計算

1 簡易網の計算

　新点の水平位置と標高を求めるために必要な，いろいろな要素について計算を行う。基準点測量での計算は，精度管理のために行う現地計算と平均計算とがある。現地計算は，観測値の良否の点検のため現地において行い，平均計算[1]は，最終成果を求めるために行う。

❶1, 2級基準点測量では，厳密な計算式によって厳密網平均計算を行う。

　3, 4級基準点測量では，厳密網平均計算または簡単な式によって簡易網平均計算を行う。ただし，実際には3, 4級基準点測量では，簡易網平均計算を行うことが多い。

❷p. 53参照。

●1● 方向角の計算

　図23のように，既知点 A，B，C を利用して，新点 (1)，(2) の**方向角**[2]を求めるには，次の順序で行う。

　既知点 A から C 方向の方向角

$T_A = 231°52′03″$

　新点 (1) から B 方向の方向角

$T_{(1)} = 128°57′30″$

▼表6

角	観測角
β_1	$352°45′05″$
β_2	$125°33′15″$
β_3	$308°44′35″$
β_4	$348°14′25″$

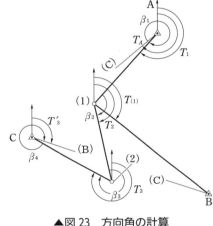

▲図23　方向角の計算

操作

1⋯既知点 A から，新点 (1) 方向に対する方向角を計算する。

$$T_1 = T_A + \beta_1 - 360°$$
$$= 231°52′03″ + 352°45′05″ - 360° = 224°37′08″$$

2⋯新点 (1) から，新点 (2) 方向に対する方向角を計算する。

$$T_2 = T_1 + \beta_2 - 180°$$
$$= 224°37′08″ + 125°33′15″ - 180° = 170°10′23″$$

3⋯新点 (2) から，既知点 C 方向に対する方向角を計算する。

$$T_3 = T_2 + \beta_3 - 180°$$
$$= 170°10′23″ + 308°44′35″ - 180° = 298°54′58″$$

図 24 のように，既知点 A，B，C を利用して，新点 (1) の座標を求めるには，次の順序で行う。

▼表7

既知点	X 座標 [m]	Y 座標 [m]
A	+ 74 106. 15	+ 3 764. 10
B	+ 73 720. 79	+ 3 875. 72
C	+ 73 854. 29	+ 3 443. 24

▼表8

測線	距離 [m]
A〜(1)	$L_1 = 230.60$
(1)〜(2)	$L_2 = 196.96$
(2)〜C	$L_3 = 219.92$
(1)〜B	$L_4 = 351.83$

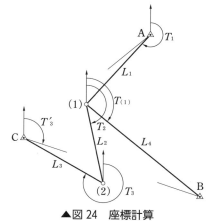

▲図 24　座標計算

操作

1… 既知点 A から，新点 (1) の座標を計算する。

新点 (1) の $X_{A(1)}$ 座標の近似値

$$X_{A(1)} = X_A + L_1 \cos T_1 ❶$$
$$= 74\,106.150 + 230.60 \times \cos 224°37'08''$$
$$= 74\,106.150 + (- 164.140) = 73\,942.010 \text{ m} ❷$$

新点 (1) の $Y_{A(1)}$ 座標の近似値

$$Y_{A(1)} = Y_A + L_1 \sin T_1$$
$$= 3\,764.100 + 230.60 \times \sin 224°37'08''$$
$$= 3\,764.100 + (- 161.971) = 3\,602.129 \text{ m}$$

2… 既知点 B から，同様にして新点 (1) の座標を計算する。

$$X_{B(1)} = X_B - L_4 \cos T_{(1)} = 73\,942.005 \text{ m}$$
$$Y_{B(1)} = Y_B - L_4 \sin T_{(1)} = 3\,602.136 \text{ m}$$

3… 既知点 C から，同様にして新点 (1) の座標を計算する。

$$X_{C(1)} = X_C - L_3 \cos T_3 - L_2 \cos T_2 = 73\,942.023 \text{ m}$$
$$Y_{C(1)} = Y_C - L_3 \sin T_3 - L_2 \sin T_2 = 3\,602.127 \text{ m}$$

4… 以上の結果をまとめると，表 9 のようになる。

5… 各測定値の路線長が異なる場合，各測点 A，B，C からの軽重率を p_A，p_B，p_C とすれば，軽重率は路線長に反比例する。

$$p_A : p_B : p_C = \frac{1}{L_1} : \frac{1}{L_4} : \frac{1}{L_2 + L_3}$$

6… 軽重率を考えた場合には，新点 (1) の座標 ($X_{(1)}$，$Y_{(1)}$) の最確値は，次の式で求められる。

❶既知点が cm の位までの座標値しか与えられていない場合は，既知点の座標値の mm の位は 0 mm とする。

❷公共測量では，成果の利用実態などから，mm の位まで計算する。

▼表9

各既知点から求めた座標 [m]	
$X_{A(1)} = + 73\,942.010$	$Y_{A(1)} = + 3\,602.129$
$X_{B(1)} = + 73\,942.005$	$Y_{B(1)} = + 3\,602.136$
$X_{C(1)} = + 73\,942.023$	$Y_{C(1)} = + 3\,602.127$

8

基準点測量

$$X_{(1)} = \frac{p_A X_{A(1)} + p_B X_{B(1)} + p_C X_{C(1)}}{p_A + p_B + p_C} = 73\,942.012 \text{ m}$$

$$Y_{(1)} = \frac{p_A Y_{A(1)} + p_B Y_{B(1)} + p_C Y_{C(1)}}{p_A + p_B + p_C} = 3\,602.131 \text{ m}$$

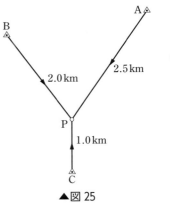

▲図 25

例題 3　図 25 のような既知点 A, B, C から基準点測量により新点 P の座標を求め，表 10 の結果を得た。

新点 P の X 座標・Y 座標の最確値はいくらか。

▼表 10

観測方向	距離 [km]	X 座標 [m]	Y 座標 [m]
A → P	2.5	+ 42 345.34	− 3 456.50
B → P	2.0	+ 42 345.24	− 3 456.42
C → P	1.0	+ 42 345.20	− 3 456.54

解答　軽重率　$P_A : P_B : P_C = \dfrac{1}{2.5} : \dfrac{1}{2.0} : \dfrac{1}{1.0} = 4 : 5 : 10$

X 座標の最確値 $= +42\,345.20 + \dfrac{4 \times 0.14 + 5 \times 0.04 + 10 \times 0.00}{4 + 5 + 10}$

$\qquad\qquad\qquad\quad = +42\,345.24 \text{ m}$

Y 座標の最確値 $= -3\,456.42 + \left(-\dfrac{4 \times 0.08 + 5 \times 0.00 + 10 \times 0.12}{4 + 5 + 10} \right)$

$\qquad\qquad\qquad\quad = -3\,456.50 \text{ m}$

2　高低計算

図 26 のように，既知点 A から新点 B の標高を求めるには，次の順序で行う。

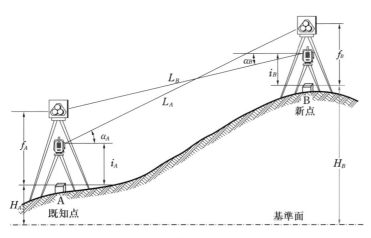

▲図 26　鉛直角の観測

操作

1‥ 既知点 A と新点 B の間で鉛直角の観測を行い，表 11 のような観測
データを得る。

　ただし，既知点 A の標高 $H_A = 152.38$ m

　既知点 A からの距離 $L_A = 238.90$ m

　新点 B からの距離 $L_B = 238.90$ m

を観測する。

2‥ 既知点 A，新点 B の両方か
ら観測した場合，新点 B の標
高は，次の式から求まる。

　正方向 (A → B) の計算

▼表 11

既知点 A における観測	新点 B における観測
鉛直角 $\alpha_A = +15°10'10''$	鉛直角 $\alpha_B = -15°09'50''$
器械高 $i_A = 1.52$ m	器械高 $i_B = 1.42$ m
測標高 $f_B = 1.40$ m	測標高 $f_A = 1.50$ m

$$H_{B1} = H_A + L_A \sin(\alpha_A) + i_A - f_B$$
$$= 152.38 + 238.90 \times \sin(+15°10'10'') + 1.52 - 1.40$$
$$= 215.01 \text{ m}$$

　反方向 (B → A) の計算

$$H_{B2} = H_A - L_B \sin(\alpha_B) - i_B + f_A$$
$$= 152.38 - 238.90 \times \sin(-15°09'50'') - 1.42 + 1.50$$
$$= 214.95 \text{ m}$$

3‥ よって新点 B の標高 H_B は正・反対方向の平均できまる。

$$H_B = \frac{H_{B1} + H_{B2}}{2} = \frac{215.01 + 214.95}{2} = 214.98 \text{ m}$$

 3　両差

　高低計算で，高低差を求めるとき，2 点間の距離が大きくなれば，地
表面の 2 点間を結ぶ線は，円弧とみなされる。しかし，望遠鏡が水平
なときの視準線は直線であるから，高低差に誤差を生じる。これを，
球差[1]**（曲率誤差）**という。

　また，光線は，密度の異なる空気層を通るから，そのとき一つの曲
線を描く。そのため，目標は，この曲線の方向にあるように見える。
求める点の方向と視準方向との差による誤差を，**気差**[2]**（屈折誤差）**と
いう。

　球差と気差を合わせたものを，**両差**[3]という。

[1] error due to earth's curvature

[2] error due to atmospheric refraction

[3] correction for refraction and earth's curvature

●1● 球差

図27のように，点Aから点Bを視準し，高低角αと距離Lをはかれば，求める高低差はBE＝hであるが，計算ではBCを求めることになり，CEが球差となる。

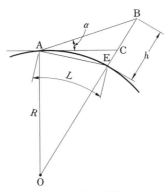

▲図27 球差

球差は次の式で求められる。

$$\mathrm{CE} = h - \mathrm{BC} = \frac{L^2}{2R} \qquad (4)$$

R：地球の半径　　L：2点間の距離

●2● 気差

図28において，曲線ABを光線の進路と考えると，点Aから点Bを測定するとき，曲線ABの点Aにおける接線AB′を測定することになり，高低角はαより大きいα'を測定する結果になる。

いま，光線の進路を円弧と考え，その半径をR'とすると，気差は次の式で求められる。

$$\mathrm{BB'} = -\frac{L^2}{2R'} = -\frac{kL^2}{2R} \qquad (5)$$

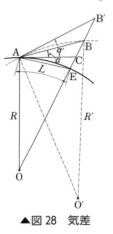

▲図28 気差

k：屈折係数

●3● 両差

球差と気差を合わせた両差Kは，次の式で求められる。

$$K = (\mathrm{CE} + \mathrm{BB'}) = \frac{L^2}{2R} - \frac{kL^2}{2R} = \frac{(1-k)}{2R}L^2 \qquad (6)$$

式(6)から，両差は，距離の2乗に比例することがわかる。ふつう，Rは6370 km，kは0.12〜0.14が用いられる。

表12に，2点間の距離に対する両差の例を示す。

▼表12　2点間の距離に対する両差

2点間の距離 [m]	球差 [mm]	気差 [mm] （屈折係数 0.13）	両差 [mm]
2 000	313.972	40.816	273.156
1 000	78.493	10.204	68.289
500	19.623	2.551	17.072
100	0.785	0.102	0.683

●4● 両差のまとめ

a 既知点 A から新点 B の片方向観測の場合 (正方向)

図 29 において，新点 B の標高 H_B は，

$$H_B = H_A + L_A \sin \alpha_A + i_A - f_B + K \qquad (7)$$

既知点から，新点への片方向の観測をした場合，両差の補正の符号は，(＋) である。

b 新点 B から既知点 A の片方向観測の場合 (反方向)

図 30 において，

$$H_A = H_B + L_B \sin \alpha_B + i_B - f_A + K$$

より，新点 B の標高 H_B は，

$$H_B = H_A - L_B \sin \alpha_B - i_B + f_A - K \qquad (8)$$

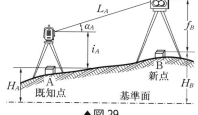

▲図 29

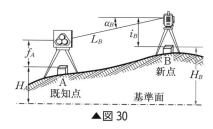

▲図 30

c 既知点 A，新点 B の両方から観測した場合

図 26 において，新点 B の標高は，$H_B = \dfrac{H_{B1} + H_{B2}}{2}$ である。

既知点と新点の両方から観測した場合，両差の補正は，式 (7) と式 (8) の関係から消去されるので必要ない。

> **例題 4**　新点 A の標高を求めるため，新点 A からトータルステーションで既知点 B に設置した反射鏡中心の鉛直角観測と距離測定を行い，表 13 の結果を得た。新点 A の標高はいくらか。
>
> ただし，両点ともに偏心はなく，既知点 B の標高は 320.00 m，両差は 0.10 m とする。

▼表 13

高低角	α	＋ 10°10′00″
斜距離	L	500.00 m
点 A の器械高	i_A	1.20 m
点 B の測標高	f_B	1.50 m

> **解答**　新点 A から既知点 B を観測し，新点 A の標高を求める (反方向)。
>
> $$\begin{aligned} H_A &= H_B - L \sin \alpha - i_A + f_B - K \\ &= 320.00 - 500.00 \times \sin 10°10′00″ - 1.20 + 1.50 - 0.10 \\ &= 320.00 - 500.00 \times 0.176\,512 - 1.20 + 1.50 - 0.10 \\ &= 231.94 \ \text{m} \end{aligned}$$

8 国土地理院成果表

1 地球諸地点の平面位置の表し方

●1● 地球の形状

　地球の表面は，きわめて複雑な形状をしているので，地球諸地点の平面位置を定めるには，統一した地球の形状（基準面）を基準に測量を行う必要がある。そこで，地球全体が静止した海水面でおおわれたものと考え，この仮想の曲面（ジオイド）で地球の形を表す（図31）。

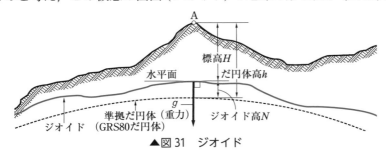

▲図31　ジオイド

　測量の平面位置の基準面として，起伏のあるジオイドを用いることは問題があるので，ジオイドと関係づけられただ円体（**準拠だ円体**）を，測量の基準とすることが考えられた。現在わが国では，2002年4月の改正測量法の施行によって，地球の形に最もよく近似しているGRS80だ円体❶を採用し，基準面としている。

●2● だ円体上の位置の表し方

　ジオイドと関係づけられただ円体上での地球諸地点の位置は，**経度・緯度**およびジオイド上からの**標高**（図31）で表す。

　図32のように，ある地点Pの経度（λ）とは，この地点を通る子午面と**基準子午面**（グリニッジ天文台を通る子午面）とのなす角であって，基準子午線を0°としている。また，ある地点の緯度（φ）とは，この地点における準拠だ円体の法線が，赤道面となす角である。

　この経度・緯度を総称して，**測地経緯度**という。これに対して，ジオイドを基準として表した経緯度を，**天文経緯度**という。

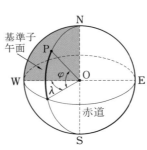

▲図32　経度・緯度

❶GRS80だ円体で表した地球の形状および大きさ。
長半径
　＝ 6 378 137 m
扁平率
　＝ 1/298.257 222 101

2 わが国における測量の原点

●1● 経緯度原点

経緯度原点は，旧東京天文台構内（東京都港区麻布台）にあり，その成果は，次のとおりである。

経　　度	東経	$139°44'28''.8869$
緯　　度	北緯	$35°39'29''.1572$
原点方位角●		$32°20'46''.209$

国土地理院の各基準点は，すでに学んだ GRS 80 だ円体の表面上で，経緯度原点を基準として位置を定めている。

●2● 平面直角座標系の原点●

地球を平面とみなして，諸地点の位置を知るには，**平面直角座標**を用いる。

これは，測量区域に適当な原点を定め，地表面を平面に投影し，座標原点を通る子午線方向を X 軸（北を正）に，これに直交する線を Y 軸（東を正）とした平面座標である。わが国では，図 33 のように，全国を 19 の区域に分割し，それぞれの原点が設けられている。●

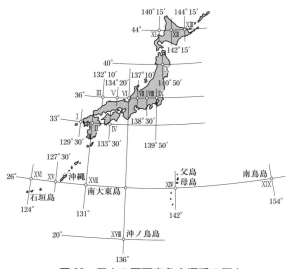

▲図 33　日本の平面直角座標系の原点

●原点において，真北を基準として右回りに観測した，つくば超長基線電波干渉計観測点金属標の十字の交点までの方位角。

❷今回制定された平面直角座標系の各原点の経緯度数値は従来と同じである。経緯度の測定の基準が世界測地系になり，経緯度数値で規定されている平面直角座標系の各原点の位置は，400〜500 m 程度移動している。

❸たとえば，第 VI 座標系の原点は，次のとおりである。
・原点の経緯度
経度　東径　$136°00'00''$
緯度　北緯　$36°00'00''$
・座標系原点の座標値
　　$X = 0.000$ m
　　$Y = 0.000$ m

（Challenge）

自分が暮らす都道府県は，平面直角座標では何系に区分されているか調べてみよう。

国土地理院で行った基準点測量および水準測量の結果を，表にまとめたものを**成果表**といい，必要に応じてその内容は入手できる。

広範囲の基準点測量を行うときに，既設の国土地理院の基準点を利用すれば，基線測量や北極星の観測による真北測量など，手数のかかる測量を省略することができる。その結果，作業が非常に簡素化され，信頼できる結果が得られる。

▲図34　一等三角点
（生駒山）

表14は，基準点成果表の一例であり，一等三角点生駒山および二等三角点大阪城に関する成果の一部である。

成果表の内容と，用いられている記号が表す意味を次に述べる。また，震災・測量技術の進歩などを機に急速に整備が進む電子基準点成果表も表14に示す。

▲図35　二等三角点
（大阪城）

▼表14　基準点成果表

基準点コード 種　別	冠字番号 基準点名	緯度 経度 標高 [m]	X [m] Y [m] 座標系	縮尺係数 楕円体高 [m]	1/50 000 図名 標高区分
TR15235051401 一等三角点	生駒山	34°40′42″.4533 135°40′44″.3796 641.99	−146 559.193 −29 415.302 6 系	0.999911	大阪東北部
TR25235042201 二等三角点	貞　1 大阪城	34°41′16″.0259 135°31′38″.1170 32.88	−145 469.936 −43 315.173 6 系	0.999973	大阪東北部
EL05134304102 電子基準点	高松	34°17′09″.6985 134°01′26″.0495 42.774	142 750.937 48 233.229 4 系	0.999929 79.53	高松南部 水準測量による
EL05235012303 電子基準点	神戸中央	34°40′13″.1615 135°10′20″.2313 47.647	−145 339.600 76 870.284 5 系	0.999973 84.76	神戸

●**1**●　**基準点コード・種別**

基準点は，コード番号で整理され，種別の三角点の等級は，一，二，三，四の漢字で示されている。

●**2**●　**冠字番号・基準点名**

「貞」は，冠字で測量者固有のものであり，次の番号「1」は，測量者が当地域で選点した番号である。

●3● 緯度・経度・標高

緯度・経度は，経緯度原点に基づいて，準拠だ円体の表面上で計算した基準点の測地経緯度であり，北緯および東経を表している。

標高は，標石上面の標高を表している。

●4● X, Y, 座標系

X, Y は，平面直角座標を示している。

座標系の番号 6 は，p.161 図 33 の VI のことで，近畿地方（兵庫県を除く）と福井県・三重県に適用されるものである。

●5● 縮尺係数

図 36 において，平面直角座標で得た値が**平面距離** (s) であり，これをふたたび球面上の距離に換算した値が**球面距離** (S) である。

平面距離と球面距離の比を**縮尺係数**といい，X 軸上（南北方向）では，平面距離と球面距離が一致する。縮尺係数の値は，図 36 のようになる。 ❶scale factor

$$縮尺係数 = \frac{平面距離}{球面距離} = \frac{s}{S} \tag{9}$$

▲図 36 縮尺係数

●6● 楕円体高

だ円体高には GNSS 測量で計測された地球の形として最も近い回転だ円体（GRS80）の表面から法線に沿った地表面までの高さを表示する。（P160 図 31 参照）

●7● 1/50 000 図名・標高区分

1/50 000 地形図の図名は，「大阪東北部」であることを示し，「標高区分」には，電子基準点の標高成果の算出方法を示す。❷

❷この他にジオイド・モデル，GNSS 水準測量がある。

第 **8** 章　章末問題

1　図 37 において，測点 A で，測線 AB を基準方向として，測点 C との交角を測定し，136°57′07″ を得た。しかし，測点 B は，図のように，0.100 m 偏心していた。測点 A の正しい交角はいくらか。

　　ただし，測線 AB の距離は 2 km，$\varphi = 330°$ である。

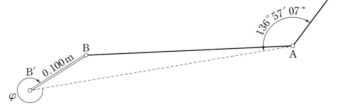

▲図 37

2　図 38 のような状況で測量を行う場合，基準点 C に器械がすえつけられないので，測点 E にすえつけて T' を測角し，40°13′25″ を得た。T はいくらか。

　　ただし，$e = 0.450\,\text{m}$，$\varphi_O = 320°15′00″$，$L_O = 1.5\,\text{km}$，$L_P = 1\,\text{km}$ とする。

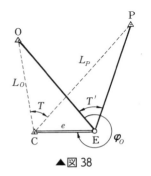

▲図 38

3　既知点 A から，新点 (1) の方向角を求めるため，既知点 B を 0° 方向として新点 (1) 方向の狭角を観測し，$T' = 85°20′15″$ を得た。既知点 A から新点 (1) の方向角 T はいくらか。

　　ただし，新点 (1) の目標および既知点 A の観測に偏心はなく，既知点 B の目標には，図 39 のような偏心があり，その偏心要素は表 15 とする。また，既知点 A，B の成果 (平面直角座標系) は，表 16 とする。

▼表 15

| 偏心角 $\varphi = 300°$ |
| 偏心距離 $e = 0.500\,\text{m}$ |

▼表 16

点名	X 座標 [m]	Y 座標 [m]
A	− 4 730.06	+ 5 618.74
B	− 3 730.06	+ 5 618.74

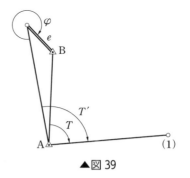

▲図 39

4　基準点測量において，既知点 A を基準に既知点 B から水平角を測定し，新点 C の方向角を求めようとしたが，既知点 B から既知点 A への見通しが確保できなかった。そのため，図 40 のように，既知点 A に目標の偏心点 (P) を設けて観測を行い，表 17 の結果を得た。また，既知点 AB 間の距離 (L) は，1 000.00 m である。

∠ABC（T）はいくらか。

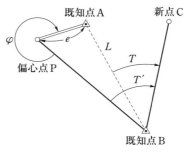

▼表17

既知点 A	既知点 B
$\varphi = 300°00'00''$	$T' = 62°25'00''$
$e = 2.00$m	
$L = 1\,000.00$ m	

▲図40

5 図41のように，新点Bの標高を求めるために，既知点Aおよび新点Bにおいてそれぞれからトータルステーションを用いて反射プリズム中心の鉛直角と斜距離の測定を行い，表18の結果を得た。新点Bの標高はいくらか。

ただし，両点とも偏心はなく，距離は補正済みである。

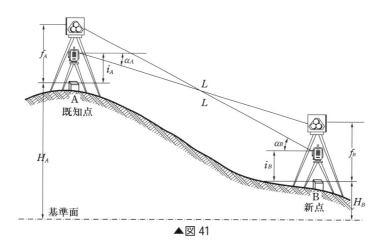

▲図41

▼表18

既知点 A の標高	200.00 m	L（AB 間の斜距離）	3 000.00 m
点 A から B の鉛直角	$\alpha_A = -\,0°20'40''$	点 B から A の鉛直角	$\alpha_B = +\,0°22'50''$
既知点 A の器械高	$i_A = 1.50$ m	新点 B の器械高	$i_B = 1.50$ m
既知点 A の測標高	$f_B = 1.60$ m	新点 B の測標高	$f_A = 1.60$ m

6 次の表 19 は，インターネットで国土地理院のホームページで閲覧可能な三角点・多角点情報表示を抜粋したものである。表の ┌ア┐ と ┌イ┐ を適切な符号（＋，－）で入れよ。

ただし，平面直角座標系 Ⅳ 系の原点数値は，次のとおりである。

　　緯度（北緯）　　33°00′00″
　　経度（東経）　133°30′00″

▼表 19

世界測地系	
基準点コード	TR35033246201
1/50 000 地形図名	高知
種　別	三等三角点
冠字番号	張　3 4
点　名	真如寺山
緯　度	33°33′01″.214 3
経　度	133°32′07″.497 6
標　高	118.28 m
座標系	4
X	┌ア┐　61 032.021 m
Y	┌イ┐　3 288.709 m
縮尺係数	0.999 9
ジオイド高	36.48 m

7 基準点測量において，既知点 A と新点 B との間の水平距離を求めようとしたが，既知点 A から新点 B への見通しが確保できなかった。そこで，新点 B の偏心点 C を設け，図 42 に示す観測を行い，表 20 の結果を得た。AB 間の水平距離はいくらか。

▼表 20

AC 間の水平距離	$L = 2 000$ m
偏心距離	$e = 110$ m
0 方向から既知点 A までの水平角	$T = 319°0′0″$
偏心角	$\varphi = 259°0′0″$

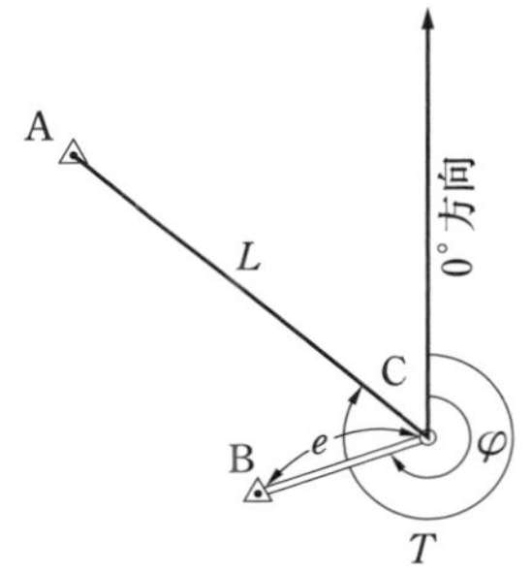

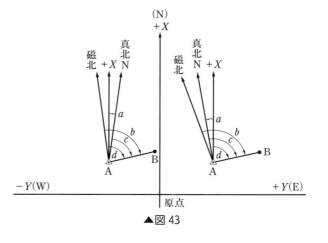

▲図 42

8 図 43 は，点 A における磁北方向，平面直角座標系の北方向，真北方向，点 B 方向でつくられる四つの角を示している。方位角・方向角・真北方向角・磁針方位角は，a, b, c, d のどの角を示しているか。

▲図 43

第 **9** 章

地形測量

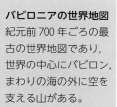

バビロニアの世界地図
紀元前700年ごろの最古の世界地図であり，世界の中心にバビロン，まわりの海の外に空を支える山がある。

　地形測量は，地形・地物の位置や形状を測量し，決められた縮尺と図式を用いて，地形図（数値地形図データ）を作成する測量である。また，道路や鉄道などの社会基盤施設の計画・建設にさいして，地形測量の技術を応用して，詳細な図面が作成され利用されている。

?
- 地形測量には，どのような方法があるのだろうか。
- 地形測量における現地測量では，何をどのように測量するのだろうか。
- 地形測量における新しい技術は，どのような点ですぐれているのだろうか。
- 国土地理院が発行している地形図は，どのような方式や図式によって作成されているのだろうか。

1 地形図と数値地形図データ

1 地形図の種類

　地形図[1]とは，土地の標高や起伏，河川などの水系，建物・道路・鉄道などの人工の地物，土地利用の状況などが，目的とする精度で表現された地図である。

　地形図には，図1に示すように，実際に観測した測量結果に基づいて作成された**実測図**[2]と，その実測図をもとに新たに編集された**編集図**がある。

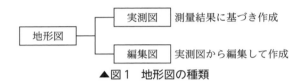

▲図1　地形図の種類

　また，対象地域の状況を全般的に表現して，多目的に利用できるように作成された**一般図**（図2）と，道路状況・土地利用状況など，特定の目的のために作成された**主題図**（図3）がある。

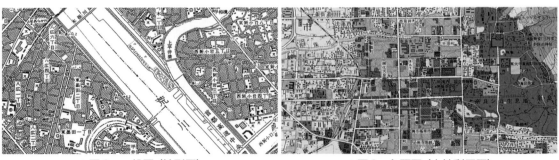

| ▲図2　一般図（地形図） | ▲図3　主題図（土地利用図） |

2 数値地形図データ

　コンピュータなどで計算や画像出力するために，地形や地物などの位置や形状を表す座標データと，内容を表す属性データを組み合わせ[3]，所定の精度を確保したデータを**数値地形図データ**[4]という。

　数値地形図データは，コンピュータ上への地形図の表示のほか，経路探索，位置座標に基づく統計分析などGISの基礎データとして応用[5]

[1]topographic map

[2]surveyed map

[3]道路中心線，建物角などの判別を目的として，対象の座標データに付けられた文字や数値記号。
[4]数値地形図はデジタルマップともいう。
[5]詳しくは，p. 269で学ぶ。

5

10

15

される。現在，数値地形図データは，わが国の各種地図の基盤となっており，数値地形図データを CAD システム内に読み込むことで，道路などの設計に役立てられている。

▶3 縮尺と地図情報レベル

5　地表上のある 2 点間の距離と，それに対応する地形図上に表されている長さとの比を，その地形図の**縮尺**という。

❶scale

　実際の地形と地形図は幾何学的に相似の関係にあり，地形図に含まれるべき内容がじゅうぶんに表現できるように縮尺を決定する必要がある。測量の目的によく適合した縮尺を選ばなくてはならない。

10　地形図の縮尺は，ふつう分子を 1 とした分数 $1/M$ または比の形 $1:M$ で表す。

　地形測量に用いる縮尺は，その大きさにより，大縮尺（1/10 000 以上），中縮尺（1/10 000〜1/50 000），小縮尺（1/50 000 以下）の三つに分けられ，大縮尺および中縮尺の地形図では，地球表面の曲率を無視した平面と考えて，作図されている。小縮尺の地形図では，地球表面の曲率を考慮に入れた補正が必要となる。

❷建設工事用の地図は，一般的に測量域がせまいので，大縮尺および中縮尺のものが多い。

　地図情報レベルとは，数値地形図データによって作成された図内のすべての地形・地物等の平均的な総合精度を示す表現である。

　表 1 に地形図の縮尺と地図情報レベルとの関係，数値地形図データ
20　の位置精度を示す。

▼表 1　地形図縮尺と地図情報レベルとの関係

地図情報レベル	相当縮尺	水平位置の標準偏差	標高点の標準偏差	等高線の標準偏差
250	1/250	0.12 m 以内	0.25 m 以内	0.5 m 以内
500	1/500	0.25 m 以内	0.25 m 以内	0.5 m 以内
1 000	1/1 000	0.70 m 以内	0.33 m 以内	0.5 m 以内
2 500	1/2 500	1.75 m 以内	0.66 m 以内	1.0 m 以内
5 000	1/5 000	3.50 m 以内	1.66 m 以内	2.5 m 以内
10 000	1/10 000	7.00 m 以内	3.33 m 以内	5.0 m 以内

（―公共測量―作業規程の準則第 80 条）

2 地形測量

❶詳しくは，p. 171 で学ぶ。
❷詳しくは，第 10 章で学ぶ。
❸詳しくは，p. 177 で学ぶ。
❹詳しくは，p. 178 で学ぶ。

1 地形測量の目的と方法

　地形図や数値地形図データなどの作成および修正と地図編集を行うことを目的として，地形や地物などの位置を測量することを地形測量という。

　地形測量の方法には，いくつかあるが，おもな測量方法を図 4 に示す。また，その各工程の概略を図 5 に示す。

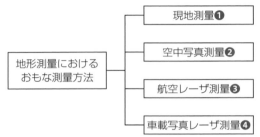

▲図 4　地形測量におけるおもな測量方法

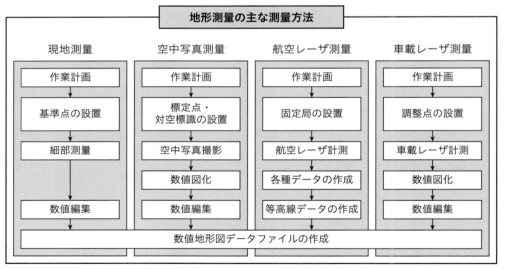

▲図 5　地形測量のおもな測量方法の概略工程

3 現地測量と等高線

1 現地測量

トータルステーションまたは GNSS 測量機などを用いて、地形や地物などの水平位置と標高の細部測量を行い、地形図や数値地形図データを作成する作業を**現地測量**という。

図6に現地測量の工程を示す。

地物は、形状と位置を正しく測定するために地物の主要な点と線とを測定する。また、地形は、地性線の位置を測定してから、その標高を基準として等高線を描く。

地性線とは、地表の不規則な曲面をいくつかの平面の集合と考え、これらの平面がたがいに交わる線をいい、次のようなものがある。

ⓐ 山りょう線 図7の線 AB に示すように、地表面の高く盛り上がった点（山頂）を連ねた線を山りょう線といい、凸線ともいう。

ⓑ 谷合線 図7の線 CD に示すように、地表面の低く落ち込んだ点（谷）を連ねた線を谷合線といい、凹線ともいう。

ⓒ 傾斜変換線 図8の線 EF, GH に示すように、同一方向の傾斜面において、傾斜角の異なる二つの面が交わる線である。

地性線は、実際に地形図上に線として描かれるものではないが、山りょう線・谷合線は、等高線と直交する性質をもっているので、まず、地性線を定めて、等高線を描くための基準とする。

現地測量による数値地形図データの作成おいては、地図情報レベルを原則として 1000 以下とし、250, 500, 1000 を標準とする。

●1● トータルステーションなどを用いる地形，地物の測定

トータルステーションを用いた現地測量においては、4級基準点などの基準点にトータルステーションをすえつけて、放射法などにより地形、地物などの水平位置と標高を測定する。

基準点だけで現地測量を行えない場合は、トータルステーションや

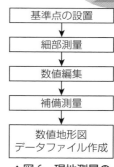

基準点の設置 → 細部測量 → 数値編集 → 補備測量 → 数値地形図データファイル作成

▲図6 現地測量の工程

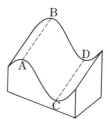

▲図7 山りょう線と谷合線

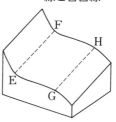

▲図8 傾斜変換線

------ 山りょう線 ── 等 高 線

▲図9 各種の基本地形

GNSS 受信機を用いて，4 級基準点と同程度の精度をもった基準点を設置し，その基準点から現地測量を行う。このとき，設置した基準点を **TS 点** という。

基準点または TS 点から，地形や地物などの測定については表 2 を標準とする。

▼表 2　等高線と等高線間隔

地図情報レベル	機器	水平角観測対回数	距離測定回数	測定距離の許容範囲
500 以下	2 級トータルステーション	0.5	1	150 m
	3 級トータルステーション	0.5	1	100 m
1 000 以上	2 級トータルステーション	0.5	1	200 m
	3 級トータルステーション	0.5	1	100 m

（―公共測量―作業規程の準則第 96 条）

●2● GNSS による地形，地物の測定

第 4 章で学んだように，キネマティック法および RTK 法による地形や地物の測定は，4 級基準点などの基準点または TS 点に GNSS 受信機を固定局としてすえつける。また，ネットワーク型 RTK 法による地形，地物の測定は，電子基準点を固定局とする。それぞれ，地形や地物を観測点（移動局）として，観測点の位置や標高を測定する。

地形や地物の観測は 2 セット行い，1 セットにおける使用衛星数および観測回数などは表 3 を標準とする。

観測点では，まず GNSS 受信機の初期化❶を行う。次に，1 セットの観測を行い，再初期化後に 2 セット目の観測を行って，2 セット間の較差❷が許容範囲内であることを確認する。最後に，2 セット目を採用値とする。この一連の操作を次の観測点に移動して継続する。なお，標高は楕円体高を用いて補正する。

❶GNSS 受信機の内部プログラムが使用可能になること。
❷南北および東西方向の格差 20 mm，高さ方向の較差 30 mm
❸GNSS 受信機の内部計算に用いる値。この値が定まることで観測が可能となる。
❹各衛星から同時に信号を受信する回数の単位。

▼表 3　GNSS による現地測量

使用衛星数	観測回数	データ取得間隔
5 衛星以上	FIX 解❸ を得てから 10 エポック❹ 以上	1 秒（ただしキネマティック法では 5 秒以下）
摘　　要	GLONASS 衛星を用いて観測する場合は 6 衛星以上とする。ただし，GPS・準天頂衛星および GLONASS 衛星を，それぞれ 2 衛星以上用いること。	

（―公共測量―作業規程の準則第 97 条）

2　等高線と等高線間隔

等高線❺とは，図 10 のように，地表の傾斜・凹凸などをできるだけ正確に表すために，同じ高さの点をたどって平面図（地形図）に記入した線であり，地形図の縮尺によって等高線の間隔を一定に決めておく。この差を，**等高線間隔** という。表 4 に，1/500，1/1 000 の大縮尺の等高線間隔を，表 5 に，国土地理院発行の基本図の等高線間隔をそれぞ

❺contour lines

れ示す。

　地形は，複雑な形状をしているが，図10のような等高線を用いると，傾斜の変化を詳細に表すことができる。1/500，1/1000の大縮尺の地形図では，各種の等高線は次のように表示する。

ａ 主曲線　　平均海面から起算して 1 m ごとの等高線であり，太さ 0.10 mm の図 11(a) のような実線で表す。

ｂ 計曲線　　0 m の主曲線およびこれより起算して 5 本目ごとの主曲線であり，太さ 0.20 mm の図 (b) のような実線で表す。

ｃ 補助曲線　　主曲線の 1/2 の間隔の等高線であり，主曲線で適切な地形表現ができない部分について，太さ 0.10 mm の図 (c) のような破線で表す。

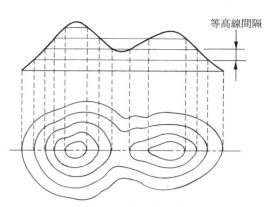

▲図10　等高線と等高線間隔

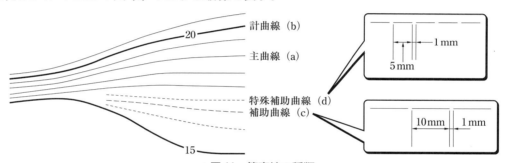

▲図11　等高線の種類

ｄ 特殊補助曲線　　主曲線の 1/4 の間隔の等高線であり，補助曲線で適切な地形表現ができない部分について，太さ 0.10 mm の図 (d) のような破線で表す。

▼表4　大縮尺の等高線間隔　　　　［単位　m］

曲線種別 縮尺	主曲線	計曲線	補助曲線	特殊補助曲線
1/500	1	5	0.5	0.25
1/1000	1	5	0.5	0.25

（国土交通省公共測量作業規程第72条（平成14年度版））

▼表5　わが国における地形図の等高線間隔［単位　m］

等高線の種類＼縮尺	1/2500	1/5000	1/10000 平地	1/10000 山地	1/25000	1/50000
主曲線	2	5	2	4	10	20
補助曲線 {	1	2.5	1	2	5	10
	0.5	1.25	—	—	2.5	5
計曲線	10	25	10	20	50	100

（国土地理院「図式規程」）

3　等高線の性質

　地形図の作成や編集を行う場合，または，地形図を利用する場合には，等高線の性質を知っておく必要がある。それによって正しい地形図をつくり，この地形図を有効に利用することができる。そのおもな性質は，次のとおりである（図 12）。

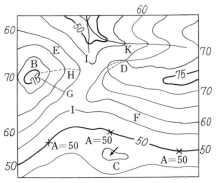

▲図 12　等高線の性質

(1)　図 12 の A のように，同一等高線上の点は，同じ高さである。

(2)　図 12 の B, C のように，1 本の等高線は，必ずその図面の内または外で閉合し，1 本の等高線が途中で消滅したり，2 本以上に分岐したりすることはない。

❶凹地の表示例

(3)　図 12 の C のように，等高線が図面内で閉合する場合は，その内部は山頂か凹地かのいずれかである。両者の区別がわかりにくいので，凹地には，傾斜の方向に矢印をつけるか，あるいは他の方法を用いて区別する。

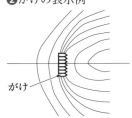

❷がけの表示例

がけ

(4)　図 12 の D のように，高さの異なった 2 本の等高線は，ふつう，交わったり，一致したりすることはない。ただし，がけ・ほら穴などの場合には，その部分で交わったり，一致したりすることがある。この場合の相互の等高線の本数は，同じである。

(5)　図 12 の E のように，傾斜が一定なところでは，等高線相互の距離は等しい。とくに F のように，平面で傾斜が一定なときは，等距離の平行線となる。

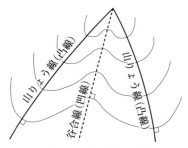

▲図 13　凸線と凹線

(6)　急傾斜のところでは，ゆるやかな傾斜のところに比べて，等高線相互の距離が小さくなる。

(7)　図 12 の B—G のように，地表傾斜面の最大傾斜方向を最大傾斜線といい，最大傾斜線は，等高線と直角に交わる。

(8)　図 12 の H のように，山りょう線は等高線と直角に交わる。

(9)　図 12 の K のように，等高線が谷または川を通る場合には，まず一方の岸に沿って上がり，谷を直角に渡って他の岸に移り，これに沿って下がる（図 13）。

(10)　図 12 の I のように，同一標高を示す等高線の間には，0 または は偶数個の等高線が存在する。

● 1 　等高線の測定方法

　現地測量で得られた地形や地物の水平位置と標高の値から，等高線を描画するには，標高を測定する位置により，次の三つの方法がある。

❶数値異形図の場合は，標高点の密度は，地図情報レベルに 4 cm を乗じた値を辺長とする格子に 1 点を標準として測定する。

a 座標点法　図 14 のように，測量地域を縦横の線で多くの長方形に分割し，これら長方形の各交点の標高を求める。地形の不規則な部分に対しては分割を細かくしたり，余分の点を取ったりする。これらの各交点の標高から，等高線の通る点を求め，等高線を描く方法が**座標点法**である。

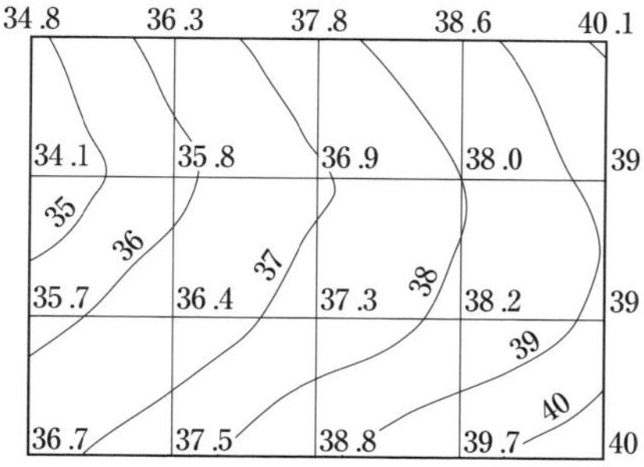

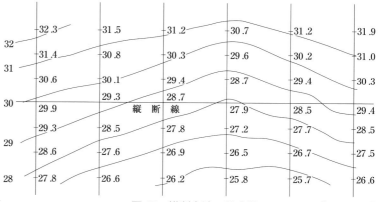

▲図 14　座標点法の等高線　　［単位　m］

b 横断点法　図 15 のように，一つの路線に沿って縦断測量をしたのち，その線上の適当な箇所（多くは一定距離および地形変化の著しい点）で，これに直角な方向に横断測量を行う。横断の傾斜変換点の標高から，等高線の通る点を求め，等高線を描く方法が**横断点法**である。

▲図 15　横断点法の等高線　　　　［単位　m］

c 基準点法　既設の測点から地性線上の要点の位置と標高とを測定して，これらに基づいて各等高線の通る点を求め，等高線を描く方法が**基準点法**である。傾斜変換点や不規則な地形の部分では，なるべく多くの点を取って，正しい地形を描くようにする。

　図 16(a) は，地性線を決めて，これに等高線の通る点を入れたものである。図 (b) は，現地に合わせて，これに等高線を入れたものである。

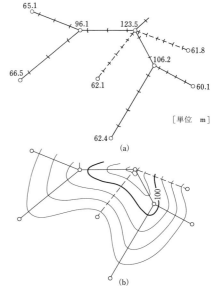

▲図 16　基準点法の等高線

●2● 計算による等高線の描写

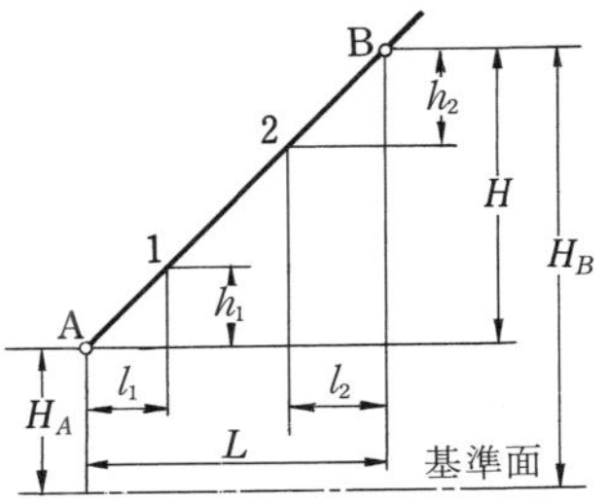

傾斜が一定であるとみなせる2点間に，計算によって等高線の通る点を求めるには，次のように行う。

図17で，2点A，Bの標高をそれぞれ H_A，H_B とし，水平距離を L とする。

点Aから点1までの水平距離 l_1，高低差 h_1，点Bから点2までの水平距離 l_2，高低差 h_2 とし，$H_A - H_B = H$ とすれば，

$$\left.\begin{array}{ll} \dfrac{H}{L} = \dfrac{h_1}{l_1} & \text{ゆえに，} \quad l_1 = \dfrac{h_1}{H}L \\[3mm] \dfrac{H}{L} = \dfrac{h_2}{l_2} & \text{ゆえに，} \quad l_2 = \dfrac{h_2}{H}L \end{array}\right\} \qquad (1)$$

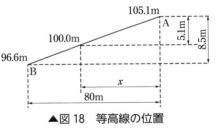

▲図17 等高線の位置の計算

例題 1

トータルステーションを用いた縮尺1/1000の地形図作成において，傾斜が一定な斜面上の点Aと点Bの標高を測定したところ，それぞれ105.1m，96.6mであった。また，点A，B間の水平距離は80mであった。このとき，点A，B間を結ぶ直線とこれを横断する標高100mの等高線との交点は，地形図上で点Aから何cmの地点か。

解答

現地の状況を図にすると図18のようになる。この図において，点Aから標高100mの点までの水平距離を x とすれば，図より

$(105.1 - 100) : x = (105.1 - 96.6) : 80$

$x = \dfrac{(105.1 - 100)}{(105.1 - 96.6)} \times 80 = 48\ \text{m}$

図上距離 $= \dfrac{48\ \text{m}}{1000} = 0.048\ \text{m} = 4.8\ \text{cm}$

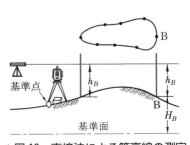

▲図18 等高線の位置

直接法による等高線の測定

等高線の描写方法には，等高線の通る位置を直接求めて描写する直接法もある。図19のように，等高線の通る標高 H_B と等しい点を，レベルなどを用いて，現地で連続的に求め，その点の水平位置をトータルステーションやGNSS受信機を用いて測定する。その後，各点の座標と標高のデータをコンピュータの図形処理機能で処理して等高線を描く。

▲図19 直接法による等高線の測定

4 航空レーザ測量と車載写真レーザ測量

1 航空レーザ測量

航空レーザ測量とは，GNSS，IMU，[1] レーザ測距装置および解析ソフトウェアから構成される**航空レーザ測量システム**を用いて，地形を計測し格子状の標高データなどの数値地形図データファイルを作成する測量である。その工程を図20に示す。

航空レーザ測量では，図21のように航空機頂部に取りつけられたGNSS受信機と，地上の電子基準点を固定局とした相対測位で航空機の位置を計測する。また，レーザ測距装置に取りつけられたIMUにより，X，Y，Z方向の加速度を計測して航空機の姿勢を連続的に記録する。さらに，航空機に搭載されたレーザ測距装置により地上までのレーザ光の照射方向と地上までの距離を計測する。

すべての計測データを解析して，地上のレーザ光反射位置の標高と位置，地形の形状を測定する。

3次元計測データは，航空レーザ計測により得られたデータを解析してノイズ等のエラーデータを除いた3次元座標データであり，ジオイド高の補正と点検調整を行って**オリジナルデータ**を作成する。

グラウンドデータは，オリジナルデータから密生した樹木などの地表面の遮蔽物データを除いて作成された地表面の3次元座標データである。

グリッドデータは，グラウンドデータをもとに，南北および東西方向に定められた間隔で格子状に配置された標高データである。

航空レーザ測量は，比較的短時間で，50〜60 cm 間隔の標高計測が可能であり，地表面の高さを面的に把握できる。その反面，雨や雲により散乱・反射の影響を受けるなどのデメリットがある。

[1] Inertial Measurement Unit
GNSS と組み合わせ，GNSS/IMU と表すことがある。

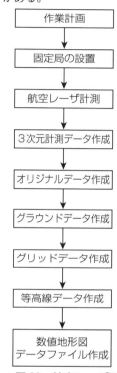

▲図20　航空レーザ測量の工程

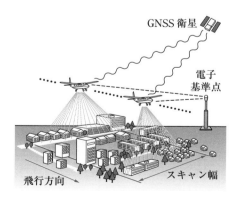

▲図21　航空レーザ測量

9

地形測量

2 車載写真レーザ測量

車載写真レーザ測量は，一般に，**モービルマッピングシステム**[1]ともよばれ，車両に**車載写真レーザ測量システム**を搭載・固定し，道路およびその周辺の地形，地物などを測定したあと，取得したデータから数値図化機および図形編集装置により数値地形図データを作成する測量である。その工程を図22に示す。

車載写真レーザ測量システムは，**自車位置姿勢データ取得装置**（GNSS受信機，IMU，走行距離計等），**数値図化用データ取得装置**（レーザ測距装置と計測用カメラ）および解析ソフトウェアで構成される。

車載写真レーザ測量で作成する数値地形図データの地図情報レベルは，500および1000を標準とする。

観測データを解析した結果の点検や調整処理に必要な水平位置および標高の基準となる点を，**調整点**という。調整点は，GNSS衛星からの電波の受信が困難な場所やデータ取得区間の始終点などに設置する。また，車載写真レーザ測量システムを用いて，自車位置姿勢データおよび数値図化用データを生成するためのデータを取得する作業を**移動取得**という。

解析ソフトウェアは，自車位置姿勢データ取得装置で得られたデータから，数値図化用データ取得装置の位置と姿勢を算出したあと，数値図化用データ取得装置で計測したデータから，地形や地物の表面を構成する多数の点（点群データ）について，それぞれの3次元の座標値を算出する。このような処理を**数値図化**という。

車載写真レーザ測量には次のような特徴がある。

・道路およびその周辺の大縮尺の数値地形図データを作成する場合，トータルステーションなどを用いた現地測量に比べて，広範囲を短時間でデータ取得できる。

・道路の高架下など上空視界の不良な箇所における数値地形図データ作成が可能である。

・取得した3次元点群データなどから，構造物の形状の3次元モデルを作成することができる。

[1]mobile mapping system

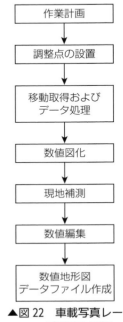

▲図22　車載写真レーザ測量の工程

5 数値地形図データの作成

1 数値地形図データの作成方法

　地形・地物の形状や水平位置と標高などの大量の情報は，コンピュータ処理が可能なように数値（デジタル）化して数値地形図データを作成する。その作成は，作業方法によって四つに分類される。

5

（a）　トータルステーションやGNSSを用いて現地の測量を行い，そのデータを数値化する方法。

（b）　空中写真測量や車載写真レーザ測量，航空レーザ測量から得たデータを数値化する方法。

10

（c）　すでに作成されている地形図を，図23のように，デジタイザ❶やスキャナ❷などの計測機器で読み取り，数値化する方法（**既成図数値化**）。取得された数値データは，その取得方法により，**ベクタデータ**❸と**ラスタデータ**❹に分類される。また，その作業工程を図24に示す。

（d）　すでに作成された数値地形図について，（a）〜（c）の手法を用いて修正して更新する方法。

15

❶座標読取装置
❷画像読取装置
❸vector data
データを座標と属性情報（点，線，面）の要素で表現したもの。
❹raster data
データを格子状に並んだ画素の集合体として表したもの。

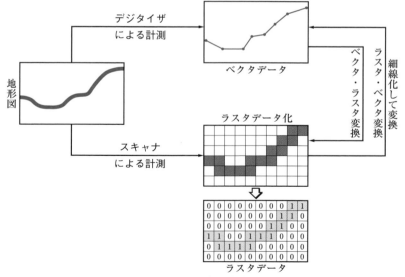

▲図23　既成図数値化

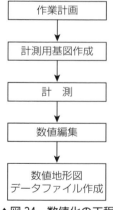

▲図24　数値化の工程

9
地形測量

5. 数値地形図データの作成　◇ **179**

2 数値地形図データの数値モデル

　数値地形図データにおける標高は，数値化された水平位置と標高で示され，次のように3つの数値モデルで作成される。

●1● 数値表層モデル（DSM）[1]

　地表の樹木や地物の高さを含んだ地形データである。航空レーザ測量ではオリジナルデータに該当する。

●2● 数値地形モデル（DTM）[2]

　地表の樹木や地物の高さを含まない地形データである。写真地図で用いられる数値モデルである。[3]

●3● 数値標高モデル（DEM）[4]

　航空レーザ測量で得られる格子状の標高データ（グリッドデータ）である。地表の樹木や地物の高さを含まないデータであり，オリジナルデータを**フィルタリング**[5]して得られるグラウンドデータをもとに作成される。このデータから，図25のように等高線が作成される。

[1] digital surface model

[2] digital terrain model

[3] 詳しくは，p.194で学ぶ。

[4] digital elevation model

[5] filtering
データの連続性などから地形データ等を判断・抽出する処理。

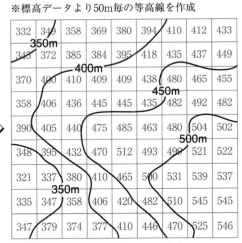

※数値の中心位置が，その点の標高である。

332	349	358	369	380	394	410	412	433
345	372	385	384	395	418	435	437	449
370	400	410	409	409	438	480	465	455
358	406	436	445	445	435	482	492	482
390	405	440	475	485	463	480	504	502
348	395	432	470	512	493	499	521	522
321	337	380	410	465	500	531	539	537
335	347	358	406	420	482	510	545	545
347	379	374	377	410	446	470	525	546

（a）グリッドデータ

※標高データより50m毎の等高線を作成

（b）等高線データの作成

▲図25　グリッドデータより等高線を求める方法

　以上の各数値モデルの取りかたの違いを図26に示す。

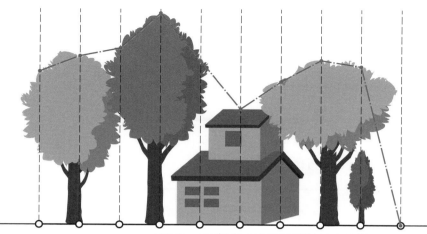

●：数値表層モデル
　（DSM）

○：数値地形モデル
　（DTM）
　および
　数値標高モデル
　（DEM）

▲図26　モデルによる標高の取りかたの違い

航空レーザ測量の応用

(1)　災害時における活用

　大規模な地震は，各地で天然ダム (河道閉塞) を発生させる。

　地震発生直後，被災箇所まで立ち入ることが困難な場合，航空レーザ測量により，右図のような鳥瞰図を作成して，地震発生の前後比較から天然ダム発生状況の早期把握が行える。その結果から，対策検討に役立てることが可能となる。

(2)　地すべりの把握

　航空レーザ測量では，短い時間で，広い範囲の比較的高精度な樹上データが取得可能である。この機能に着目し，複数の異なる時期に計測した数値表層モデル (DSM) を比較することで，樹木の移動や傾きとして現れる地すべりの予兆現象の把握に関する研究が進められている。

(3)　森林分野への応用

　航空レーザ測量では，樹木の樹上データと地形データの両方が取得可能である。したがって，オリジナルデータから樹木の樹高を抽出後，フィルタリング処理により得られるグリッドデータから地形データを作成して，両者の差を計算することで，樹高の計算が可能となる。また，同時に撮影した空中写真を判別することで木の種類の判別も可能となることから森林分野への応用が期待されている。

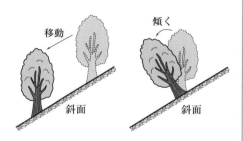

6 地図編集

1　地図投影法

　地図は地球表面を平面上に投影して作成する。球面から平面上への投影方法を地図投影法といい、次のように分類できる。

●1●　投影のひずみによる分類

a 正角図法　　地図上の任意の 2 点間を結ぶ線が、北（経線）に対して正しい角度となる図法。

b 正距図法　　地図上の特定の 2 点間を結ぶ距離が地球上の距離と正しい比率で表される図法。

c 正積図法　　任意地点の地図上の面積とそれに対応する地球上の面積を正しい比率で表す図法。

●2●　投影面の形状による分類

a 方位図法　　地球の形を球として、直接平面に投影する方法。

b 円錐図法　　地球に円錐をかぶせてその円錐に投影し、切開いて平面にした方法。

c 円筒図法　　地球に円筒をかぶせてその円筒に投影し、切開いて平面にした方法。この図法の一種として、横メルカトル図法である**ガウス−クリューゲル図法**[2]があり、国土地理院発行の地形図の図法として採用されている。[1]

❶図 27(c) の円筒図法を横にした図法。
詳しくは、p. 186 で学ぶ。
❷Gauss-Kruger projection；詳しくは、p. 186 で学ぶ。

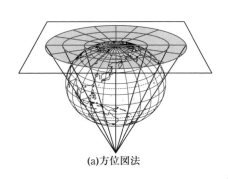

(a)方位図法　　　　　(b)円錐図法　　　　　(c)円筒図法

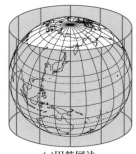

▲図 27　投影面の形状

2 地図編集と図式

●1● 地図編集の描画手順

地図編集における描画の順序は，基準点→自然的骨格地物（河川・海岸線・湖沼など）→人工的骨格地物（道路・鉄道など）→建物・諸記号→等高線→行政界→植生界・植生記号を原則とする。

転位を行うさいには，自然的骨格地物[1]と人工的骨格地物が近接する場合は，人工的骨格地物を転位し[2]，有形線と無形線[3]が近接する場合は無形線を転位する。基準点は原則として転位しない。

●2● 図式

図式[4]の目的は，地形図に表示する事項，地形・地物などの表示方法，地図記号の適応と表示方法などを定め，地形図作成にあたっての規格を統一することである。

表6は，河川・道路・ダムなどの計画・管理および，建設工事のために使用する1/500，1/5000の地形図の図式を示す。

❶ 正しい位置（真位置）に表示できないときに，少し移動して表示すること。
❷ 河川や道路，鉄道など。
❸ 等高線や行政界など。
❹ 地形図を作成するときに用いる記号や約束ごと。

9

地形測量

▼表6　公共測量標準図式（「—公共測量—作業規程の準則 公共測量標準図式第1条，第3〜7条」より抜粋）

目　的	1/5000以下の地形図の調整について，規格の統一をはかることを目的とする。
表示の対象	測量作業時に現存し，永続性のあるものとする。ただし，次にあげる事項は，表示することができる。 (1)　建設中で，おおむね1年以内に完成する見込みのあるもの。 (2)　永続性のないもので，とくに必要と認められるもの。
表示の方法	1.　地表の面の状況を，縮尺に応じて正確詳細に表示する。 2.　表示する対象は，それぞれの上方からの正射影＊で，その形状を表示する。ただし，表示困難なものについては，正射影の位置に定められた記号で表示する。
表示事項の転位	大縮尺地形図に表示する地物の水平位置の転位は，原則として行わない。
地図記号および文字の大きさの許容範囲	許容範囲は，表現上やむをえないものに限り，定められた大きさに対して図上±0.2mm以内とする。

線の区分は，次の表に定めるとおりとする。

線号	線の太さ[mm]	備　考
1号	0.05	
2号	0.10	
3号	0.15	線の太さの許容範囲は各線号をとおして，±0.025mmとする。
4号	0.20	
6号	0.30	
8号	0.40	

（上記の「線の区分」行の左欄に「線の区分」と記載）

＊上方視点より平行に投影。

表7は，公共測量標準図式（1/500，1/1000）の地図記号の一部である。

▼表7　公共測量標準図式の地図記号

記号	名称	記号	名称	記号	名称
	都府県界	文	学　　　校	⊥	墓　　　地
	北海道の支庁界		博　物　館		温泉・鉱泉
	郡市・東京都の区界		図　書　館		古　　　墳
	町村・指定都市の区界		幼稚園・保育園		城・城跡
	道路縁（街区線）		公会堂・公民館		史跡・名勝・天然記念物
	徒　歩　道		保　健　所		植　生　界
	庭園路等		老人ホーム		田
	普通鉄道		病　　　院		畑
	特殊鉄道		銀　　　行		桑　　　畑
	索　　　道		倉　　　庫		茶　　　畑
	普通建物	火	火　薬　庫		果　樹　園
	堅ろう建物		工　　　場		その他の樹木畑
	普通無壁舎		発　電　所		牧　草　地
	官　公　署		変　電　所		芝　　　地
	裁　判　所		浄　水　場		広　葉　樹　林
	検　察　庁	⊥	墓　　　碑		針　葉　樹　林
	税　務　署		記　念　碑		竹　　　林
	郵　便　局		坑　　　口		荒　　　地
	森林管理署		煙　突		凹地（主曲線）
	測　候　所		高　電　波　塔		土がけ（崩土）
	警　察　署		灯　　　台		露　　　岩
	交　　　番		風　　　車		三　角　点
	消　防　署		河　　　川		水　準　点
	職業安定所		細　流		多角点等
	役場支所および出張所		用　水　路		公共基準点（三角点）
	神　　　社		湖　　　池		公共基準点（水準点）
	寺　　　院		人工斜面		公共基準点（多角点等）
卍			土　　　堤		電子基準点
✝	キリスト教会		さく（未分類）		公共電子基準点
				•	標石を有しない標高点

（「−公共測量−作業規程の準則」より抜粋）

表8は，国土地理院発行の 1/25 000 地形図図式の記号の一部である。

▼表8　1/25 000 地形図図式の記号

トンネル（道路記号の図）	13m～25m（4車線以上） 記号*5.5m～13m（2車線） 道路 3m～5.5m（1車線） 1.5m～3m（軽車道） 1.5m未満（徒歩道）	

◎	市　　役　　所 東京都の区役所	⛬	博　物　館
○	町　村　役　場 政令指定都市の区役所		図　書　館

（道路記号等）
（14）	国　道　等
	庭　園　路
・—・—・	有料道路および料金所

単線 駅 複線以上 （JR線）		
トンネル（JR線）	普　通　鉄　道	
単線　複線以上 駅（JR線以外）		

	地下鉄および地下式鉄道
	特　殊　鉄　道
	路　面　の　鉄　道
	リ　フ　ト　等
	道路橋および鉄道橋
	土がけ（切取部）
	土がけ（盛土部）
	送　電　線
	へ　　　い
	石　　　段
	都　府　県　界
	北　海　道　の　支　庁　界
	群市・東京都の区界
	町村・政令市の区界
	植　生　界
	特　定　地　区　界

◎	市　役　所　東京都の区役所		
○	町村役場　政令指定都市の区役所		
⚲	官公署（特定の記号のないもの）		
⚘	裁　判　所		
◇	税　務　署		
✳	森　林　管　理　署		
⊤	気　象　台		
⊗	警　察　署		
Ｘ	交　番		
Ｙ	消　防　署		
⊕	保　健　所		
〒	郵　便　局		
⊟	自　衛　隊		
☼	工　場		
⚙	発　電　所　等		
★	小・中　学　校		
⊗	高　等　学　校		
(大)★	大　学		
(専)★	高　等　専　門　学　校		
⊞	病　院		

⛬	博　物　館		
	図　書　館		
⌂	老　人　ホ　ー　ム		
⛩	神　社		
卍	寺　院		
	高　塔		
	記　念　碑		
	煙　突		
	電　波　塔		
	油井・ガス井		
☼	灯　台		
	風　車		
	坑口（洞口）		
	城　跡		
	史跡・名勝・ 天然記念物		
	噴火口・噴気口		
	温　泉		
	採　鉱　地		
	採　石　地		
⚓	重　要　港		
⚓	地　方　港		
⚓	漁　港		

	田		広　葉　樹　林
	畑		針　葉　樹　林
	果　樹　園		ハ　イ　マ　ツ　地
	桑　畑		竹　林
	茶　畑		笹　地
	その他の樹木畑		ヤ　シ　科　樹　林
			荒　地

△ 52.6	三　角　点	・124.7	現地測量による 標　高　点
18.2	電子基準点	・125	写真測量による 標　高　点
⊡ 21.7	水　準　点		

*記号道路とは，道路幅が 25 m 未満の街路を除く道路であり，道路幅に応じた一定の記号幅員により区分する。ここで街路とは，市街地など建物等が密集している区域の道路をいい，道路幅 3 m 以上 25 m 未満のものに適用するものである。（「平成 14 年 2 万 5 千分 1 地形図図式」（日本測量協会）などより抜粋）

3 国土地理院の地形図・数値地形図データ

国土地理院が扱う地形図や数値地形図データは，図28のように地軸に対し直角に円筒をかぶせ，地球の中心から地球表面を円筒面内に投影した図法を用いている。この図法をガウス–クリューゲル図法といい，投影範囲などの違いにより，表9に示すように二つの方法がある。

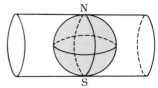

▲図28 ガウス–クリューゲル図法

▼表9 ガウス–クリューゲル図法（等角投影法）

投影法	平面直角座標系	ユニバーサル横メルカトル図法（UTM図法）
用途	1/2500，1/5000 国土基本図	1/25000，1/50000 地形図
適用範囲	日本の19カ所の原点から東西の経度で1°30′程度。 ▲図29 日本の平面直角座標系の原点	北緯84°〜南緯80° 地球を経度6°ごとに60帯（ゾーン）に分割。 ▲図30 ユニバーサル横メルカトル図法　▲図31 原点の座標値
座標原点	日本の19カ所の座標系ごとにそれぞれ原点を定める。 $X = 0.000\,\mathrm{m}$，$Y = 0.000\,\mathrm{m}$	赤道と中央子午線上の交点とする。 北半球　$X = 0\,\mathrm{km}$，$Y = 500\,\mathrm{km}$ 南半球　$X = 10000\,\mathrm{km}$，$Y = 500\,\mathrm{km}$
中央子午線上の縮尺係数	中央子午線上の縮尺係数は0.9999で誤差1/10000 ▲図32	中央子午線上の縮尺係数は0.9996で誤差4/10000 ▲図33

7 地形図の活用

1 断面図の作成

地形図の等高線を利用して，その2点間の断面図をつくることは容易である。たとえば，図34において，任意の2点間 A_1–A_2 の断面図をつくるには，次の順序で行う。

操作

1… A_1–A_2 に平行な基準線 $A_1{'}A_2{'}$ を取り，図のように各標高の水平線（標高線）を引く。

2… 直線 A_1A_2 と各等高線の交点から $A_1{'}A_2{'}$ に垂線を引く。

3… 等高線と同一標高線の交点を，順次，曲線で結べばよい。

4… 同様にして，2点間 B_1–B_2 についても，$B_1{'}B_2{'}$ 上に断面図を描くことができる。

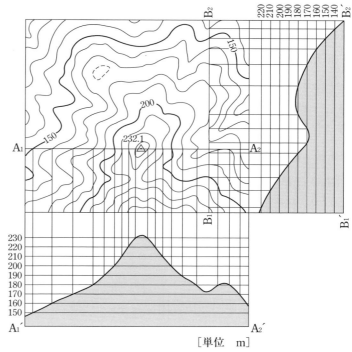

[単位　m]

▲図34　等高線図を利用する断面図の作成

2 等勾配線

水平面に対して，一定の傾斜を持った地表面上の線を，**等勾配線**という。鉄道や道路などの路線を選定する場合には，等勾配線に沿って計画すれば，工事にともなう土量❶の移動が少なくなり，経済的である。したがって，等高線の記入された図上で，まず，等勾配線を描いてみることが多い。

❶工事で取り扱う土の量であり，一般に，盛土量，切土量ともいう。

いま，図面の縮尺を $1/M$，等高線間隔を h，その水平距離を L，必要な等勾配を $i\,[\%]$ とすると，図 35(a) から，L は次の式のように求めることができる。

$$\frac{h}{L} = \frac{i}{100} \qquad \text{ゆえに，} \quad L = \frac{100h}{i}$$

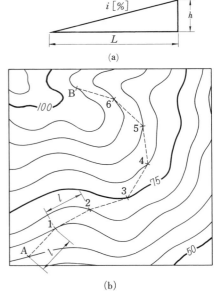

(a)

したがって，勾配が $i\,[\%]$ で，高低差が h の 2 点の図上での水平距離を l とすると，l は次の式で求められる。

$$l = L\frac{1}{M} = \frac{100h}{iM} \tag{2}$$

図 (b) のように，この式で計算した l をディバイダで取り，起点 A からはじめて 1 線ずつ上側の等高線との交点 1，2，3，……，B を順次求めていけば，得られた A-1-2-3，……，B は，求める等勾配線である。

(b)

▲図 35　等勾配線の描き方

3　体積の計算

●1●　貯水容量の計算

図 36 において，ダムによってせき止められた，貯水池の予定水面から底までの各等高線 H_1，H_2，H_3，……，H_6 とダム背面に囲まれた面積を，プラニメーターで求める。これらの面積を S_1，S_2，S_3，……，S_6 とすると，H_1 と H_2 の 2 本の等高線にはさまれた部分の貯水容量 Q_1 は，両端断面平均法を用いると，次の式で求められる。

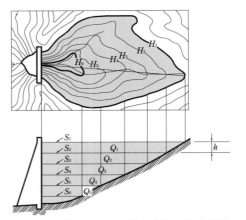

▲図 36　ダムにおける貯水容量の決定方法

$$Q_1 = \frac{S_1 + S_2}{2}(H_1 - H_2)$$

$$= \frac{h}{2}(S_1 + S_2) \qquad h：等高線間隔$$

同様にして，隣接する 2 本の等高線の間にはさまれた部分の貯水容量 Q_2，Q_3，……，Q_5 は，順次，次の各式で求められる。

$$Q_2 = \frac{h}{2}(S_2 + S_3), \quad Q_3 = \frac{h}{2}(S_3 + S_4), \quad \cdots, \quad Q_5 = \frac{h}{2}(S_5 + S_6)$$

これらの値を合計すれば，貯水池の全容量を知ることができる。なお，最下部の等高線と貯水池底面の間は，土砂などがたまることを考慮し，ここでは容量に含めないこととした。

❶多角形からなる両断面が平行で，側面がすべて平面形である立体。

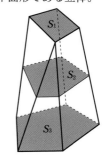

●2● 土量の計算

5　土地の地ならしのように，計画面が水平な場合には，貯水容量の計算に準じて計算することができる。

すなわち，各等高線に囲まれた面積をそれぞれ擬柱の底面積とし，等高線間隔をその高さと考えると，両端断面平均法による土量の計算で学んだ基本公式を用いて，土量を求めることができる。

10　また，計画面が階段状になっている場合には，次のようにして土量を計算する（図37）。

❷頂上の面積は，0とした。

> **操作**
>
> **1…** 地形図（図（b））から断面 X-X の断面図を描く（図（a））。
>
> 15　**2…** 図（a）の断面図に縦断方向の計画線 P_1，P_2，P_3，P_4 を描く。
>
> **3…** 2 に描かれた計画線を，図（b）に入れる。
>
> **4…** 図（c），（d），（e），（f），（g）のように，等高線で囲まれたそれぞれの面積を求める（S_1，S_2，……，S_5）。
>
> **5…** 両端断面平均法で，次のようにして土量を求める。
>
> 25　$$Q = \frac{0^{❷} + S_1}{2} \times 3$$
> $$+ \frac{S_1 + S_2}{2} \times 3$$
> $$+ \frac{S_3 + S_4}{2} \times 2$$
> $$+ \frac{S_4 + S_5}{2} \times 5 \,[\mathrm{m}^3]$$

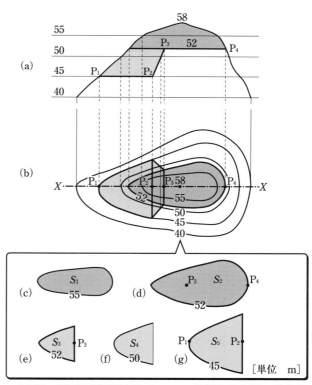

▲図37　計画面が階段状になっている場合の土量の求め方

9

地形測量

現地測量の基準となる測点を調べてみよう。

　身のまわりに，どのような基準点があるのだろうか。国土地理院の基準点成果等閲覧サービスを活用して調べてみよう。調べるには次のように行う。

操作

1… インターネットを閲覧できる状態にしたあと，基準点成果等閲覧サービスにアクセスする。

2… 基準点検索入口 ボタンをクリックする。

3… 注意事項が表示され，その内容をよく理解したあと，同意する ボタンをクリックする。

4… 画面が切り替わり，画面左上部分に左下図のダイアログボックスが表示されるので，地名検索メニュー をクリックしたのち，表示された地名欄に，調べたい市町村名を入力し，検索 をクリックする。

5… 基準点閲覧メニュー をクリックしたあと，検索したい基準点として，図のように設定したあと，基準点が表示され，さらに基準点をクリックすると詳細な情報が表示される。

1 次の文は，公共測量における車載写真レーザ測量について述べたものである。あきらかに間違っているものはどれか。次の中から選べ。

(1) 車両に搭載した GNSS/IMU 装置やレーザ測距装置，計測用カメラなどを用いて，おもに道路およびその周辺の地形や地物などのデータ取得をする技術である。

(2) 航空レーザ測量では計測が困難である電柱やガードレールなど，道路と垂直に設置されている地物のデータ取得に適している。

(3) トンネル内など上空視界の不良な箇所における数値地形図データ作成も可能である。

(4) 道路およびその周辺の地図情報レベル 500 や 1000 などの数値地形図データを作成する場合，トータルステーションなどを用いた現地測量に比べて，広範囲を短時間でデータ取得できる。

(5) 地図情報レベル 1000 の数値地形図データ作成には，地図情報レベル 500 の数値地形図データ作成と比較して，より詳細な計測データが必要である。

2 次の (1) ～ (3) の文は，航空レーザ測量および数値地形モデル (以下「DTM」という。) について述べたものである。(①) ～ (③) に入る語句を語群から選び解答せよ。ただし，DTM は，等間隔の格子点上の標高を表したデータとする。

(1) 航空レーザ測量は，レーザ測距装置，(①)，デジタルカメラなどを搭載した航空機から航空レーザ計測を行い，取得したデータを解析して地表面の標高を求める。

(2) 航空レーザ計測で取得したデータには，地表面だけでなく構造物，植生で反射したデータが含まれていることから，(②) を行い，地表面だけの標高データを作成する。

(3) DTM は，格子間隔が (③) なるほど詳細な地形を表現できる。

> ア．GNSS/IMU 装置　　イ．トータルステーション　　ウ．小さく　　エ．大きく
> オ．フィルタリング

3 トータルステーションを用いた縮尺 1/1000 の地形図作成において，標高 110 m の基準点から，ある道路上の点 A の観測を行ったところ，高低角 − 30°，斜距離 24 m の結果を得た。その後，点 A にトータルステーションを設置し，点 A と同じ道路上にある点 B を観測したところ，点 B の標高 66 m，点 A，B 間の水平距離 96 m であった。点 A，B を結ぶ道路とこれを横断する標高 90 m の等高線との交点から，点 B までの地形図上での距離を求めよ。ただし，点 A と点 B を結ぶ道路は傾斜が一定でまっすぐな道路とする。

4 次の文は，地形測量における地形の表現方法について述べたものである。あきらかに間違っているものはどれか。次の中から選べ。

(1) 同一の等高線は，途中で2本以上に分岐することはない。

(2) 補助曲線は，主曲線だけでは表せない緩やかな地形などを表現するために用いる。

(3) 傾斜の急な箇所では，傾斜の緩やかな箇所に比べて，等高線の間隔が狭くなる。

(4) 山の尾根線や谷線は，等高線と直角に交わる。

(5) 等高線が図面内で閉合する場合，必ずその内部に山頂がある。

5 次の (1) ～ (5) の文は，地図の投影について述べたものである。(①) ～ (⑤) に入る適語を語群から選び解答せよ。

(1) 地図の投影とは，地球の表面を (①) に描くために考えられたものである。曲面にあるものを (①) に表現するという性質上，地図の投影には (②) を描く場合を除いて，必ず (③) を生じる。

(2) (③) の要素や大きさは投影法によって異なるため，地図の用途や描く地域，縮尺に応じた最適な投影法を選択する必要がある。

(3) 正距方位図法では，地図上の各点において (④) の1点からの距離と方位を同時に正しく描くことができ，メルカトル図法では，両極を除いた任意の地点における (⑤) を正しく描くことができる。

| ア．ごく狭い範囲　　イ．ひずみ　　ウ．角度　　エ．球面　　オ．距離 |
| カ．極めて広い範囲　　キ．転位　　ク．特定　　ケ．任意　　コ．平面 |

6 次の (1) ～ (5) は，国土地理院刊行の 1/25 000 地形図を基図として，縮小編集を実施して縮尺 1/40 000 の地図を作成するときの，真位置に編集描画すべき地物や地形の一般的な優先順位を示したものである。最も適当なものはどれか。次の中から選べ。

(優先順位高) (優先順位低)

(1) 電子基準点 → 一条河川 → 道路 → 建物 → 植生

(2) 一条河川 → 電子基準点 → 植生 → 道路 → 建物

(3) 電子基準点 → 道路 → 一条河川 → 植生 → 建物

(4) 一条河川 → 電子基準点 → 道路 → 建物 → 植生

(5) 電子基準点 → 道路 → 一条河川 → 建物 → 植生

第 **10** 章

写真測量

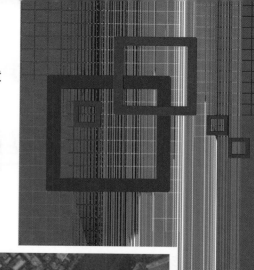

（国土地理院）

　写真測量は，必要な基準点に基づいて撮影された写真をもとに図化し，地形図や数値地形図データなどを作成する測量である。また，災害時の復旧にさいして，写真測量の技術を応用し，迅速な作業に役立てられている。

?

- 写真測量には，どのような測量があるのだろうか。
- 空中写真測量で高さが計算できるのはなぜだろうか。
- 空中写真測量は，どのような順序で，どのような器械を使って行われるのだろうか。
- 写真地図とは，どのようなものだろうか。また，どのように利用されているのだろうか。

1 写真測量

1 写真測量の特徴と分類

写真[1]から対象物の形状に関する情報を求め，写真の色調・陰影などから対象物の状況を読み取って，地形図などを作成することを**写真測量**といい，利用する分野によって，表1のように分類できる。このうち，空中写真測量は，空中写真（鉛直写真）[2]を用いて地形図や数値地形図データを作成する作業をいう。写真測量のおもな利点および欠点をまとめると，表2のようになる。

[1] おもに，測量用カメラなどで撮影された写真。

[2] カメラの光軸を真下に向けて撮影した写真。

▼表1　写真測量の分類

種　類	概　　　　　　要
宇宙写真測量	人工衛星のデータによる画像情報を用いて，地勢や土地利用状況などを知る測量
空中写真測量	航空機などで撮影した空中写真を用いて，地形図作成に用いる測量（図1）
地上写真測量	地上で撮影した写真を用いて，遺跡や災害調査などを行う小区域の測量

▼表2　写真測量のおもな利点と欠点

利　　点	欠　　点
①広い範囲を一定の精度で立体的な観測ができる。 ②撮影時と同じ状況を室内で再現できる。	①天候に左右されやすい ②高価な機械・装置が必要 ③撮影や機械操作に高度な技術が必要

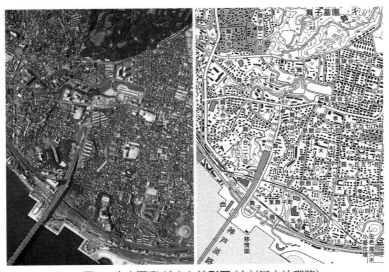

▲図1　空中写真（左）と地形図（右）（国土地理院）

2 空中写真の性質

1 空中写真の特殊3点

　空中写真上には，**主点・鉛直点・等角点**という三つの特殊な点，すなわち**特殊3点**があり，写真測量では測定上重要な要素となっている（図2）。

　主点　　写真画面の中心点であり，レンズの光軸と画面との交点（p）である。

　鉛直点　　レンズの中心を通る鉛直線と画面との交点（n）である。

　等角点　　光軸とレンズの中心を通る鉛直線との交角を2等分する線と画面との交点（j）である。

　なお，図2において，P，N，Jはp，n，jに対応する地上の点を示す。Oはレンズの中心，Op（f）はレンズの焦点距離，ON（H）は撮影高度である。

　鉛直写真であれば，鉛直点・等角点は主点の位置に一致する。

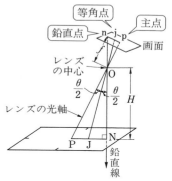

▲図2　特殊3点

❶principal point
❷nadir point
❸isocentre

2 中心投影と写真のひずみ

　空中写真はレンズの中心に光が集まる**中心投影**なので，レンズの中心から対象物までの距離の違いにより写真上の像にひずみ（位置のずれ）が生じる。

　図3は，特殊3点が一致した中心投影の概要を示したものである。この図から，次のことがわかる。

（1）　高層ビルなどの高い建物や周縁部のとがった山の像は写真の中心から外側へ傾いているように撮影される。

（2）　写真に写る対象物が地面から高いほど，また写真の中心から周縁部に向かうほどひずみが大きい。

（3）　円形で示されたビル状の建物の地表付近の大きさと屋上付近の面積が異なることから，高さによって縮尺が異なる。

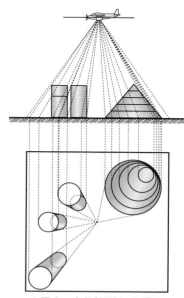

▲図3　中心投影とひずみ

3 空中写真の縮尺

鉛直写真の場合は，地表面が平たんであれば，画面は地表面に相似
形となり，写真画面上の像は，どの部分
も同一縮尺となる。

図4において，O_1，O_2 をカメラのレ
ンズ位置，ab を画面，AB を海水面とし，
撮影高度を H，レンズの焦点距離を f [1]，
写真の撮影縮尺を $\dfrac{1}{M}$ とすれば，次の関
係がなりたつ。

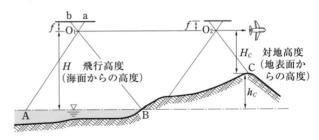

(a) 海面上の縮尺　　(b) ある標高点の縮尺
▲図4　鉛直写真の縮尺

$$\frac{1}{M} = \frac{f}{H} = \frac{ab}{AB} \tag{1}$$

❶画面距離ともいう。

図4(b) の地上の標高 h_C が変われば，写真の撮影縮尺も変化する。
たとえば，標高 h_C の山頂 C の写真の撮影縮尺は，次のとおりである。

$$\frac{1}{M} = \frac{f}{H - h_C} \tag{2}$$

例題 1

焦点距離 10 cm，撮像面での素子寸法 12 μm [2][3] のデジタル航
空カメラを用いて，海面からの撮影高度 2500 m で，標高
500 m 程度の高原の鉛直空中写真の撮影を行った。この写真
に写っている橋の長さを計測すると 1000 画素 [4] であった。こ
の橋の実長を求めよ。ただし，この橋は標高 500 m の地点に
水平にかけられており，写真の短辺に平行に写っているもの
とする。

❷光を電気信号に変換す
る画像センサの1素子の
大きさ。
❸$1\ \mu m = 1 \times 10^{-6}\ m$
　$= 1/1\,000\ mm$
❹光を電気信号に変換す
る画像センサの数。

解答

図5のように考える。写真上の橋の長さを l とすれば，
$$l = 12 \times 10^{-6} \times 1000 = 0.012\ m$$
橋の実長さを L とすれば，式(1) および式(2) から，
$$\frac{1}{M} = \frac{f}{H - h_C} = \frac{l}{L}$$
この式から
$$L = \frac{l\,(H - h_C)}{f} = \frac{0.012 \times (2\,500 - 500)}{0.10} = 240\ m$$

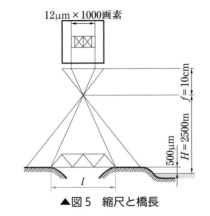

▲図5　縮尺と橋長

4 土地の高低差によるひずみ

　土地の高低差による写真像のひずみは，いくら鉛直写真に修正しても取り除くことができない。しかし，高低差が既知であれば，ひずみの量を計算することができる。また，このひずみを利用して，地物の高さを知ることができる。

　図6において，高さ h の山がある場合，山頂 A の像は画面上で a に写っているが，平面上正しい位置は A′ に対応する a′ に写らなければならない。その差 aa′ が高低差による像のひずみである。

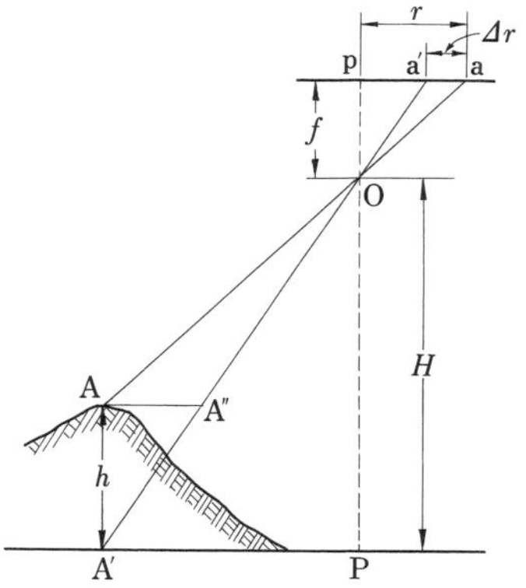

　いま，このひずみの量 aa′ ＝ Δr を計算する場合に，点 a が主点 p より r だけはなれた位置にあるとすれば，次の関係がなりたつ。

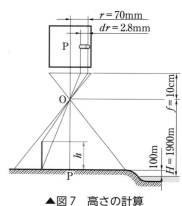

▲図6　高低差とひずみ

$$\frac{\Delta r}{f} = \frac{AA''}{H-h} \qquad \frac{r - \Delta r}{f} = \frac{AA''}{h}$$

上の二つの式の関係から，

$$\Delta r(H - h) = h(r - \Delta r)$$

$$\Delta r H = hr$$

したがって，

$$\Delta r = \frac{hr}{H} \tag{3}$$

　すなわち，高低差による像のひずみの量 Δr は，ある点の高さ h と，その点が写っている点 a の主点からの距離 r によって変わり，h および r が大きくなるほど，Δr が大きくなる。

例題 2　海面からの撮影高度1900 m で標高100 m の平たんな土地の鉛直空中写真に，鉛直に立っている直線状の高塔が写っていた。高塔の先端は主点 P から70 mm 離れた位置に写っており，高塔の像の長さは2.8 mm であった。この高塔の高さを求めよ。

解答　図7のように考える。式(3)より，

$$h = \frac{dr}{r}H = \frac{0.0028}{0.070}(1900 - 100) = 72 \text{ m}$$

▲図7　高さの計算

3 空中写真の視差差による高低測量

すでに学んだように，1枚の鉛直空中写真を用いて，縮尺を求めたのち，2点間の距離や高さを求めることができる。しかし，写真測量では，鉛直空中写真に撮影されている任意の点の標高や水平位置などの三次元座標を求めなければならない。

写真測量では，わずかな時間間隔をあけて連続的に鉛直空中写真を撮影する。2枚1組の連続する鉛直空中写真には，二つの異なる位置から撮影された重複する場所が含まれ，これにより三次元座標が計測できる。

1 実体視

●1● 立体感と実体視

両眼で一つの物体を見る場合，左右の目を交互に開閉すると，そのつど左右の目に写る像の形が異なることがわかる。この差異が立体感を感じさせる原因であり，異なる左右の像を心理的に融合して一つの物体として認め，立体感を得ている。

図8において，左の図を左目で，右の図を右目で見るようにすると，現在の二つの像以外に，もう一つの像が中央に生じてくる。この場合，中央の像を透視するように焦点を変えると，この図形は正八面体となり，AはBより遠くにあることがわかる。

写真測量では，2枚の連続写真の重複部を利用して実際の物体と同様の立体感を得ている。これを，**実体視**という。

❶stereoscopy
立体視ともいう。

実際の航空写真を実体視するには，図9に示す**反射式実体鏡**を用いると，2枚の空中写真に撮影された画像を簡単に実体視できる。

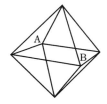 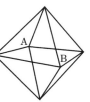

▲図8 対画面における実体視

▲図9 反射式実体鏡

実体鏡を用いて実体視するには，次のようにする。

操作

1… 写真 I，II の四隅にある指標を結び，主点 P_1，P_2 を求める（図 10(a)）。

2… 写真 I の主点 P_1 と同じ位置を写真 II でさがして，その点に印をつける（P_1'）。このような作業を移写という。同様に，写真 II の主点 P_2 を写真 I へ移写する（P_2'）（図(b)）。

3… 各写真上の主点 P_1，P_2 と P_2'，P_1' を線で結ぶ。P_1P_2'，P_2P_1' を**主点基線**という（図(c)）。

4… 写真 I，II の主点基線を一直線に保ったまま，P_1 と P_1' の間隔が約 25 cm となるように写真の位置を調整する（図(d)）。

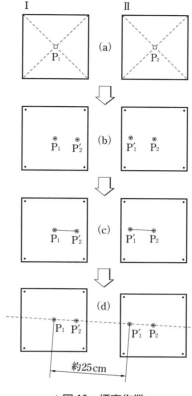

▲図 10　標定作業

5… 主点基線と実体鏡のレンズを結ぶ線が平行になるように反射式実体鏡を置く。

6… 二つの写真上の像が上下にはなれて見える場合は，実体鏡のレンズを結ぶ線と主点基線とが平行になっていないためであり，反射式実体鏡の位置を調整する。

7… 像が左右にはなれて見える場合は，自分の目に対して，二つの写真の間隔が広すぎる（または狭すぎる）ためであり，二つの写真の間隔を調整する。

8… **1** から **7** の作業は，2 枚の空中写真の相対的な位置を調整する作業であり，このような作業を**標定**という。標定を終えると，反射式実体鏡を視準することで容易に実体視ができる。

❶orientation

2 視差・視差差と高低差

2枚の連続写真の重複部を利用すると，次のようなことがわかる。

図11において，O_1，O_2は，地上から高度Hにおいて連続的に撮影された鉛直空中写真の撮影点であり，O_1，O_2の水平距離Lを**撮影基線長**[1]という。いま，地上の高低差hのA，Bの像が，それぞれ両画面上にa_1，a_2およびb_1，b_2に写っているものとする。P_1，P_2を画面の主点とすれば，次の関係がなりたつ。

$$l_1 + l_2 = \frac{fL_1}{H-h} + \frac{fL_2}{H-h} = \frac{fL}{H-h}$$
$$d_1 + d_2 = \frac{fL'_1}{H} + \frac{fL'_2}{H} = \frac{fL}{H} \qquad (4)$$

$l_1 + l_2$および$d_1 + d_2$は，二つの画面に現れた同一地点の主垂直線（主点を通り，主点基線に引いた垂線）からの距離の和であり，これを**横視差**[2]（視差）といい，2つの点の横視差の差を**視差差**[3]という。

いま，点Aと点Bの視差差をΔlとすれば，

$$\Delta l = (l_1 + l_2) - (d_1 + d_2) = \frac{fL}{H-h} - \frac{fL}{H} = \frac{fL}{H}\left(\frac{h}{H-h}\right) \quad (5)$$

ここで，$\dfrac{fL}{H}\left(= \dfrac{L}{M}\right)$は，主点基線の長さ（主点基線長）$b$であるから，

$$\Delta l = \frac{fL}{H}\left(\frac{h}{H-h}\right) = \frac{bh}{H-h}$$
$$\therefore \quad h = \frac{H\Delta l}{b + \Delta l} \qquad (6)$$

式(6)は，視差差Δlを決定すれば高低差hが計算できることを示している。

式(6)において，bに比べΔlがひじょうに小さい場合（高低差がきわめて小さい場合）には，分母のΔlを無視して，一般に，次の式が用いられる。

$$h = \frac{H\Delta l}{b} \qquad (7)$$

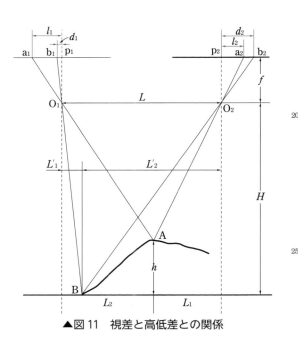

▲図11　視差と高低差との関係

[1] baselength

[2] horizontal parallax
[3] parallax difference

3 視差差の測定方法

　横視差の測定には，反射式実体鏡と，図 12 のような**視差測定桿**を用いる。視差測定桿は，回転握りを操作して，実体測標（＋・○）の刻まれたガラス板の相互の間隔が変わるようになっている。その変化量を，マイクロメーターの目盛で 0.01 mm まで読み取る。

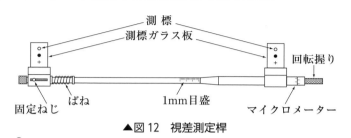

▲図 12　視差測定桿

　視差差の測定❶は，次の順序で行う。

❶ここまで学んだ標定，視差差の測定は，現在デジタルステレオ図化機などによって自動的に処理している。
デジタルステレオ図化機は，この他にもいろいろな処理が可能で，その内容について詳しくは p. 204 や p. 209 で学ぶ。

操　作

1… 図 13 のように，実体鏡の下に写真を置き，両写真の主点基線を一致させながら，写真の間隔を調節し完全な実体視をつくる。

2… 両写真を固定し，視差測定桿で最初に標高がわかっている点 A に両測標を合わせる。測標の実体像が，厳密に写真画面に接着するように間隔を調節し，そのときの目盛 l_1 を読定・記録する。

3… 次に，標高を求めようとする地点 B を同じようにして測定し，目盛 l_2 を読定・記録する。

4… **2**，**3** の読みの差 $l_1 - l_2$ が視差差である。なお，主点基線長 b は，両写真画面で b_1，b_2 を測定し，その平均値を用いればよい。

5… 視差測定桿がない場合は，スケールを用いて l_1，l_2 を測定し，視差差を求めることができる。

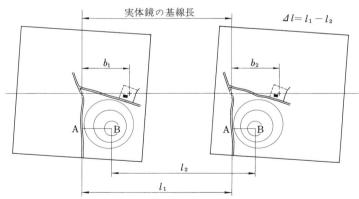

▲図 13　実体視による視差差の測定

　写真の撮影高度 H がわかっていれば，測定した視差差から次式により高低差 h を求めることができる。

$$\varDelta l = l_1 + l_2 \quad , \quad b = \frac{b_1 + b_2}{2} \quad , \quad h = \frac{H \varDelta l}{b}$$

4 空中写真測量

1 空中写真測量の順序

空中写真測量は，おもに次のような流れで行う。

❶詳しくは，p. 204 で学ぶ。
❷pass point
詳しくは，p. 204 で学ぶ。
❸tie point
詳しくは，p. 204 で学ぶ。

作業計画	数値地形図データの地図情報レベル，図化区域，精度などを考慮し測量計画をたてる。また，人員や所用機材の準備を行う。
標定点の設置	標定点（写真上の位置と地上の位置との正確な対応づけに必要な基準点または水準点の総称）を設置する。
対空標識の設置	標定点が空中写真に明瞭に写り込むことを目的に，一時的な標識（対空標識）を標定点に設置する。対空標識には，図 15 のようなものがある。
撮影	測量用空中写真を撮影する。また，撮影に用いた航空機の位置や姿勢を算定するために必要なデータ取得も行う。
同時調整	デジタルステレオ図化機❶を用いて標定点などの写真上の位置を測定し，地上の位置との比較から航空機の位置や姿勢のデータを算定する。さらに，パスポイント❷，タイポイント❸の水平位置と標高を決定する。
現地調査	数値地形図データ作成のために必要な事項について，現地において調査確認する。
数値図化	空中写真および同時調整などの成果を使用し，デジタルステレオ図化機により地形，地物などの座標値を取得し，数値図化データを記録する。
数値編集	現地調査等の結果に基づき，図形編集装置を用いて数値図化データを編集する。
補測編集	編集済データや出力図に表現されている重要事項の確認を行い，必要に応じて現地での補測測量を行う。
数値地形図データファイルの作成	数値地形図データファイルを作成し，電磁的記録媒体に記録する。

▲図 14　空中写真測量の工程

A型　　B型　　C型　　D型　　E型（樹上）

▲図 15　さまざまな対空標識

外側
内側
ペンキ

2 撮影

●1● 縮尺・地図情報レベル

空中写真の撮影縮尺は，地図情報レベルに応じて定められ，表3に示されるものを標準としている。

▼表3　空中写真測量の撮影縮尺

地図情報レベル	撮影縮尺
500	1/3 000～1/4 000
1 000	1/6 000～1/8 000
2 500	1/10 000～1/12 500
5 000	1/20 000～1/25 000
10 000	1/30 000

●2● コース撮影・地域撮影

道路・河川・鉄道のような帯状に細長い地形のときは，図16(a)のように，折れ線状に撮影する。これを，**コース撮影**という。

幅のある広い地形のときは，図(b)のように，地域全体をおおうように撮影する。これを**地域撮影**という。

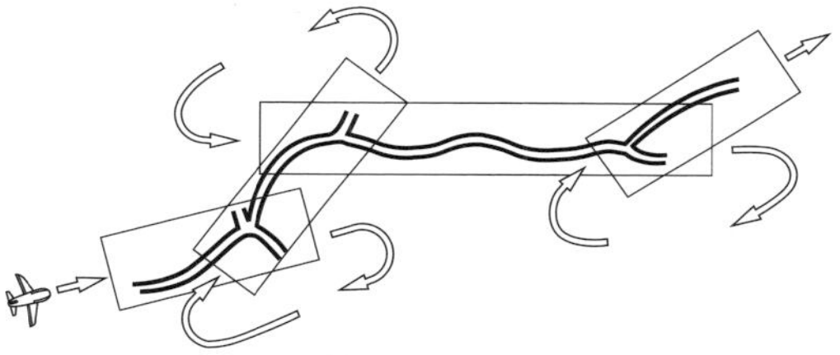

写真上の位置と地上の位置を正確に対応づけるためには，撮影した瞬間の航空機の位置と姿勢を把握する必要があり，デジタル航空カメラでの撮影では GNSS や IMU 装置が使用されている。

(a) コース撮影

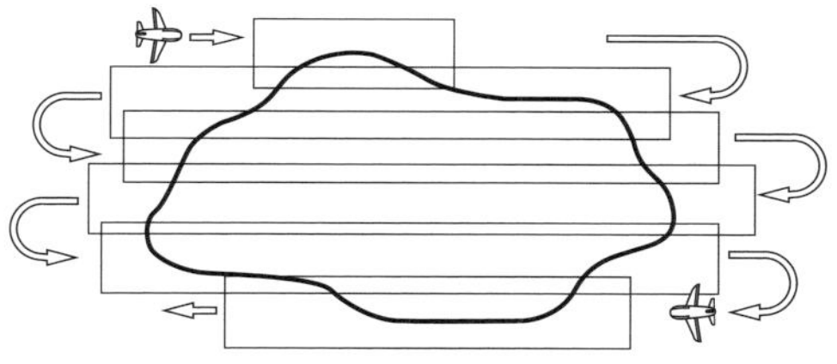

(b) 地域撮影

▲図16　コース撮影と地域撮影

●3● オーバーラップ・サイドラップ

空中写真を実体視して数値地形図データを作成するためには，2枚の隣接する空中写真に，同一の地上点が共通して撮影されている必要があり，飛行コース方向に60％（標準），隣接コースとは30％（標準）以上重複させて撮影する。飛行コース方向の重複度を**オーバーラップ❶**（p），隣接コース間の重複度を**サイドラップ❷**（q）という。

隣接する空中写真の重複部を用い，デジタルステレオ図化機で被写体の形状と類似した立体的な模像（**ステレオモデル❸**）をつくることができる。

❶overlap

❷sidelap

❸stereo model

図 17 は，カメラの焦点距離（画面距離）f，撮影高度 H で，撮影点 O_1，O_2 から撮影したときの，隣接する写真の重複度の標準を示す。

撮影基線長 L，コース間隔 C は，次の式によって求めることができる。

$$L = aM\left(1 - \frac{p}{100}\right)$$
$$C = aM\left(1 - \frac{q}{100}\right)$$
(8)

ただし，a：写真画面 1 辺の長さ

M：写真の撮影縮尺の分母

p：オーバーラップ［%］

q：サイドラップ［%］

なお，撮影基線長 L は，隣接する空中写真を撮影する間の，航空機の飛行距離に一致する。

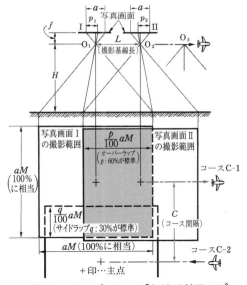

▲図 17　オーバーラップとサイドラップ

3 同時調整

パスポイントとは，2 枚以上の空中写真を，コース方向に連結させるために設けられる点である。図 18 に示すように，パスポイントは，重なり合う部分の，中央（主点付近）と両端に 1 点ずつ 3 点を選ぶ。また，**タイポイント**とは，隣接コース間の接続に用いられる点である。隣接コースと重複している部分で，明瞭に認められる位置を選定する。タイポイントは，パスポイントで兼ねることができる。

デジタルステレオ図化機を用いると，地上の座標（平面直角座標など）や標高が既知である標定点についての写真上の座標や，空中写真を撮影した瞬間の航空機の位置や航空カメラの傾き，パスポイントやタイポイントの写真座標と地上座標，標高などを同時に算定することができる。これを**同時調整**という。

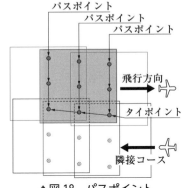

▲図 18　パスポイント

▲図 19　デジタルステレオ
図化機

5　空中写真の判読と利用

1　空中写真の判読

　写真上に現れている各種の地形や地物を観察して，的確な判定をすることを**空中写真の判読**という。この作業は，空中写真を利用するのに，きわめて重要である。

　空中写真の判読は，次のような事項を基礎として行われる。

①　**撮影条件**　　レンズの焦点距離・撮影高度，フィルムの種類，撮影時の天候，季節および時刻（図20）。

②　**形状・陰影・色調**

③　**実体視**　　実体視による立体的な形状。

④　**地理的特色**

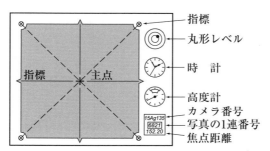

▲図20　空中写真に自記されるデータの例❶

2　各種地物の画像の特徴

　図21の空中写真について，各種地物の特徴を次に示す。

●1　家屋・居住地など

　学校・工場・社寺などは，建築様式が一般と異なるため判読しやすい。しかし，一般家屋の場合には，屋根の材料や色によって過大に判読したり，判読もれしたりすることがある。

　公園や庭園などは，その形状で比較的判読しやすい。また，コンクリート塀・板塀・生けがきなども判読しやすいが，木さくなどの判読は困難である。

❶図20に示した例はフィルムカメラのものである。近年では，GNSSやIMU装置により，航空機の位置や傾きなどがデジタルデータとして記録されている。

FS200　1/ 650　f/5.6　　FF---　EC----　SP- v/h.02225　　60% dt23.60　d≤005　24.8V -61mb ER00 CAM5238

▲図 21　空中写真の例[1]

●2● 鉄道・道路

　鉄道は，直線あるいはカーブの少ない曲線で現れ，少し暗い。これ
に対して，道路はカーブが多く，鉄道より明るい。コンクリート道路
が最も明るく，アスファルト道路がこれに次いで明るい。

　そのほか，鉄道および道路の切取り部（切土部）や盛土部は，実体観
測により判読しやすい。

●3● 河川・湖沼

　水面は，太陽の位置によって明暗の度合いが異なるが，ふつう静止
している水面は暗く，波だつ水面や浅瀬などは明るく写る。河川にお
ける流水の方向も，周囲の地形およびだ行の形状から判断することが
できる。

[1]図 21 に示した例は
フィルムカメラのもので
ある。

5

10

●4● 海

泥海・荒いそ・砂浜・塩田・護岸・港湾施設などは，それぞれ特有の明暗や形態によって判読しやすい。

●5● 地類

5　地類[1]は，発育の程度および季節によって変化し，判読はふつう困難である。地類を的確に判読するためには，撮影の季節を知ることがきわめて重要である。

水田は，ふつう低地にあって，あぜによって細分され，あぜはおおむね等高線に沿っている。また，水田の中には必ず用水溝・排水溝が

10　あり，黒灰色の線として明確に見える。

畑は，平地・山地を問わず存在し，水田の場合のように，溝が見られない。作物の種類によって，畑の境界は判読できるが，その種類の識別までは困難である。

針葉樹は，輪郭が明確であり，比較的黒く，種類によっては樹冠が

15　とがっており，判読しやすい。ただし，針葉樹でも，初夏の発芽期には灰白色で不規則な形で現れ，広葉樹と誤読することがある。

広葉樹は，輪郭が比較的不明確であり，樹冠は円形をしており，針葉樹よりも一般に薄く，常緑樹以外のものは，発芽前および落葉後は灰白色に見えて，判読しやすい。

20　竹林は，広葉樹林よりもやや薄く，樹冠は点々ととがり，ときどきせん光性の灰色に見えることがある。

3　空中写真の利用

空中写真は，地図の作成のほかに，森林調査・環境調査・災害調査・気象調査・遺跡調査などにも利用される。

25　また，空中写真を利用すると，地形・地物のさまざまな情報を得ることができる。さらに，多様な利用目的にこたえるため，リモートセンシング[2]が用いられることがある。

[1] ここでは，その土地の使われ方や，その土地の植物の種類などを指す。

[2] 詳しくは，p. 274で学ぶ。

6 写真地図

1 空中写真と写真地図

●1● 数値写真

　デジタル航空カメラで撮影した写真や，空中写真を空中写真用スキャナにより処理した写真は，撮影された画像がコンピュータでの処理に適した形式で数値化されており，これを**数値写真**という。

●2● 空中写真と写真地図

　空中写真は中心投影であり，高い建物などは写真主点を中心に放射状に倒れこむように写り，図22(a)の矢印で示したように，位置や大きさにひずみが生じるため地図と重ね合わせても一致しない。

　図(a)の矢印で示される空中写真のひずみの量と方向を計算して補正し，真上から見たような，傾きのない正しい位置と大きさに表示される画像に変換した写真画像を**写真地図**という。写真地図は同じ縮尺の地図に重ねれば一致する。空中写真から写真地図を作成するような変換を**正射変換**という。

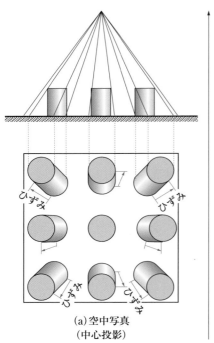
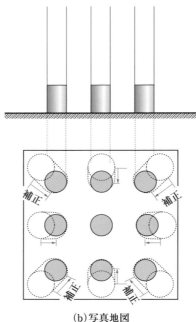

(a)空中写真
(中心投影)

(b)写真地図
(正射投影)

▲図22　空中写真と写真地図

2　写真地図の作成手順

　写真地図作成の工程を図 23 に示す。同時調整までは，空中写真測量と同じ工程である。

●1● 数値地形モデルの作成

5　数値写真から，デジタルステレオ図化機を用いて，地図情報レベルに応じたグリッド（格子）間隔ごとの標高を算出し，正射変換に必要なデータである数値地形モデルを作成する。

●2● 正射変換

　正射変換して得られる画像を，**正射投影画像（オルソ画像❶）**という。
10　写真地図作成における正射変換は，図 22 に示したように，空中写真（数値写真）に含まれるひずみの量と方向を，写真主点からの距離と標高の値からコンピュータなどを用いて計算し変換する。

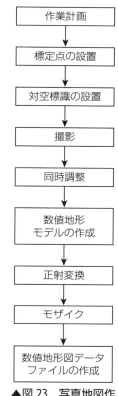

作業計画 → 標定点の設置 → 対空標識の設置 → 撮影 → 同時調整 → 数値地形モデルの作成 → 正射変換 → モザイク → 数値地形図データファイルの作成

▲図 23　写真地図作成の工程

❶orthophoto

(a)空中写真

正射変換

(b)オルソ画像

▲図 24　正射変換（国土地理院）

●3● モザイク

　モザイク❷とは，隣接する正射投影画像の接合部分について，デジタ
15　ル処理により位置と色を調整して接合する作業をいう。写真地図は，隣接する複数の正射投影画像を接合（モザイク）させて得られる。このような画像を，**モザイク画像❸**という。

❷mosaic

❸mosaic image

3　写真地図の活用

　写真地図は，GIS（地理情報システム）などで，位置，面積および距
20　離などを正確に計測できるほか，地図データなどと重ね合わせて利用することができる。このため，道路設計などの概略設計用資料や，現実感の高いハザードマップ作成に活用されている。❹

❹詳しくは，p. 271 で学ぶ。

10

写真測量

空中写真と航空機の姿勢

空中写真測量では，カメラの光軸が鉛直真下になる状態で，水平に飛行しながら撮影することが原則である。しかし，航空機はつねに気圧や気流の影響を受けて飛行していて，カメラの光軸を鉛直真下に向けたまま水平飛行を続けることは困難である。結果，航空機は左下図のような，ローリング，ピッチング，ヨーイングという姿勢変化が現れる。

・ローリングが生じた場合⇒片側の翼が下がり，反対側の翼が上がる。

・ピッチングが生じた場合⇒機首が下がり（上がり），尾翼が上がる（下がる）。

・ヨーイングが生じた場合⇒航空機は直進を保てない。

さらには，これらの姿勢変化が同時に起こる場合もある。これらの状態で撮影した空中写真にはどのような変化が生じるのだろう。そして，測量結果に与える影響はどうなるのだろう。これらのことを，デジタルカメラを用いて実際に確認してみよう。

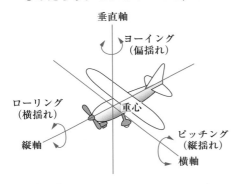
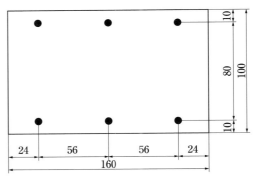

(操作)

1… デジタルカメラ，三脚，A4用紙に右上図に示した四角形と直径6mm程度の●印を6カ所記入したA4用紙を用意する。

2… デジタルカメラの画面の比率を16：9に設定する。

3… 写真のように，デジタルカメラを三脚に取りつける。

4… カメラの光軸を鉛直真下になるようにして撮影する。

5… カメラを任意の角度でローリングさせて撮影する。

6… カメラを任意の角度でピッチングさせて撮影する。

7… カメラを任意の角度でヨーイングさせて撮影する。

　※　角度は最大で10度程度として撮影する

考察　　次のテーマで話し合って考えてみよう。

1 操作**5**の写真には，どのようなひずみが含まれるか。

2 操作**6**の写真には，どのようなひずみが含まれるか。

3 操作**7**の写真には，どのようなひずみが含まれるか。

4 カメラの傾きの角度を逆算する方法は，存在するのだろうか。

実体視ができる写真を撮影してみよう。

実体視ができる 2 枚の写真を撮影するには，

① カメラのズーム，シャッタースピード，絞りを同じ状態で撮影する。

② カメラの仰角（上向きまたは下向きの水平に対する角度）を同じ状態で撮影する。

③ A 点と B 点の間隔（C）は，カメラから被写体までの距離（D）の概ね 1/40 程度にして撮影する。

の 3 点に留意して，右図のように A 点と B 点の 2 カ所で写真を撮影する。

撮影した写真を実体視するには，次の手順で行う。

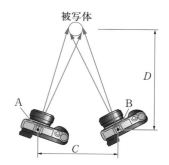

被写体

操作

1…コンピュータを用い，2 枚の写真を幅 4〜5 cm の大きさに編集して印刷する。

2…A 点で撮影した写真を左側に置く。

3…2 枚の写真の中心間隔が 6.5 cm 程度になるようにしながら，B 点で撮影した写真を右側に並べる。このとき，2 枚の写真に共通して撮影されている部分が，水平になるように写真を並べないと実体視が困難になる。

4…30〜40 cm 離れて，左目で左側の写真を，右目で右側の写真を漠然と見るようにして，実体視を行う。

また，インターネットを利用すると，上記のようにして撮影した写真の位置や色の状況を簡単に調整できるフリーソフトウェアを入手できる。下の写真はインターネットのフリーソフトを利用して，実体視できるようにしたものである。

10

写真測量

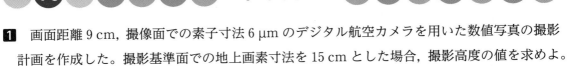
1　画面距離 9 cm，撮像面での素子寸法 6 μm のデジタル航空カメラを用いた数値写真の撮影計画を作成した。撮影基準面での地上画素寸法を 15 cm とした場合，撮影高度の値を求めよ。ただし，撮影基準面の標高は 0 m とする。

2　航空カメラを用いて，1800 m の高度から撮影した鉛直空中写真に，鉛直に立っている直線状の高塔が長さ 9.5 mm で写っていた。この高塔の先端は，主点 P から 7.6 cm 離れた位置に写っていた。この高塔の立っている地表面の標高を 0 m とした場合，高塔の高さを求めよ。

3　画面の大きさ 23 cm × 23 cm のフィルム航空カメラを用いて，撮影縮尺 1/8000，航空機の対地速度 200 km/h，隣接空中写真間の重複度 60 % で平たんな土地の鉛直空中写真を撮影した。このときのシャッター間隔は何秒になるか計算せよ。ただし，航空機は風などの影響を受けず，一定の対地速度で飛行するものとする。

4　次の (1)〜(3) の文は，デジタル航空カメラで鉛直方向に撮影された空中写真の撮影基線長を求める過程について述べたものである。(①)〜(④) に入る数値を求めよ。

(1)　画面距離 12 cm，撮像面での素子寸法 12 μm，画面の大きさ 12500 画素 × 7500 画素のデジタル航空カメラを用いて撮影する。このとき，画面の大きさを cm 単位で表すと(①) cm × (②) cm である。

(2)　デジタル航空カメラは，撮影コース数を少なくするため，画面短辺が航空機の進行方向に平行となるように設置されているので，撮影基線長方向の画面サイズは (②) cm である。

(3)　撮影高度 2050 m，隣接空中写真間の重複度 60 % で標高 50 m の平たんな土地の空中写真を撮影した場合，対地高度は (③) m であるから，撮影基線長は (④) m と求められる。

5　次の (1)〜(5) の文は，写真地図 (モザイクしたものを含む。) の特徴について述べたものである。あきらかに間違っているものはどれか。

(1)　写真地図は画像データのため，そのままでは地理情報システムで使用することができない。

(2)　写真地図は，地形図と同様に図上で距離を計測することができる。

(3)　写真地図は，地形図と異なり図上で土地の傾斜を計測することができない。

(4)　写真地図は，オーバーラップしていても実体視することはできない。

(5)　平たんな場所より起伏の激しい場所のほうが，地形の影響によるひずみが生じやすい。

第 **11** 章

路線測量

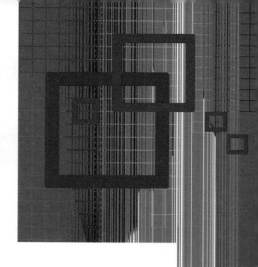

路線測量は，道路・鉄道・運河などの通路や，用水路・排水路な
どの水路のような細長い構造物をつくるために行う測量である。

?
- 道路の曲線は，現地でどのようにして円弧を描くのだろうか。
- 道路の坂道の勾配が変化する地点は，なぜ円弧を描いているのだろうか。ま
 た，その円弧はどのように計算し，設置されているのだろうか。

1 路線の曲線分類

1 平面曲線

　路線測量を行うには，図1のように，路線が通過する平面位置の中心に，一般には 20 m 間隔に，**中心杭（ナンバー杭）**を測設する。

　図2のように，路線の方向が変化する平面位置には，交通の流れを円滑にするために，平面曲線を設ける。平面曲線区間に中心杭を測設することを，**曲線設置**という。

❶プラス杭も合わせて測設する。
詳しくは p. 220 で学ぶ。

❷curve setting

▲図1　中心杭の設置

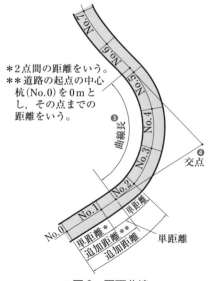

＊2点間の距離をいう。
＊＊道路の起点の中心杭（No.0）を0mとし，その点までの距離をいう。

❸曲線部の長さ。
　詳しくは，p. 219 で学ぶ。
❹曲線区間の直前，直後にある直線部を延長したとき交差する点。
　詳しくは，p. 216 で学ぶ。

▲図2　平面曲線

平面曲線には，図3のような円曲線が多く用いられる。中心点が一つのものを，**単心曲線**（**単曲線**）（図3(a)）という。地形の状況によって，単心曲線を組み合わせた**複心曲線**（図(b)）や**反向曲線**（図(c)）などがある。

❶simple curve
❷compound curve
❸reverse curve

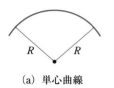

（a）単心曲線　　　（b）複心曲線　　　（c）反向曲線

▲図3　円曲線

5　　また，そのほかに，路線上を高速で走行する車両が，直線と円曲線の間をスムーズに走行できるように，図4のような，滑らかな曲線とした**緩和曲線**が用いられる。

❹transition curve

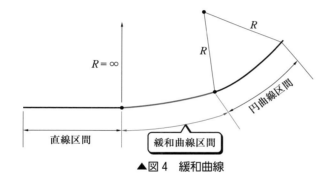

$R = \infty$

R

R

直線区間

緩和曲線区間

円曲線区間

▲図4　緩和曲線

▶2　縦断曲線

図5のように，路線の縦方向に用いられる曲線を，**縦断曲線**という。

❺vertical curve

10　縦断曲線は，路線上の地表面に高低の変化がある場合，その勾配の変化する点で，車両が円滑に走行ができるように設けられる。

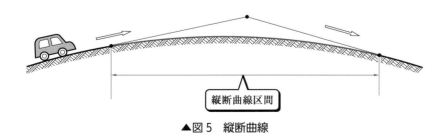

縦断曲線区間

▲図5　縦断曲線

2 単心曲線の設置

1 単心曲線の用語

単心曲線の設置に必要な用語・略号を，図6に示す。

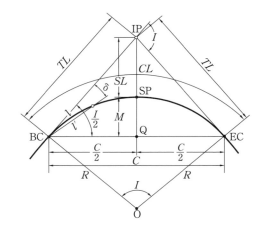

用語	略号	用語	略号	用語	略号	用語	略号
交点 intersection point	IP	接線長 tangent length	TL	円曲線始点 beginning of curve	BC	中央縦距 middle ordinate	M
交角（中心角） intersection angle	I	曲線長 curve length	CL	円曲線終点 end of curve	EC	弦長 chord length	C
曲線半径 radius of curve	R	外線長 secant length	SL	曲線の中点 scant point	SP	偏角 declination angle	δ
						総偏角	$\dfrac{I}{2}$

▲図6　用語と略号

2 交点の測設と交角の測定

交点（IP）の測設および**交角**（I）の測定は，一般に，次のような方法で行われる。

●1● 視通法による交点の測設と交角の測定

図7において，方向の定められた2直線上 OP，QR の見通し線上に交点を測設し，交角を測定するには，次の順序で行う。

1…点Pにトータルステーションをすえつけ，点Oを視準する。望遠鏡を反転して視準線上に杭1，2を打ち，杭頭にくぎを打つ。

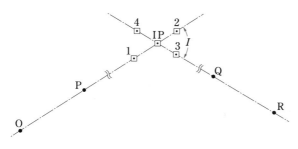

▲図7 視通法による測設法

2···点 Q にトータルステーションをすえつけ，点 R を視準したのち望遠鏡を反転して，視準線上に杭3，4を打ち，杭頭にくぎを打つ。

3···杭1，2と杭3，4のくぎに水糸を張り，水糸の交わった点が交点 IP である。この位置に IP の杭を打ち，杭頭にくぎを打つ。

次に，交角 I を測定する。

4···交点 IP が定まると，IP にトータルステーションをすえつける。

5···望遠鏡を反転し，点 P を視準して目盛盤の水平角を $0°00'00''$ にする。

6···望遠鏡を正位に戻して，点 Q を視準する。このとき水平角を読定すれば，交角 I が求まる。

● **2** ● **放射法による交点の測設と交角の測定** ─────────●

図8に示す基準点 A の座標（$X_A = 91.163\,\text{m}$，$Y_A = 89.515\,\text{m}$）と基準点 B の方位角（$\alpha_B = 112°15'20''$），および交点 IP_2 の座標（$X_2 = 70.020\,\text{m}$，$Y_2 = 111.340\,\text{m}$）がわかっているとき，基準点 A より IP_2 を測設する場合，次の順序で行う。

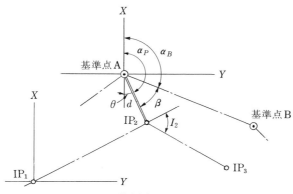

▲図8 放射法による測設法

1… 基準点 A の座標値 $(X_A,\ Y_A)$ と，IP_2 の座標値 $(X_2,\ Y_2)$ の差を求める。

$$X_2 - X_A = 70.020 - 91.163 = -21.143\,\mathrm{m} \quad (\mathrm{A} \sim \mathrm{IP}_2 \text{ の緯距})$$

$$Y_2 - Y_A = 111.340 - 89.515 = 21.825\,\mathrm{m} \quad (\mathrm{A} \sim \mathrm{IP}_2 \text{ の経距})$$

2… 基準点 A から IP_2 までの距離 d を求める。

$$
\begin{aligned}
d &= \sqrt{(X_2 - X_A)^2 + (Y_2 - Y_A)^2} \\
&= \sqrt{(-21.143)^2 + (21.825)^2} \\
&= 30.387\,\mathrm{m}
\end{aligned}
$$

3… 基準点 A における IP_2 の方位角 α_P を，次のようにして求める。

$$\tan\theta = \frac{|Y_2 - Y_A|}{|X_2 - X_A|}$$

$$\theta = \tan^{-1}\frac{|Y_2 - Y_A|}{|X_2 - X_A|}$$

$$\theta = \tan^{-1}\frac{|21.825|}{|-21.143|} = 45.909\,34° = 45°54'34''$$

$(X_2 - X_A)$ は負，$(Y_2 - Y_A)$ は正であるから，$\alpha_P = 180° - \theta$ となる。

$$\alpha_P = 180° - 45°54'34'' = 134°05'26''$$

4… 基準点 B からの角度 β を求める。

$$
\begin{aligned}
\text{角度 } \beta &= \mathrm{IP}_2 \text{ の方位角 } \alpha_P - \text{基準点 B の方位角 } \alpha_B \\
&= 134°05'26'' - 112°15'20'' = 21°50'06''
\end{aligned}
$$

5… 基準点 A にトータルステーションをすえつけ，基準点 B を視準したのちに，水平目盛を $0°00'00''$ にする。

6… 締付けねじをゆるめ，水平目盛を $\beta = 21°50'06''$ に合わせる。

7… 望遠鏡を視準し，視準線上に基準点 A からの距離 d をはかって杭を打ち，IP_2 を測設する。

3 単心曲線の公式

単心曲線は，1個の円弧からなっているので，交角 I を測定し，曲線半径 R を決めると，曲線設置に必要な**接線長**(TL)，**曲線長**(CL)，**外線長**(SL)，**中央縦距** M，**弦長** C，**偏角** δ の値は，次の式 (1) ～式 (6) を用いて求めることができる。

$$接線長 \quad TL = R \tan \frac{I}{2} \tag{1}$$

$$曲線長 \quad CL = RI \,[\mathrm{rad}] = \frac{\pi RI}{180°} \tag{2}$$

$$外線長 \quad SL = R\left(\frac{1}{\cos\frac{I}{2}} - 1\right) = R\left(\sec\frac{I}{2} - 1\right)^{❶} \tag{3}$$

❶ $\dfrac{1}{\cos\alpha} = \sec\alpha$

$$中央縦距 \quad M = R\left(1 - \cos\frac{I}{2}\right) \tag{4}$$

$$弦 \quad 長 \quad C = 2R \sin\frac{I}{2} \tag{5}$$

$$偏 \quad 角 \quad \delta = \frac{l}{2R}\,[\mathrm{rad}] = \frac{l}{2R}\cdot\frac{180°}{\pi} \tag{6}$$

ただし，式(1)～式(5)のIの単位は，度，分，秒であるが，式(2)のRIのIの単位は，ラジアンである。また，式(6)のlは，弧長である。

4 単心曲線の測設法

●1● 偏角測設法

この方法は，図9のように，偏角δを設定し，その視準線と弧長lの❷円曲線上の交点を中心杭として，曲線設置をする方法である。

❷弧長をはかることはむずかしいので，測設では弦長をはかる。

なお，図9のl_0は，測点間隔20 mを表し，それ以外のl_F，l_Lは20 mにたりないものを表す。

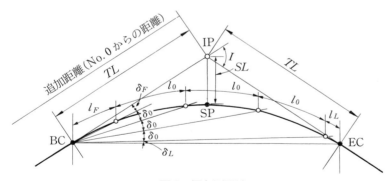

▲図9 偏角測設法

a 偏角測設法に必要な諸量

交点IPの位置が決まり，交角Iを測定して曲線半径Rが定まると，偏角測設法に必要な諸量，すなわち，単心曲線の公式にある接線長TL，曲線長CL，外線長SLと**円曲線始点**（BC）から，それぞれの中心杭に対する偏角および**円曲線終点**（EC）に対する偏角を求める。

交点 IP の追加距離が 88.26 m，曲線半径 $R = 200$ m，交角 $I = 34°30'00''$ のとき，偏角測設法に必要な諸量を求めよ。ただし，中心杭の間隔は 20 m とする。

単心曲線の公式から，それぞれの値を求める。

$$I = 34°30'00'' \qquad \frac{I}{2} = 17°15'00''$$

1) 接線長 $TL = R \tan \dfrac{I}{2} = 200 \times \tan 17°15'00''$

$$= 200 \times 0.310\,51 = 62.10 \text{ m}$$

2) 曲線長 $CL = \dfrac{\pi R I}{180°} = \dfrac{\pi \times 200 \times 34°30'00''}{180°} = 120.43 \text{ m}$

3) 外線長 $SL = R\left(\sec \dfrac{I}{2} - 1\right) = 200 \times (\sec 17°15'00'' - 1)$

$$= 200 \times (1.047\,10 - 1) = 9.42 \text{ m}$$

4) 円曲線始点 BC の追加距離　交点 IP の追加距離から接線長 TL を減じて求める。なお，中心杭が 20 m ごとに設けられているので，20 m 単位としたナンバー杭で表す。

$$\text{BC の追加距離} = 88.26 - 62.10 = 26.16 \text{ m} \;❶$$
$$= 20 + 6.16 = \text{No. 1} + 6.16 \text{ m}$$

5) 始短弦の長さ　円曲線始点 BC の追加距離が No. 1 + 6.16 m であるから，曲線上の最初の中心杭は No. 2 となる。BC から No. 2 までの長さを始短弦といい，その長さ l_F は次のように求められる。

$$l_F = 20 - 6.16 = 13.84 \text{ m}$$

6) 円曲線終点 EC の追加距離　円曲線始点 BC の追加距離に曲線長 CL を加えて求める。

$$\text{EC の追加距離} = 26.16 + 120.43 = 146.59 \text{ m}$$
$$= 140 + 6.59 = \text{No. 7} + 6.59 \text{ m}$$

7) 終短弦の長さ　円曲線終点 EC の追加距離が No. 7 + 6.59 m であるから，曲線上の最終の中心杭は No. 7 となる。EC から No. 7 までの長さを終短弦 l_L といい，次のようになる。

$$l_L = 6.59 \text{ m}$$

8) 円曲線上の中心杭　円曲線始点 BC の追加距離および円曲線終点 EC の追加距離から，曲線上に No. 2，3，4，5，6，7 の中心杭がはいることがわかる。

以上の計算結果は，図 10 のとおりである。

❶No. 1 の杭から 6.16 m へだたった箇所の杭の番号で，No. 1 + 6.16 としるす。
このような杭を**プラス杭**という。

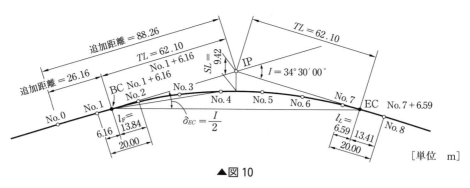

▲図10

9) 偏角の計算

(1) 弧長 $l_0 = 20\,\text{m}$ に対する偏角 δ_0

$$\delta_0 = \frac{l_0}{2R} \cdot \frac{180°}{\pi} = \frac{20}{2 \times 200} \times \frac{180°}{\pi} = 2.864\,79° = 2°51'53''$$

(2) 始短弦 l_F に対する偏角 δ_F

$$\delta_F = \frac{l_F}{2R} \cdot \frac{180°}{\pi} = \frac{13.84}{2 \times 200} \times \frac{180°}{\pi} = 1.982\,43° = 1°58'57''$$

(3) 終短弦 l_L に対する偏角 δ_L

$$\delta_L = \frac{l_L}{2R} \cdot \frac{180°}{\pi} = \frac{6.59}{2 \times 200} \times \frac{180°}{\pi} = 0.943\,95° = 0°56'38''$$

10) 円曲線上の中心杭に対する偏角の計算　　まず，中心杭 No. 2 の始短弦 l_F に対する偏角 δ_F を求める。次に，No. 3～No. 7 に対する偏角は，弧 20 m に対する偏角 δ_0 を偏角 δ_F に順次加え，最後に No. 7 の偏角に終短弦 l_L に対する偏角 δ_L を加えた値が，円曲線終点 EC に対する偏角（総偏角という）となる。理論的には $\frac{I}{2}$ となる。

No. 2 の偏角 $\delta_2 =$ 　　　 $1°58'57''$　（始短弦の偏角：δ_F）

$+)$　$2°51'53''$　（20 m の偏角：δ_0）

No. 3 の偏角 $\delta_3 =$ 　　　 $4°50'50''$

$+)$　$2°51'53''$　（20 m の偏角：δ_0）

No. 4 の偏角 $\delta_4 =$ 　　　 $7°42'43''$

$+)$　$2°51'53''$　（20 m の偏角：δ_0）

No. 5 の偏角 $\delta_5 =$ 　　 $10°34'36''$

$+)$　$2°51'53''$　（20 m の偏角：δ_0）

No. 6 の偏角 $\delta_6 =$ 　　 $13°26'29''$

$+)$　$2°51'53''$　（20 m の偏角：δ_0）

No. 7 の偏角 $\delta_7 =$ 　　 $16°18'22''$

$+)$　　 $56'38''$　（終短弦の偏角：δ_L）

EC の偏角 $\delta_{EC} =$ 　　 $17°15'00'' = \frac{I}{2}$

問 1 交点 IP の追加距離が 707.69 m，曲線半径 $R = 300$，交角 $I = 32°26′00″$ であるとき，偏角測設法に必要な諸量を求めよ。

b 弧長と弦長の関係

偏角測設法に必要な諸量は，図 11 のように，弧長 l で計算されているが，実際の測設では，弦長 $l′$ が使われている。

弧長 l と弦長 $l′$ の差は，曲線半径を R とすると，次の式のようになる。

$$l - l′ \fallingdotseq \frac{l^3}{24R^2} \qquad (7)$$

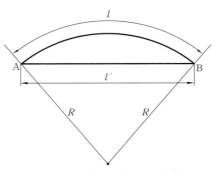

▲図 11　弧長と弦長との関係

$100 \sim 600$ m の曲線半径 R に対する弧長 20 m の $l - l′$ を計算すると，表 1 のようになる。

▼表 1　弧長と弦長の差

R [m]	100	150	200	300	400	500	600
$l-l′$ [cm]	3.3	1.5	0.8	0.4	0.2	0.1	0.1

この表でわかるように，弧長と弦長の差は小さいから，$\dfrac{l}{R} \leqq \dfrac{1}{10}$ の場合には，$l = l′$ と考えてさしつかえない。

c 測設の方法

偏角測設法に必要な諸量が求められると，これによって，実際に曲線上の中心杭を測設していく。例題 1 の場合（図 10）について，測設は，次の順序で行う。

操作

1… 交点 IP にトータルステーションをすえつけ，円曲線始点 BC 方向を視準し，視準線上に IP から接線長 $TL = 62.10$ m をはかって，BC の位置を定める。

2… IP からトータルステーションで，$I = 34°30′00″$ にある次の IP の方向を視準し，視準線上に $TL = 62.10$ m をはかって，EC の位置を定める。

3… IP および BC，EC の 2 等分 $\left(\dfrac{180° - I}{2}\right)$ 線上に，外線長 $SL = 9.42$ m をはかって，曲線の中点（SP）の位置を定める。

4… 次に，BC にトータルステーションをすえつけ，IP を視準して，水平角を $0°00'00''$ にする。

5… 水平目盛を曲線上の最初の中心杭 No. 2 の偏角 $\delta_2 = 1°58'57''$ の位置に合わせる。

6… No. 2 の偏角の視準線上に，BC から始短弦の長さ $l_F = 13.84\,\mathrm{m}$ をはかって中心杭を打ち，No. 2 の位置を定める。

7… 次に，No. 3 に対する偏角 $\delta_3 = 4°50'50''$ の視準線上に，No. 2 の中心杭からの弦長 20 m との交点を求めて中心杭を打ち，No. 3 の位置を定める（図 12）。

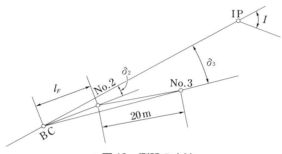

▲図 12　測設の方法

8… 以下，No. 7 までは，**7** の要領でそれぞれの中心杭に対する偏角の視準線と，一つまえの中心杭からの弦長 20 m との交点を求め，中心杭を打っていく。

9… 最後に，EC に対する偏角 $\delta_{EC} = 17°15'00''$ の視準線と，No. 7 からの終短弦 $l_L = 6.59\,\mathrm{m}$ の交点が，最初に求めた EC と一致するかどうかを調べ，その測量の良否を確かめる。

●2● 接線からのオフセットによる測設法

　図 13 のように，A（円曲線始点 BC）を原点とし，V（交点 IP）を結ぶ接線 AV を Y 軸，半径 OA を X 軸として，曲線上の点を座標（X, Y）として求めて，曲線設置を行う方法である。

　この方法は，偏角測設法が困難なときに使用される。また，この方法は，測設に伐採がともなうとき，伐採量を少なくするなどの利点がある。

　曲線上の点において，偏角 δ，BC からの弧長 $l \fallingdotseq$ 弦長 l'，座標（X, Y）の間には，次のような関係がなりたつ。

$$\left.\begin{array}{cc} \delta = \dfrac{l}{2R} \cdot \dfrac{180°}{\pi} & l = 2R\sin\delta \\[2mm] X = l\sin\delta & Y = l\cos\delta \end{array}\right\} \tag{8}$$

図13で，曲線の中点P（SP）からB（EC）側の点P_3，P_4は円曲線終点（EC）から，BVをY'軸，OBをX'軸として，座標(X', Y')を求めればよい。なお，このとき，点P_3，P_4のY'軸からの偏角は，それぞれ，$\delta_3' = \dfrac{I}{2} - \delta_3$，$\delta_4' = \dfrac{I}{2} - \delta_4$となる。

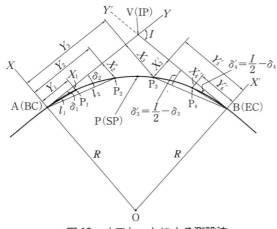

▲図13　オフセットによる測設法

例題 2　例題1（p. 220）で，曲線上の中心杭の位置を，接線からのオフセットによる測設法によって求めよ。

解答　各中心杭の偏角は求められているので，これを利用する。

曲線の中点をすぎた中心杭$\left(\text{偏角で}\dfrac{I}{4}\text{をすぎた中心杭}\right)$No. 5以後は，円曲線終点ECを原点として求めるほうが実測上好ましい。

No. 5　$\delta_5' = \dfrac{I}{2} - \delta_5 = 17°15'00'' - 10°34'36'' = 6°40'24''$

No. 6　$\delta_6' = \dfrac{I}{2} - \delta_6 = 17°15'00'' - 13°26'29'' = 3°48'31''$

No. 7　$\delta_7' = \dfrac{I}{2} - \delta_7 = 17°15'00'' - 16°18'22'' = 0°56'38''$

計算結果をまとめると表2，3のようになる。

▼表2

No.	δ	l [m] $2R\sin\delta$	X [m] $l\sin\delta$	Y [m] $l\cos\delta$
2	$1°58'57''$	13.838	0.48	13.83
3	$4°50'50''$	33.800	2.86	33.68
4	$7°42'43''$	53.677	7.20	53.19

▼表3

No.	δ'	l [m]	X' [m] $l \sin \delta'$	Y' [m] $l \cos \delta'$
5	$6°40'24''$	46.483	5.40	46.17
6	$3°48'31''$	26.570	1.76	26.51
7	$0°56'38''$	6.589	0.11	6.59

問 2 交点 IP の追加距離 707.69 m，曲線半径 $R = 300$ m，交角 $I = 32°26'00''$ であるとき，接線からのオフセットによる測設法の各中心杭の座標値を求めよ。

●3● 中央縦距による測設法

この方法は，既設の曲線を検査したり，偏角測設法などで測設した中心杭の間にさらに細かく中心杭を設置して，曲線をととのえるのに便利である。しかし，中心杭を 20 m ごとに測設することはできない。

図14 において，中央縦距 M，弦長 C，曲線半径 R，中心角 I の間には，式 (4)，(5) から，次の関係がある。

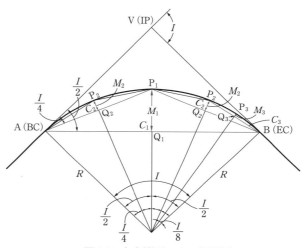

▲図14　中央縦距による測設法

$$M_1 = R\left(1 - \cos\frac{I}{2}\right) \fallingdotseq \frac{C_1{}^2}{8R}$$

$$C_1 = 2R\sin\frac{I}{2} \qquad (9)$$

$$M_2 \fallingdotseq \frac{M_1}{4}, \quad M_3 \fallingdotseq \frac{M_2}{4}, \quad \cdots\cdots, \quad M_n \fallingdotseq \frac{M_{n-1}}{4}$$

この測設作業は，次のような順序で行う。

操作

1⋯円曲線始点 (BC)，円曲線終点 (EC) を定める。

2⋯$AB = C_1$ を測定あるいは計算で求め，AB の中点 Q_1 を定める。

3⋯Q_1 から $AB \perp P_1Q_1$，$P_1Q_1 = M_1$ として，2 等分点 P_1 の位置を定める。

4⋯次に，AP_1（BP_1）の中点 Q_2 を定める。

5⋯Q_2 から $AP_1 \perp P_2Q_2$，$P_2Q_2 = M_2 = \dfrac{M_1}{4}$ として，4 等分点 P_2 の位

置を定める。

6…以下，より細かく曲線上の点が必要な場合は，同様の作業により弦の中点を求め，M_n を用いて測設する。

例題 3　例題 1 (p.220) で，No.2 と No.3 の間の 4 等分点を，中央縦距による測設法によって求めよ (図 15)。

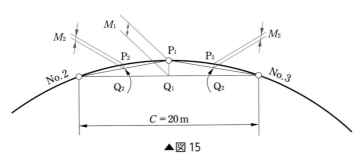

▲図 15

解答　曲線半径 $R = 200$ m，No.2～No.3 の間の弦長は 20 m であるから，M_1，M_2 の値は次のようになる。

$$M_1 \fallingdotseq \frac{C^2}{8R} = \frac{20^2}{8 \times 200} = 0.25\,\text{m} = 25\,\text{cm}$$

$$M_2 \fallingdotseq \frac{M_1}{4} = \frac{0.25}{4} = 0.0625\,\text{m} \fallingdotseq 6\,\text{cm}$$

問 3　交角 $I = 50°24'00''$，曲線半径 $R = 100$ m の単心曲線を，中央縦距による測設法で設置するため，M_1，$\dfrac{C_1}{2}$，M_2，$\dfrac{C_2}{2}$，M_3，$\dfrac{C_3}{2}$ の値を求めよ (図 16)。

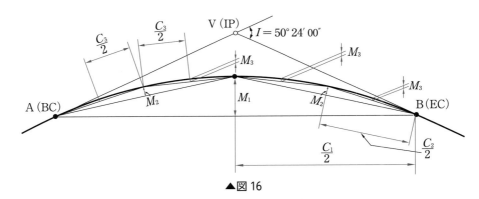

▲図 16

曲線設置を実際に現地で行うとき，河川・湖沼・森林・建物などの障害物があって，交点 IP が定められない場合，次の方法で行えばよい。

交角が実測できない場合，図 17 において，α，β を測定すれば，交角 I は，$I = \alpha' + \beta'$ によって求められる。

また，A′V，B′V の長さは，正弦定理から求められる。すなわち，

$$\mathrm{A'V} = \frac{\mathrm{A'B'}\sin\beta'}{\sin\gamma} \qquad \mathrm{B'V} = \frac{\mathrm{A'B'}\sin\alpha'}{\sin\gamma}$$

したがって，見通し線上の任意の 2 点 A′，B′ から，それぞれ BC，EC までの距離 AA′，BB′ は，次の式によって求められる。

$$\mathrm{AA'} = TL - \mathrm{A'V} \qquad \mathrm{BB'} = TL - \mathrm{B'V}$$

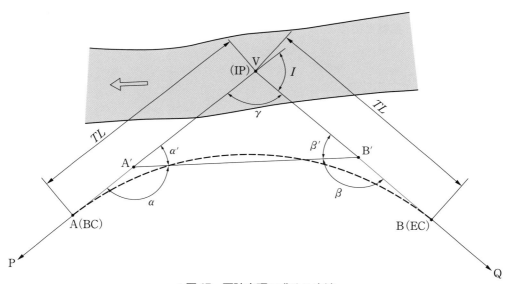

▲図 17　正弦定理で求める方法

問 4　図 17 において，$\alpha = 156°10'$，$\beta = 172°24'$，A′B′ = 87.45 m のとき 2 点 A，B の追加距離を求めよ。また，曲線設置に必要な諸量を求めよ。ただし，R は 200 m，点 A′ の追加距離は 248.24 m とする。

11

路線測量

3 緩和曲線の測設

1 緩和区間

　道路には，路面に降った雨などの排水のために**横断勾配**を設ける。

　図 18 のように，道路の直線部では**屋根勾配**とする。また，道路の直線部から円曲線部に車が高速度で走行する場合，円曲線部では車に遠心力が大きく働き，車は外側に押し出されようとするので，これを防ぐために，道路の円曲線部では外側を内側より高くする。

　これを，**片勾配**❶という。

❶superelevation

　また，円曲線部では，車の前輪と後輪が異なった軌跡を描くため，直線部よりも広い道路幅を必要とする。このため，円曲線部では道路幅を広げる。これを，**拡幅**❷という。

❷widening

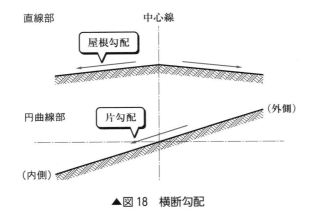

▲図 18　横断勾配

　道路の横断勾配は，片勾配を付する場合を除き，路面の種類に応じ，表 4 を標準としている。

▼表 4　標準横断勾配

区部	路線の種類	横断勾配（%）	
		片側 1 車線の場合	片側 2 車線の場合
車道	セメント舗装 アスファルト舗装	1.5	2.0
歩道	路線の種類を問わず	1.0	

（道路構造令）❸

❸道路構造令
道路の安全性・円滑性を確保する観点から，最低限確保すべき一般技術的標準を定めた法令である。

道路円曲線部に片勾配や拡幅を急に入れると不連続となり，段差ができてしまう。そこで，直線部と円曲線部の間に緩和区間を設けて，この区間でゆるやかに片勾配を入れるようにすれば，車が安全に走行できる道路となる。

緩和区間には，ふつう，緩和曲線が用いられる。緩和曲線は，直線部と円曲線部の間で，半径が無限大からしだいに小さくなって，円曲線の定められた半径になる曲線である。道路の緩和曲線には，**クロソイド曲線**[1]が用いられる。

❶clothoid curve

２ クロソイド曲線の設置

●１● クロソイド要素と記号

クロソイド曲線の各部分およびクロソイド曲線の諸量を総称して，クロソイド要素という。

図 19 において，$\overset{\frown}{\text{OP}}$ はクロソイド曲線であり，曲率は曲線始点 O(KA) において 0，曲線終点 P(KE，BC) において $\dfrac{1}{R}$ である。

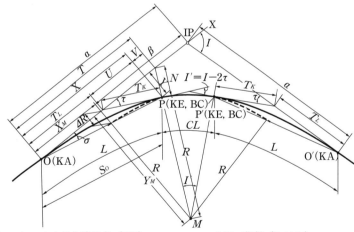

O.O′ ：クロソイド曲線始点（KA）　　　　　ΔR：移程（シフト）
　　P：クロソイド曲線終点（KE，BC）　　　X_M, Y_M：点 M の X 座標，Y 座標
　　P′：クロソイド曲線終点（KE，EC）　　　T_K, T_L：短接線長，長接線長
　　M：クロソイド曲線終点 P における曲率　　S_0：動径＝OP
　　　　の中心　　　　　　　　　　　　　　　N：法線長
$\overset{\frown}{\text{OP}}$：クロソイド曲線長（$L$）　　　　　　　　U：T_K の主接線への投影長
　　OX：主接線（クロソイド曲線始点におけ　　V：N の主接線への投影長
　　　　る接線）　　　　　　　　　　　　　　T：$X + V = T_L + U + V$
τ, σ：点 P における接線角，極角　　　　　　β：点 M の X 座標から IP までの距離
X, Y：点 P の X 座標，Y 座標　　　　　　　α：$\beta + X_M$
　　R：点 P における極率半径（円曲線半径）　$\overset{\frown}{\text{PP}'}$：円曲線

▲図 19　クロソイド要素と記号

図20において，クロソイド曲線は，原点Oからの曲線長Lに比例して曲率が増大するという性質から，次の関係がなりたつ。

$$\frac{1}{R} = CL \qquad （ただし，Cは定数） \tag{10}$$

いま，次元をそろえるために，$\frac{1}{C} = A^2$とおくと，

$$RL = \frac{1}{C} = A^2 \tag{11}$$

となる。この式をクロソイド曲線の基本式といい，Aをクロソイド曲線のパラメータという。

式(11)から，R，L，Aのうち二つがわかれば，ほかの一つは簡単に求めることができる。

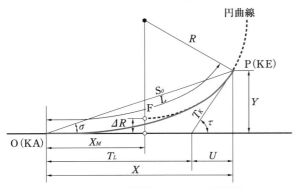

▲図20　クロソイド曲線

いま，式(11)において，$A = 1$とおくと次のようになる。

$$RL = 1 \tag{12}$$

この式(12)の関係にあるクロソイド曲線を，**単位クロソイド**という。単位クロソイドの場合，クロソイド要素を区別するために，一般に，式(12)は小文字が用いられる。

$$rl = 1 \tag{13}$$

また，式(11)から，$\frac{R}{A} \cdot \frac{L}{A} = 1$である。いま，$\frac{R}{A} = r$，$\frac{L}{A} = l$とおくと，式(13)が得られる。なお，次の式のように表される。

$$R = Ar \qquad L = Al \tag{14}$$

円の場合，半径が大きくなると円が大きくなり，円弧の曲がり方がゆるやかになる。同様に，クロソイド曲線でも，パラメータAが大き

くなると，曲線長 L に対して，クロソイド曲線の曲がり方がゆるやかになる。

例題 4 曲線半径 $R = 100$ m，クロソイド曲線長 $L = 25$ m が与えられたとき，クロソイド要素を求めよ（図21）。

解答 クロソイド要素は，その一つがわかれば，ほかは表5の単位クロソイド表から求められるので，ここでは $\dfrac{R}{A} = r$ または $\dfrac{L}{A} = l$ から，ほかの要素を求める。

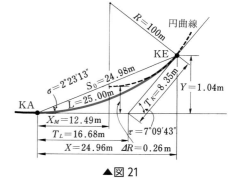

▲図21

式(11)から　　$RL = A^2$

したがって，$100 \times 25 = A^2$　$A = 50$ m　$l = \dfrac{L}{A} = \dfrac{25}{50} = 0.5$

要素は，表5から，$l = 0.5$ の欄で求める。ただし，τ，σ 以外の ΔR，X_M，X，Y は，Δr，x_M，x，y を A 倍して求める。

$$\tau = 7°09'43''　　　\sigma = 2°23'13''$$

$$\Delta R = \Delta r \times A = 0.005\,205 \times 50 = 0.26 \text{ m}$$

$$X_M = x_M \times A = 0.249\,870 \times 50 = 12.49 \text{ m}$$

$$X = x \times A = 0.499\,219 \times 50 = 24.96 \text{ m}$$

$$Y = y \times A = 0.020\,810 \times 50 = 1.04 \text{ m}$$

▼表5　単位クロソイド表

l	τ ° ′ ″	σ ° ′ ″	Δr	x_M	x	y
0.050 000	00 04 18	00 01 26	0.000 005	0.025 000	0.050 000	0.000 021
1 000	10	3	1	500	1 000	1
0.051 000	00 04 28	00 01 29	0.000 006	0.025 500	0.051 000	0.000 022
1 000	11	4	0	500	1 000	1
⋮	⋮	⋮	⋮	⋮	⋮	⋮
0.111 000	00 21 11	00 07 04	0.000 057	0.055 500	0.111 000	0.000 228
1 000	23	7	2	500	1 000	6
0.112 000	00 21 34	00 07 11	0.000 059	0.056 000	0.112 000	0.000 234
1 000	23	8	1	500	1 000	6
⋮	⋮	⋮	⋮	⋮	⋮	⋮
0.450 000	05 48 04	01 56 01	0.003 795	0.224 923	0.449 539	0.015 176
1 000	1 33	31	26	499	995	102
0.451 000	05 49 37	01 56 32	0.003 821	0.225 422	0.450 534	0.015 278
1 000	1 33	31	25	499	995	101
⋮	⋮	⋮	⋮	⋮	⋮	⋮
0.500 000	07 09 43	02 23 13	0.005 205	0.249 870	0.499 219	0.020 810
1 000	1 43	35	32	499	992	125
0.501 000	07 11 26	02 23 48	0.005 237	0.250 369	0.500 211	0.020 935
1 000	1 44	34	31	498	993	125

（日本道路協会編「クロソイドポケットブック」より抜粋）

4 縦断曲線の測設

1 道路における縦断曲線

　路線の勾配が変化する箇所には，車の急激な衝撃を少なくし，見通しをよくするために，適当な縦断曲線を設置して円滑に結びつける必要がある。

　一般に，道路に用いられる**縦断曲線**は，放物線である。

　縦断曲線について，道路構造令では，**縦断勾配**(縦断面上の計画線の勾配)・長さなどを，次の表6～8のように規定している。

❶incline

▼表6　縦断勾配

設計速度　[km/h]	120	100	80	60	50	40	30	20
縦断勾配　[%]	2	3	4	5	6	7	8	9

注．上欄の設計速度に対して，下欄の値以下とするが，地形の状況などにより，第1種，第2種および第3種の道路においては3%，第4種の道路においては2%を加えた値以下とすることができる。

▼表7　縦断曲線の半径

設計速度　[km/h]		120	100	80	60	50	40	30	20
縦断曲線の半径　[m]	凸形曲線	11 000	6 500	3 000	1 400	800	450	250	100
	凹形曲線	4 000	3 000	2 000	1 000	700	450	250	100

注．上欄の設計速度に対し，縦断曲線の形状により，下欄の値以上とする。
　　ただし，設計速度が60 km/hである第4種第1級の道路にあっては，地形の状況その他の特別な理由によりやむを得ない場合には，凸形縦断曲線の半径を1 000 mまで縮小することができる。

▼表8　縦断曲線の長さ

設計速度　[km/h]	120	100	80	60	50	40	30	20
縦断曲線の長さ　[m]	100	85	70	50	40	35	25	20

注．上欄の設計速度に対し，下欄の値以上とする。

2 縦断曲線の諸量の計算

縦断曲線の諸量の計算は，次の順序で行う（図22）。

操作

1… 図22において，2直線の縦断勾配 i_1, i_2 を次の式から求める。

$$\left.\begin{array}{l} i_1 = \dfrac{H_b - H_a}{L_1} \times 100 \\[3mm] i_2 = \dfrac{H_c - H_b}{L_2} \times 100 \end{array}\right\} \qquad (15)$$

ただし，i_1, i_2 は，[%] で示す。

L_1：勾配の変換点の位置 a および b 間の距離

L_2：勾配の変換点の位置 b および c 間の距離

H_a, H_b, H_c：勾配の変換点 V_a, V_b, V_c の高さ

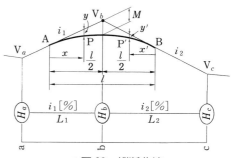

▲図22　縦断曲線

2… 縦断曲線の半径を R❶，縦断曲線長を l❷ として，次の近似式から l を求める。

$$l = \frac{R}{100} \times |i_1 - i_2| \qquad (16)$$

i_1, i_2 は，縦断勾配 [%] で，B に向かうのぼり勾配を + とし，くだり勾配を − とする。

縦断曲線長 l は，VCL❸ と表す場合が多い。

半径 R および縦断曲線長 l（VCL）は，なるべく大きく取ったほうが，その路線の安全性・快適性が得られる。一般には，計算値の 1.5〜2.0 倍程度としている。

3… 勾配の変換点 V_b から縦断曲線までの縦距 M を，次の式で求める。

$$M = \frac{|i_1 - i_2|}{800} l \qquad l：縦断曲線長\ [m] \qquad (17)$$

4… 任意の点 P（点 P'）における縦距 y（y'）を，次の式で求める。

$$y = \frac{M}{\left(\dfrac{l}{2}\right)^2} x^2 = \frac{|i_1 - i_2|}{200l} x^2 \qquad (18)$$

x（x'）：A（B）から，y（y'）を求める点までの水平距離　[m]

y（y'）：A（B）から，x（x'）の距離にある点における AV_b（BV_b）から曲線までの縦距　[m]

❶放物線を円曲線に近似した曲線半径。

❷曲線半径が大きいため，2 点 A，B 間の水平距離と考えてよい。

❸Vertical Curve Length

11

路線測量

4. 縦断曲線の測設　◇ **233**

例題 5 　図 23 において，No. 0，No. 4 + 10 m，No. 9 を勾配の変換点の位置とする場合，縦断曲線の諸量を求めよ。ただし，設計速度を 50 km/h とする。

解答

① 　2 直線の縦断勾配 i_1，i_2 を求める。

$$i_1 = \frac{302.510 - 303.590}{90.00} \times 100 = -1.2 \%$$

$$i_2 = \frac{305.660 - 302.510}{90.00} \times 100 = 3.5 \%$$

② 　縦断曲線長 l（VCL）を求める。

（ア）　この場合，凹形曲線で設計速度が 50 km/h であるから，表 6 から縦断曲線の半径 $R = 700$ m として計算する。

$$l = \frac{R}{100} \times |i_1 - i_2| = \frac{700}{100} \times |(-1.2) - 3.5| = 33 \text{ m}$$

（イ）　l を計算値の 1.5～2.0 倍の値として決定する。

33 m × (1.5～2.0) = 50～66 m

また，表 8 から，設計速度 50 km/h のとき，l（VCL）= 40 m 以上とすることより，$l = 60$ m として計算する。

（ウ）　縦断曲線のはじまる点 A を，次のようにして決める。

勾配の変換点の位置

$$(\text{No. } 4 + 10 \text{ m}) - \frac{l}{2} = 90 - \frac{60}{2}$$

$$= 60 \text{ m} = \text{No. } 3$$

③ 　図 23 で，中心杭の縦距 M，y を，式 (17)，(18) から次のように求める。

$$M = \frac{|i_1 - i_2|}{800} l = \frac{|(-1.2) - 3.5|}{800} \times 60$$

$$= 0.353 \text{ m}$$

$$y_4 = y_5 = \frac{|i_1 - i_2|}{200l} x^2$$

$$= \frac{|(-1.2) - 3.5|}{200 \times 60} \times 20^2 = 0.157 \text{ m}$$

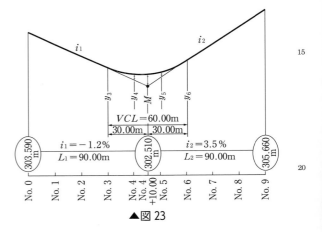

▲図 23

問 5 　$i_1 = +3.5 \%$ ののぼり勾配が，$i_2 = -5.0 \%$ のくだり勾配に移る場合の縦断曲線を挿入せよ。ただし，勾配の変換点の追加距離は 302.60 m，縦断曲線長を 120 m とする。

5 道路の測量

1 道路測量の作業順序

道路の測量は，一般に，図24のような順序で行われる。

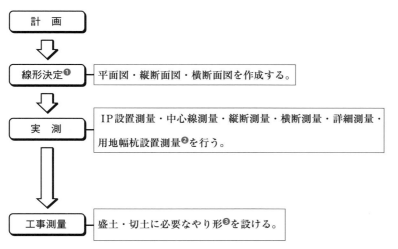

▲図24 道路測量の順序

❶図上選定ともいう。
路線選定の結果に基づき，地形図上の交点の位置を座標として定め，線形図データファイルを作成する作業である。
❷詳しくは，p.243で学ぶ。
❸詳しくは，p.244で学ぶ。

2 道路の計画

5　道路の計画では，その種類と目的によって，いろいろな法規類や選定条件を考慮して，最も良好な道路になるよう心がけなければならない。次に，一般の道路の計画にあたっての注意事項をあげる。

 道路の計画にあたっての注意事項標定··········

① 産業の分布状態および交通量からみて，運輸費が最小になるようにする。

10　② 建設費・維持費が，最小になるようにする。

③ 勾配はできるだけゆるやかにして，法規に定められている制限以内にする。

④ 線形はできるだけ直線とする。曲線部の半径はなるべく大きくする。

15　⑤ 工事にともなう土量の移動はなるべく少なくして，短い区間で切り盛りのつり合いがとれるようにする。

⑥ 道路をつくるために要する構造物が，なるべく少なくなるように路線を選ぶ。

⑦ 補償費・買収費のかさむ土地・建物などは，なるべく避ける。

⑧ 他の路線との平面交さは，なるべく避ける。

⑨ 地質のよくない箇所は，なるべく避ける。

⑩ 工事材料の有無・価格，供給の難易を考える。

⑪ 騒音・振動などによる公害を考える。

3 線形決定

計画路線について，地形図から平面図・縦断面図・横断面図をつくり，工事量の概算を出す作業を，線形決定という。一般に，数本の計画路線について線形決定（計画調査）を行い，その結果を比較・検討して2，3本の路線を選定する。

次に，選定された路線について，さらに詳細な線形決定（実施設計）を行い，比較・検討して1本の最良路線を決定する。

● 1 ● 平面図の作成

平面図（地形図）に路線の中心線を書き込む。とくに避けるべき点，通過すべき点を考える場合には，直線部を平行移動するか，わずかに方向を変えて調整する。

次に，中心線に沿ってナンバー杭の位置を求める。曲線部では交角 I を図上で求め，円曲線・緩和曲線の諸量を計算する。これが終わると路線幅を記入して，橋・トンネルなどの予定構造物の位置を書き込む（図25）。

❶計画調査では100 m または50 m ごとに，実施設計では20 m ごとに（―公共測量―作業規程の準則第394条）。

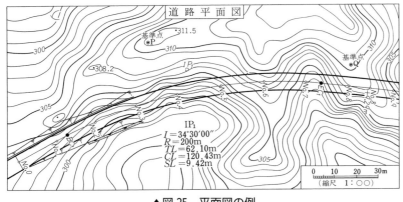

▲図25　平面図の例

●2● 縦断面図の作成

　線形決定された地形図の等高線から，ナンバー杭の位置の地盤高（GH）を求め，縦断面図をつくる。この場合，縮尺は，横方向を平面図の縮尺に合わせ，縦方向を，横方向の縮尺の約5～10倍とする。

5　次に，縦断方向の計画線を，とくに勾配および土量について考慮するとともに，縦断方向だけでなく，横断方向もよく考えて計画し，ナンバー杭ごとの**計画高**（FH）を求める。これが終わると，平面図から路線を横断する河川・道路・水路などを取り出し，予定構造物の位置および縦断勾配，曲線の必要な事項と，ナンバー杭ごとのGH − FHの計算をする。正（＋）の場合は切土高，負（−）の場合は盛土高として，各欄に記入する（図26）。

❶formation high

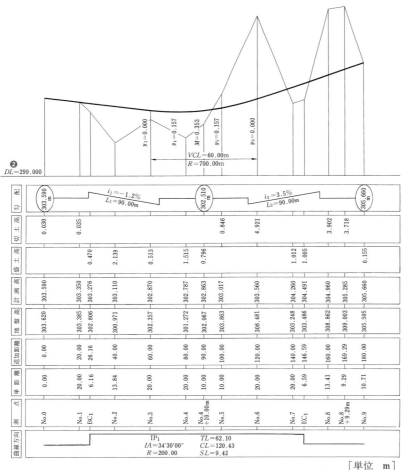

道路縦断面図
縮尺 横＝1：○○　縦＝1：○○

❷基準線（datum line；DL）

▲図26　縦断面図の例

●3● 横断面図の作成 ─────────────────●

　各ナンバー杭の横断方向の地形を地形図から読み取り，図27(a) の
ような**横断面図**を作成する。次に，図 (b) のような計画道路の標準横
断面図を参考に，図 (c) のような計画道路の形状を記入した横断面図
を作成する。

　各横断面図の配置は左下から上方へ向かってナンバー杭順に配列し，
図上で，盛土断面積 BA，切土断面積 CA として，図上で面積を求め
て記入する (図 28)。

　横断面図が完成したら，盛土には法尻_{のりじり}，切土には法肩_{のりかた}および構造物
（側溝・擁壁_{ようへき}など）の位置を，中心杭を基準として水平距離をはかり，
平面図に記入する。

　❶縮尺は，縦断面図の縦
方向の縮尺と同一にする。

5

❷1：r_1 は，縦 1 に対し
て横に r_1 の勾配を示す。

10

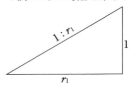

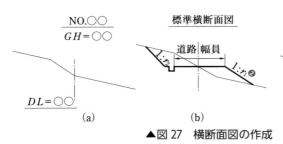

▲図 27　横断面図の作成

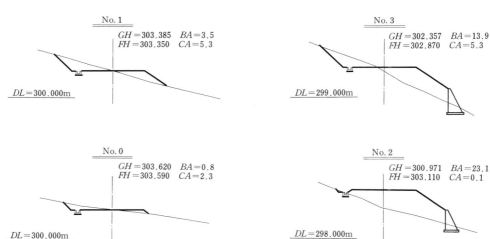

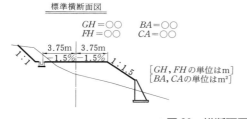

▲図 28　横断面図の例

以上のように，平面図・縦断面図・横断面図が完成すると，次に，これらを用いて土量の計算，構造物の設計などを行い，工事費を概算する。

Challenge

5　　勾配の表し方は工事の種類により表現方法が異なる。さまざまな工事での勾配の表し方について調べてみよう。

4　実測

　図上の選定から最もよい路線が決定されると，これを現地に移すための測量を行う。これを**実測**という。

10　実測には，IP 設置測量・中心線測量・仮 BM 設置測量・縦断測量・横断測量・詳細測量・用地幅杭設置測量がある。

●1● IP 設置測量

　図上で選定された路線結果を，縮尺 1/1000 以上の地形図に描き，設計条件および現地の地形・地物の状況を考慮して標杭（IP 杭）を設置する。

❶道路構造令の条件。

15　IP は，図 29 のように，路線に沿って実施された 4 級以上の基準点測量で設置された基準点から，放射法によって設置する。

　点検測量は，IP 点間の距離の計算値と測定値との差（較差）を比較して行う。較差の許容範囲は，表 9 のようになっている。

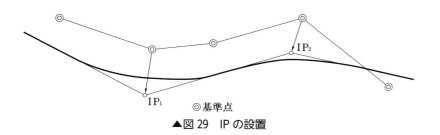

▲図 29　IP の設置

◎基準点

▼表 9　IP 設置の較差の許容範囲

距離 区分	30 m 未満	30 m 以上
平　　地	10 mm	$L/3\,000$
山　　地	15 mm	$L/2\,000$

L：IP 点間距離の計算値
［単位　m］

（―公共測量―作業規程の準則第 392 条）

●2● 中心線測量

中心線測量とは，路線の主要点（BC，EC など）に打つ杭である**役杭**や，中心点に中心杭（ナンバー杭）を設置する作業である。また，中心線上の縦断方向で，著しく地形の変化する点にプラス杭を設置する。

役杭は，4 級以上の基準点から，放射法で設置する。中心杭およびプラス杭は，4 級以上の基準点，IP 点，主要点から，放射法で設置する。

点検測量は，隣接する中心点などの点間距離の計算値と測定値との較差を比較して行う。較差の許容範囲は，表 10 のとおりである。

▼表 10　中心線測量の較差の許容範囲

区分 ＼ 距離	20 m 未満	20 m 以上
平　地	10 mm	$L/2\,000$
山　地	20 mm	$L/1\,000$

L：点間距離の計算値
[単位　m]

（—公共測量—作業規程の準則第 394 条）

役杭は，路線の主要な点に打つ杭であるから，消失などの恐れがある場合には，復元できるように，図 30 のような**引照点杭**を設ける。引照点杭を設置した場合は，図 30 のような引照点図を作成する。

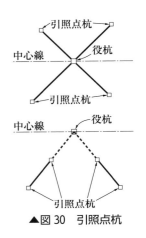

▲図 30　引照点杭

●3● 仮 BM 設置測量

仮 BM 設置測量とは，縦断測量および横断測量に必要な水準点を現地に設置し，標高を求める作業をいう。仮 BM は，0.5 km 間隔に設置する。なお，堅固な構造物等を仮 BM として利用することもある。仮 BM 設置測量は，平地においては 3 級水準測量[1]，山地においては 4 級水準測量[2]の精度が必要となる。

●4● 縦断測量

路線測量では，仮 BM などから水準測量を行い，中心杭（中心線上のナンバー杭およびプラス杭）の地盤高や杭高を測定し，路線の縦断面図を作成する。必要ならば，路線内の主要構造物の中心点からの距離と高さも求めておく。縦断測量は，平地においては 4 級水準測量[3]，山地においては簡易水準測量[4]の精度が必要となる。

測量結果から作成する縦断面図の縮尺は，図 31 のように，横方向は平面図の縮尺と同じとし，高さを表す縦方向は平面図の縮尺の 5〜10 倍を標準とする。

[1][2]—公共測量—作業規程の準則第 397 条より。

[3][4]—公共測量—作業規程の準則第 400 条より。

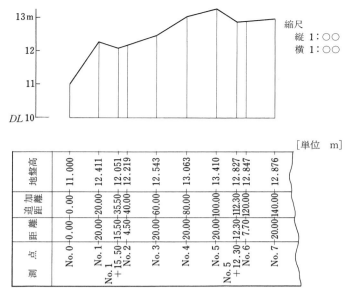

測点	距離	追加距離	地盤高
No. 0	0.00	0.00	11.000
No. 1	20.00	20.00	12.411
No. 1 +15.50	15.50	35.50	12.051
No. 2	4.50	40.00	12.219
No. 3	20.00	60.00	12.543
No. 4	20.00	80.00	13.063
No. 5	20.00	100.00	13.410
No. 5 +12.30	12.30	112.30	12.827
No. 6	7.70	120.00	12.847
No. 7	20.00	140.00	12.876

縦断面図 — 縮尺 縦 1：○○ 横 1：○○ ［単位　m］

▲図 31　縦断面図

●5● 横断測量

　横断測量とは，図 32 のように，中心杭・プラス杭を基準にして，中心線と直角方向の線上に地形が変化する点および地物について，中心杭からの距離と高さを求め，横断面図を作成する作業である。

5　　図 33 のような地形の横断測量は，次の順序で行う。

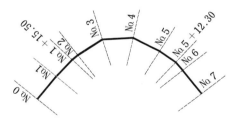

▲図 32　横断の取り方

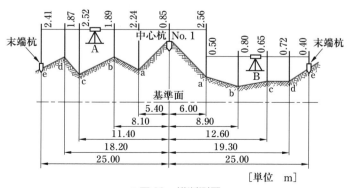

▲図 33　横断測量

操作

1… 中心杭の横断方向の左右（e，e′）に末端杭を設置する。

2… 点 A のレベルから中心杭（No. 1）を後視する。

3… 地形の変化する点（a，b，c，d，e，a′）を前視し，それぞれ中心杭からの距離を測定する。

4… レベルを点 B に移し，a′ を後視する。

5… 地形の変化する点（b′，c′，d′，e′）を前視し，それぞれ中心杭からの距離を測定する。

表 11 に，図 33 の横断測量の野帳の記入例を示す。

▼表 11　横断測量野帳の例　　　　　　　　　[単位　m]

測点左右	距離	後　視	器械高	前　視	地盤高	中心杭よりの昇降	備　考
1		0.85	13.261		12.411		No.1の杭頭の地盤高は 12.411 m
	5.40			2.24	11.021	− 1.39	
	8.10			1.89	11.371	− 1.04	
左	11.40			2.52	10.741	− 1.67	
	18.20			1.87	11.391	− 1.02	
	25.00			2.41	10.851	− 1.56	
	6.00	0.50	11.201	2.56	10.701	− 1.71	
	8.90			0.80	10.401	− 2.01	
右	12.60			0.65	10.551	− 1.86	
	19.30			0.72	10.481	− 1.93	
	25.00			0.40	10.801	− 1.61	

横断測量の点検測量は，測量した全体の 5 ％ の断面を選択し，再度横断測量を実施して横断面図を作成する。先に作成した横断面図と重ね合わせて比較する。中心杭と末端杭の距離と標高の較差の許容範囲は，表 12 のとおりである。

▼表 12　横断測量の較差の許容範囲

区分	距　離	標　高
平地	$L/500$	$20\,\text{mm} + 50\,\text{mm}\sqrt{L/100}$ ❶
山地	$L/300$	$50\,\text{mm} + 150\,\text{mm}\sqrt{L/100}$

L：測定距離 [単位　m]

（―公共測量―作業規程の準則第 402 条）

横断面図の縮尺は，縦断面図の縦の縮尺と同じとすることを標準とする。図 34 は，横断面図の例である。

❶たとえば，L が 100 m の場合，
$$20\,\text{mm} + 50\,\text{mm}\sqrt{100/100}$$
$$= 20\,\text{mm} + 50\,\text{mm}$$
$$= 70\,\text{mm}$$
となる。

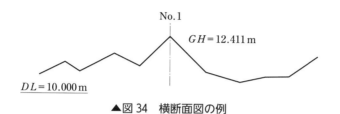

No.1

$GH = 12.411\,\text{m}$

$DL = 10.000\,\text{m}$

▲図34　横断面図の例

●6●　詳細測量

　道路が通過する位置には，田畑・河川・道路・鉄道・水路などいろいろな地形・地物がある。詳細測量は，それぞれの地形・地物に対応した主要な構造物の設計に必要な，平面図・縦断面図・横断面図を作成する作業である。❶

　平面図の縮尺は 1/250 以上，縦断面図の横の縮尺は平面図の縮尺と同じとし，縦の縮尺は 1/100 を標準とする。横断面図の縮尺は，縦断面図の縦の縮尺と同じとすることを標準とする。

●7●　用地幅杭設置測量

　用地幅杭設置測量は，路線の用地幅を確定するために，中心線の直角方向に，4 級以上の基準点・主要点・中心点から，放射法で**用地幅杭**を設置する作業である。

　用地幅の計算は，次のようにして行う。図 35 は，その例である。

$$\text{図 (a) から，} \quad L = \frac{B}{2} + Hr + a \tag{19}$$

$$\text{図 (b) から，} \quad L_1 = \frac{B}{2} + H_1 r_1 + a \quad L_2 = \frac{B}{2} + H_2 r_2 + a \tag{20}$$

　$L,\ L_1,\ L_2$：中心杭から用地幅杭までの距離

　　　　B：路線幅　　　H：盛土高　　　$H_1,\ H_2$：切土高

　$r,\ r_1,\ r_2$：勾配を示す場合の高さ 1 に対する水平距離

　　　　a：用地の余裕

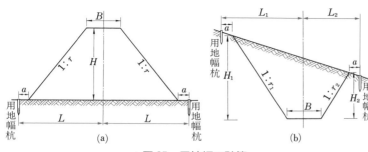

▲図35　用地幅の計算

❶縦断測量・横断測量の規程に従って行うが，大縮尺のため，測定間隔は 5 m 程度とする。

11

路線測量

設置した用地幅杭は，測点番号，中心杭からの距離などを表示しておく。

隣接する用地幅杭点間距離の計算値と測定値の差の許容範囲は，表13のとおりである。

▼表13　用地幅杭測量の較差の許容範囲

距離 区分	20 m 未満	20 m 以上
平　地	10 mm	L / 2 000
山　地	20 mm	L / 1 000

L：点間距離の計算値
[単位　m]

（―公共測量―作業規程の準則第 407 条）

5　工事測量

設計が完了し，実際に工事にかかると，工事の進行に合わせて盛土・切土・側溝など，工事に必要な**やり形❶**を設ける。これを**工事測量**といい，次のような作業がある。

●1● 検測

前もって，中心杭，とくに役杭の相対的位置に誤りがないかどうかを調べる。また，水準点の高さを点検して，必要な箇所に仮BMを増設する。

●2● 設計測量

実際に，現場に適合する構造物の形状・寸法を定めるために，詳細な縦横の地形断面図を取り，これから 1：100 程度の平面図をつくる。

●3● 構造物の中心測量

路線に交差する他の道路・水路，および路線付属構造物の位置を明示するために，中心杭を打つ。構造物の中心杭は，工事にさいして切り取られたり，埋め込まれたりしてなくなる恐れがあるから，見通しのきく位置に引照点杭を設ける。

●4● 土工のやり形

盛土・切土をする場合には，道路の中心杭から法尻までの距離を求め，法肩から定められた法勾配を持ったやり形をつくり，これによって工事を進めていく。

❶一般に土木工事では，盛土などの法面の傾きや位置を現地に示す目印のことで，木の杭や板でつくられることが多い。
丁張りともいう。

\mathsf{a} 盛土のやり形 　図 36 において，次の順序で行う。

操作

1… 図 36(a) のように，計画横断面図で，中心杭 O から法尻 f までの距離を求める。

2… 法尻 f から中心杭 O よりに，間隔 50〜80 cm の杭 1，2 を打ち，ぬき l の上面を水平にし，杭に打ちつける。

3… ぬき l の上面の高さ H_1 をはかる。

4… ぬき l 上に，中心杭 O から，$L = \dfrac{B}{2} + r(H - H_1)$ の距離をはかり，点 a を取る。なお，点 a は法面上の 1 点である。

5… 点 a を通り，勾配定規でぬきの上面が，1：r の勾配となるように，ぬき d の位置を定め，杭 1，2 に固定する。ぬき d は，法尻 f まで伸ばす。

6… 図 (b) のように，下部より盛土が進行し，天端近くになったとき，引照点杭から中心杭 O′ を測設し，その高さを求める。

7… 中心杭 O′ から，$\dfrac{B}{2}$ よりやや O′ よりに間隔 50〜80 cm で，杭 3，4 を打つ。ぬき l の上面を水平に計画高 H になるように高さを定め，杭に固定する。

8… ぬき l の上に中心杭 O′ から $\dfrac{B}{2}$ の距離をはかり，法肩の点 b を取る。

9… 杭 5 を法面上の適当なところに打つ。法肩の点 b より，ぬきの上面が 1：r の勾配となるようにして，ぬき d を杭 5 に打ちつける。

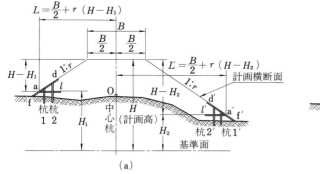

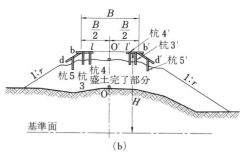

▲図 36　盛土のやり形

b 切土のやり形　　盛土と同様にして，次の順序で行う（図37）。

 操 作

1⋯ 図37(a) のように，計画横断面図より，中心杭 O から法肩 s までの
距離を求める。

2⋯ 法肩 s より，中心杭 O と反対側に，間隔 50〜80 cm の杭 1，2 を打
ち，ぬき l の上面を水平にし，杭に固定する。

3⋯ ぬき l の上面の高さ $\dfrac{H}{2}$ をはかる。

4⋯ ぬき l 上に，中心杭 O から $L = \dfrac{B}{2} + r(H_1 - H)$ の距離をはかり，
点 a を取る。点 a は，法面の延長線上の点である。

5⋯ 点 a を通り，ぬきの下面が 1：r の勾配になるようにぬき d の位置
を決め，杭 1，2 に固定する。ぬき d は，法肩 s まで伸ばす。

6⋯ 図 (b) のように，上部から切土が進行し，計画高近くになったとき，
中心杭 O′ を測設し，その高さを求める。

7⋯ 中心杭 O′ から $\dfrac{B}{2}$ の距離を取り，近くに杭 3 を打つ。

8⋯ 側溝の掘り方より少し広く杭 4 を打つ。ぬき l の上面高さ H_2 を定
め，水平に杭 3，4 に固定する。

9⋯ 側溝の中心，掘り方，コンクリート側壁幅，法尻の位置をぬき l の
側面に記入する。

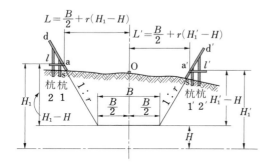

(a)

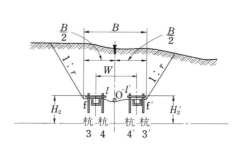

W：側溝中心間隔

(b)

▲図37　切土のやり形

やり形の勾配

やり形の勾配を定められた法面の値にするには，右図のように，水準器と一定値に仕上げた勾配定規を用いる。

また，任意の勾配を簡単に取ることができる勾配定規を用いると便利である。

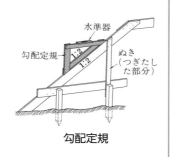

水準器
ぬき
（つぎたした部分）
勾配定規　1:2　1:2
勾配定規

例題 6　図 35(a) において，$H = 4.8$ m，$r = 1.5$，$B = 6.0$ m，$a = 1.0$ m とするとき，中心から用地幅杭までの距離を求めよ。

解答　$L = \dfrac{6.0}{2} + 4.8 \times 1.5 + 1.0 = 11.2$ m

例題 7　図 36(a) において，道路幅 $B = 5$ m，盛土勾配 $1:1.75$，盛土の計画高 24.3 m，左側法尻のやり形の水平ぬき $a \sim l$ の高さ 21.9 m，右側法尻のやり形の水平ぬき $a' \sim l'$ の高さ 18.7 m のとき，L および L' を求めよ。

解答　$L = \dfrac{B}{2} + r(H - H_1) = \dfrac{5}{2} + 1.75 \times (24.3 - 21.9) = 6.7$ m

$L' = \dfrac{B}{2} + r(H - H_2) = \dfrac{5}{2} + 1.75 \times (24.3 - 18.7) = 12.3$ m

11

路線測量

1 図 38 に示した単心曲線を，偏角測設法によって設置したい。$R = 250\,\text{m}$，$\overset{\frown}{AB} = 15\,\text{m}$，$\overset{\frown}{BC} = \overset{\frown}{CD} = 20\,\text{m}$ としたとき，δ_3 はいくらか。また，δ_4 はいくらか。

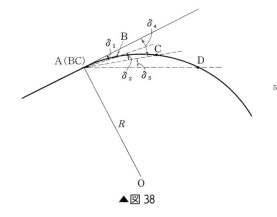

▲図 38

2 交角 $I = 40°26'00''$，$R = 200\,\text{m}$，交点 IP の追加距離が $1\,067.46\,\text{m}$ のとき，偏角測設法で単心曲線設置に必要な諸量を求めよ。

3 問題 2 において，接線からのオフセットによる測設法を用いるとき，曲線上の中心杭の各座標値を求めよ。

4 図 39 のような道路を計画したとき，BC から SP までの弦長はいくらか。ただし，曲線半径を $150\,\text{m}$，交角を $110°$ とする。

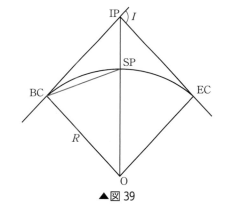

▲図 39

5 $i_1 = -3\,\%$ のくだり勾配が，$i_2 = +5.5\,\%$ ののぼり勾配に移る場合に，縦断曲線を挿入せよ。ただし，勾配変換点の追加距離は $575.20\,\text{m}$，縦断曲線半径 $R = 1\,000\,\text{m}$，縦断曲線長は $170\,\text{m}$ とする。

Challenge

単心曲線設置した道路の中心線に縦断曲線を設置する手順を考えてみよう。

第 12 章

河川測量

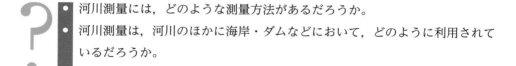

　河川測量は，自然災害や人為的な災害から，生命や財産を守るための治水工事や，水資源を利用するための利水工事などのために行う測量である。

?

- 河川測量には，どのような測量方法があるだろうか。
- 河川測量は，河川のほかに海岸・ダムなどにおいて，どのように利用されているだろうか。

1 平面測量

1 距離標設置測量

距離標設置測量は，図1のように，川の河口または合流点に設けた起点から，上流に向かって**河心線（流心線）**の接線に対して直角方向の左岸と右岸に，図2のような距離標を設置する作業である。

距離標の設置間隔は，河心に沿って200 m を標準として，図3のような堤防の法肩・法面に設置する。

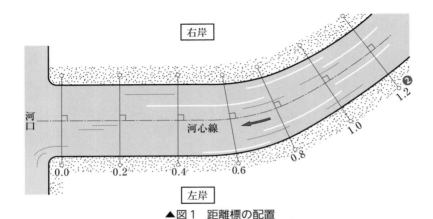

▲図1　距離標の配置

▲図2　距離標

▼河川測量の順序

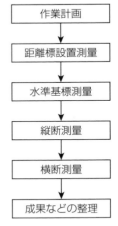

作業計画

距離標設置測量

水準基標測量

縦断測量

横断測量

成果などの整理

❶改修ずみの河川では，左岸と右岸の堤防の法肩間の中央を連ねた線である。未改修の河川では，洪水時を想定した流心とすることが望ましい。
❷距離標の起点からの距離を表し，1.2 の 1 は，起点から 1 km を，2 は200 m を意味している。したがって，起点から1200 m の位置を表す。

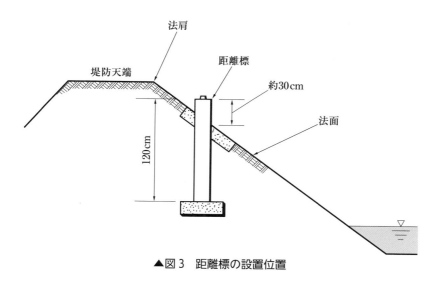

▲図3　距離標の設置位置

2　距離標の設置方法

距離標は，一般的に，次のような方法で設置する。

操作

1…図4のような地形図上で，200 m間隔で河心線と直角方向に距離標を設置する位置を記入する。そのさい，橋などの障害物で両岸の距離標が見通せない場合，位置をずらして記入する。

2…記入した距離標の座標値を，デジタイザなどで読み取って求める。

3…現地で3級基準点から，放射法により距離標を設置する。近くに3級基準点がない場合，3級基準点測量で距離標を設置し，すでに4級基準点が設置されていれば，その点を用いてもよい。

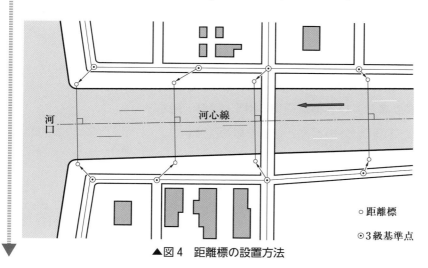

○距離標

◎3級基準点

▲図4　距離標の設置方法

2 高低測量

1 水準基標測量

　水準基標測量は，河川水系全体の高さの基準となる**水準基標**の標高を定める作業である。

　水準基標は，図5のように，既設の1等水準点[1]・1級水準点[2]から，2級水準測量で行う。設置間隔は5〜20 km とし，できるだけ水位標[3]の付近に設置する。

[1]基本測量によって設置された水準点。
[2]公共測量によって設置された水準点。
[3]詳しくは，p. 254で学ぶ。

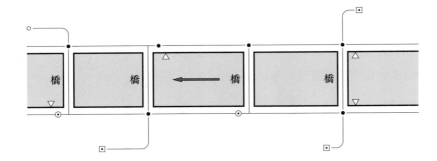

　□　1等水準点
　○　1級水準点
　△　水位標
　●　水準基標
　⊙　距離標併用の水準基標

▲図5　水準基標設置の例

2 縦断測量

　河川での縦断測量は，水準基標を基準にして，両岸の距離標の標高・堤防高・地盤高・水位標零点高および各種構造物（水門・樋管・用水路・排水路の敷高[4]，橋のけた下高など）の標高と位置を求め，図6のような縦断面図を作成する作業である。

　河川での縦断測量は，平地では3級水準測量，山地では4級水準測量[5]で行う。

　縦断面図では，横の縮尺は 1/1 000〜1/100 000 を，縦の縮尺は 1/100〜1/200 を標準とする。

[4]水門などの基礎部分の高さ。

[5]地形の状況によっては，間接水準測量で行ってもよい。

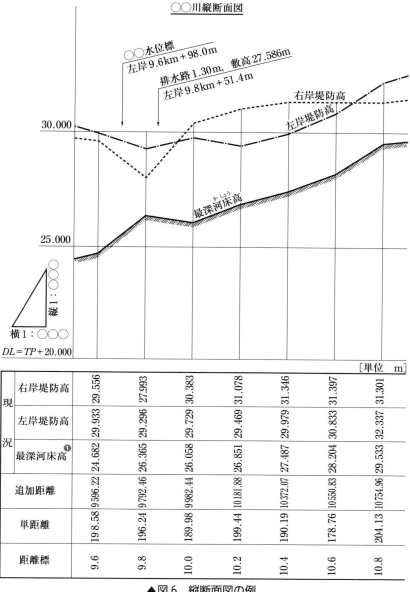

○○川縦断面図

○○水位標
左岸9.6km＋98.0m
敷高27.586m
排水路1.30m，
左岸9.8km＋51.4m

右岸堤防高

左岸堤防高

最深河床高

縦 1 : ○○○
横 1 : ○○○
$DL = TP + 20.000$

[単位　m]

❶河床高とは通常の川の水が流れる部分の高さのこと。

現況	右岸堤防高	29.556	27.993	30.383	31.078	31.346	31.397	31.301
	左岸堤防高	29.933	29.296	29.729	29.469	29.979	30.833	32.337
	最深河床高❶	24.682	26.365	26.058	26.851	27.487	28.204	29.533
追加距離		9596.22	9792.46	9982.44	10181.88	10372.07	10550.83	10754.96
単距離		198.58	196.24	189.98	199.44	190.19	178.76	204.13
距離標		9.6	9.8	10.0	10.2	10.4	10.6	10.8

▲図6　縦断面図の例

3　横断測量

　河川での横断測量は，両岸の距離標を基準にして，見通し線上の地形の変化する点について，距離標からの距離および標高を測定し，横断面図を作成する作業である。

横断測量は，平水位に設置した**水際杭**を境に，図7のように，陸部と水部に分けて行う。陸部は，水準測量により，測定間隔 10 m 以下を標準として行う。また，地形の変化する点についても測定する。点検測量との較差の許容範囲は，表1のように定められている。

陸部の横断面図では，横の縮尺は 1/100～1/10000 を，縦の縮尺は 1/100～1/200 を標準とし，距離標・水際杭および各種構造物の位置を図示して，その標高を記入する。

水部の横断面図は，深浅測量を行って作成する。

❶1 年のうちで，185 日はこれを下まわらない水位。
❷地形の急な場所では，鉛直角を測定し，高低差を求める。
❸横断測量の場合，測量した全体の 5 ％の断面を選択して，再度横断測量を行い，2 枚の横断面図を重ね合わせて，観測の良否を点検する。

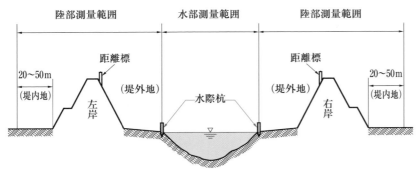

▲図7　横断測量の範囲

▼表1　横断測量の較差の許容範囲

区分	距　離	標　　　高
平地	$L/500$	$20\,\text{mm} + 50\,\text{mm}\sqrt{L/100}$
山地	$L/300$	$50\,\text{mm} + 150\,\text{mm}\sqrt{L/100}$

L：測定距離　［単位　m］
（―公共測量―作業規程の準則第 402 条）

4　深浅測量

❹water-gauge

深浅測量は，図8のように，河川などの水底部の地形を明らかにするため，水深・測深位置（船位）・水位を測定し，横断面図を作成する作業である。

深浅測量は，水面を基準にして水深を測定する。水面高を決めるには，図9のような**水位標**（量水標）から水位を読み取る方法と，図10のように，水際杭または水準点から，水準測量によって測定する方法がある。

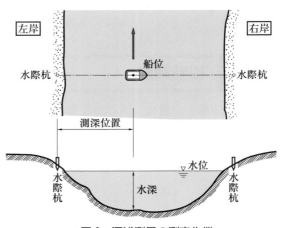

▲図8　深浅測量の測定作業

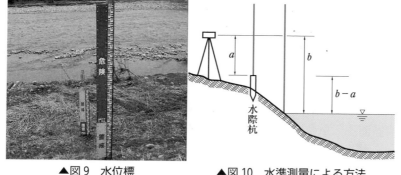

▲図9　水位標　　　　　　　　　▲図10　水準測量による方法

❶echo sounder
❷rod
水深2m以内に使用する。
❸sounding lead
水深3m以内に使用する。

　測深位置の測定には，水際杭から水際杭までワイヤロープを張り，位置を決定する方法（測定間隔5m）と，トータルステーションやGNSS受信機により，位置を測定する方法（測定間隔50〜100m，トータルステーションの場合，50mを標
5 準とする）とがある。水深の測定は，図11のような**音響測深**
機❶を用いて行う。

▲図11　音響測深機

　音響測深機は，発信部から超音波を水中に発信し，水底で反射した超音波を受信部で受けて，発信から受信の時間差で水深を測定する機器であり，水深1m以上の場合に使用する。
10 ワイヤロープによる測深位置を決定する深浅測量では，水深が浅い場合には，図12(a)のような**ロッド❷**（測深棒），図(b)のような**レッド❸**（測深錘_{すい}）を用いて，直接測定する方法もある。
　深浅測量では，指定された測定位置で2回の測定を行い，その平均の値を採用する。ただし，広大な水域ではこの限り
15 ではない。深浅測量の点検測量は，とくに定められていない。
　深浅測量の横断面図では，横の縮尺は1/100〜1/10000を，縦の縮尺は1/100〜1/200を標準とし，水際杭の位置を表示する。

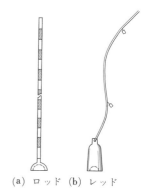

(a) ロッド　(b) レッド
▲図12　ロッドとレッド

Challenge

20 河川工事後の人と河川との豊かなふれあい空間をみつけてみよう。

3 流量測定

1 流速と流量

図 13 のような河川の一横断面を，単位時間中に通過する水の速さを**流速**①といい，その水の量を**流量**②という。河川を流れる水の運動は複雑であるから，一横断面内の流速は一定ではない。そこで，流量を求める場合には，**平均流速**③を用いる。

①velocity of flow
②discharge
③mean flow velocity

流量は，次の式 (1) によって求めることができる。

$$Q = Av \qquad (1)$$

Q：流量 $[m^3/s]$

A：流水断面積（流積）$[m^2]$

v：平均流速 $[m/s]$

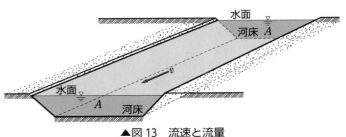

▲図 13　流速と流量

流量の測定を行うための流速測定には，次のような方法がある。

① 浮きを用いる方法

② 流速計による方法

③ 平均流速の公式から計算する方法

流量測定に適当な箇所と考えられる条件は，次のようである。

① 流水があまり速くなく，また，ゆるやかすぎない箇所

② その地点より上流・下流ともに，河状にあまり変化のない箇所

③ 流水が平行して流れ，乱流や逆流のない箇所

また，流量と水位とは関係があるので，測定時には水位をはかっておくようにする。

2 浮きを用いる流量測定

● 1 ● 浮きの種類

ⓐ 表面浮き　　表面浮きは，図 14 のように，直径 30 cm くらいの木片に旗などの目印をつけた浮きである。この浮きは，水深が 0.7 m 以下の流水の表面に浮かして流し，流速を測定するときに用いられる。

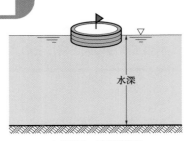

▲図 14　表面浮き

ｂ 棒浮き　棒浮きは，図15のように，竹筒やプラスチック
製パイプの下端におもりをつけて流す浮きである。表2のよ
うに，水深に応じた長さの棒浮きを用いて，流速を測定する。
　表面浮き・棒浮きともに，平均流速を求める場合には，測
5　定値に更正係数を乗じて求める。

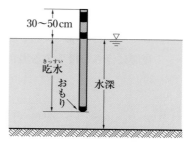

▲図15　棒浮き

▼表2　浮きの更正係数

浮き番号	1	2	3	4	5
水深 [m]	0.7 以下	0.7～1.3	1.3～2.6	2.6～5.2	5.2 以上
吃水*[m]	表面浮き	0.5	1.0	2.0	4.0
更正係数	0.85	0.88	0.91	0.94	0.96

＊浮きが水に浮かんでいるときの，浮きの最下面から水面までの距離
(河川砂防技術基準　調査編　より作成)

● 2 ●　**浮きを用いる測定**━━━━━━━━━━━━━━━━━━━━━

　河川の直線部が長く，河状がととのっていて流れの乱れがない場所
を選び，図16のように，流量測定を行う。

操作

10　**1**…上流と下流で河川に直角な見通し線 A-A′，
　　B-B′ を設けて目標を立て，流下距離 L [m]
　　をはかる。

　2…A-A′ の上流 L_0 [m] の位置から浮きを投下
　　し，A-A′，B-B′ を通過したときの流下時間
15　　t [s] を測定する。

　3…平均流速 v [m/s] は，次の式で求める。

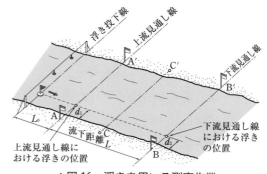

▲図16　浮きを用いる測定作業

$$浮きの流下速度　v_0 = \frac{L}{t} [\text{m/s}]$$

$$平均流速　v = v_0 \times 更正係数（表2）[\text{m/s}]$$

(2)

⚠ **浮きを用いる流量測定の注意事項**┈┈┈┈┈┈┈┈┈┈┈

20　**1**　浮きを流す区間 L は，50～100 m 以上または河川幅（B-B′）の 3～5
　　倍程度とする。

　2　浮きを投下したあと，浮きの動きかたが安定してから測定しなければ
　　ならないので，L_0 の区間は 30 m 以上または河川幅の $\frac{1}{3}$ 以上とする。

　3　浮きを流す流速測線数❶は，表3の数とする。

❶たとえば，河川幅 20
m 未満の場合，その幅を
5 等分する。

④ 浮きを投下するには，浮き投下装置を用いる。投下する付近に適当な
橋がある場合には，これを利用する。

⑤ 夜間に浮きを投下する場合は，浮きの上端に発光灯をつける。

▼表3　流速測線数

河　川　幅	20 m 未満	20～100 m	100～200 m	200 m 以上
浮き流速測線数	5	10	15	20

ただし，洪水時など緊急の場合は，次のとおりとする。

河　川　幅	50 m 以下	50～100 m	100～200 m	200～400 m	400～800 m	800 m 以上
浮き流速測線数	3	4	5	6	7	8

（河川砂防技術基準　調査編　より作成）

●3●　流量の計算

　流量を求めるには，上流と下流
の見通し線上の二つの横断面図の
河心と水面が一致するように重ね，
その中間点を連ねてできる平均断
面（図 17）を用いるか，または，
流下区間の中央断面（図 16 の
C-C′ 断面）を用いる。

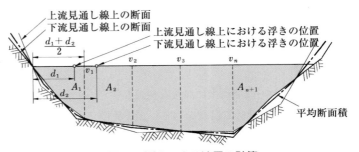

▲図17　浮きによる流量の計算

　浮きは，必ずしも投下された箇
所から河岸に，平行に流れるわけではない。そこで，上流見通し線上
での浮きと河岸との距離 d_1 と，下流見通し線上での浮きと河岸との
距離 d_2 との平均した距離を，平均断面上の浮きと河岸との距離と考
える。このようにして求めた流下点に，その点の平均流速を入れると，
図 17 のようになる。

　流量 Q は，次の式によって求められる。

$$Q = \frac{v_1}{2}A_1 + \frac{v_1 + v_2}{2}A_2 + \frac{v_2 + v_3}{2}A_3 + \cdots\cdots$$
$$+ \frac{v_{n-1} + v_n}{2}A_n + \frac{v_n}{2}A_{n+1} \tag{3}$$

Q：流量　$[\mathrm{m^3/s}]$

$v_1,\ v_2,\ v_3,\ \cdots\cdots,\ v_n$：流下点の平均流速　$[\mathrm{m/s}]$

$A_1, A_2, A_3, \cdots\cdots, A_n, A_{n+1}$：流下点により分けられた平均断面 $[\mathrm{m^2}]$

3 流速計による流量測定

●1● 流速計

流速計[1]は，水などの流体の速度を計測する器械である。おもに河川 ❶current meter
や水路などの流量を測定するために使用されている。

5 　流速計は，回転翼により流速を測定する回転式流速計が主流である
が，ほかにも電磁式，超音波式，電波式流速計がある。

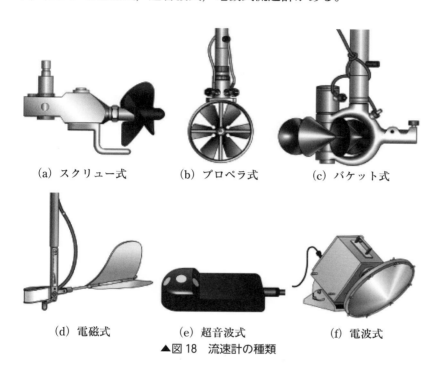

(a) スクリュー式　　　(b) プロペラ式　　　(c) バケット式

(d) 電磁式　　　　(e) 超音波式　　　　(f) 電波式
▲図18　流速計の種類

　回転式流速計は，単位時間の回転数を測定することから流速を求め
る。流速と回転数との間には，次の関係がある。

$$v = an + b \tag{4}$$

10 　　　　v：流速　[m/s]　　　　　n：1秒間の回転数　[rps]
　　　a，b：器械によって異なる係数

　a，bの値は，長く用いたり，取り扱いが悪い場合には，係数などが
変わっていることがあるので，定期的な検定が必要となる。

●2● 流速計を用いる測定

15 　河川を横断して目盛の表示がついたワイヤロープを張り，ワイヤ
ロープに沿って船を移動させて，流速計を船の上流側の定められた水
深に沈めて測定する。

図19のように，流速計を沈める流速測線の位置と水深を測定する水深測線の間隔dは，表4のとおりである。なお，流速測定は，各測定点で2回測定する。水深測定は，往復して同一横断線上を2回測定する。

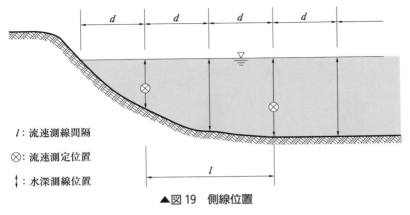

l：流速測線間隔

⊗：流速測定位置

↕：水深測線位置

▲図19　側線位置

▼表4　測線間隔

河川幅 L [m]	水深測線間隔 d [m]	流速測線間隔 l [m]
10 以下	$0.1L \sim 0.15L$	$0.1L \sim 0.15L$
10〜20	1	2
20〜40	2	4
40〜60	3	6
60〜80	4	8
80〜100	5	10
100〜150	6	12
150〜200	10	20
200 以上	15	30

（河川砂防技術基準　調査編　より作成）

●3●　平均流速

河川の流速の分布は，図20のようである。

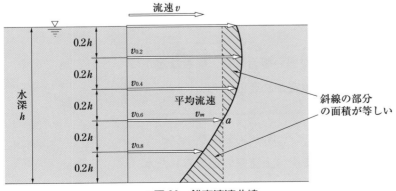

▲図20　鉛直流速曲線

図の $v_{0.2}$, $v_{0.4}$, $v_{0.6}$, $v_{0.8}$ は，水深 h の 0.2 倍，0.4 倍，0.6 倍，0.8 倍における流速を表す。平均流速 v_m は，次の三つの方法で求める。

⒜ 1 点法　水深 h の 0.6 倍の位置で測定し，これを平均流速とする。

$$v_m = v_{0.6} \tag{5}$$

⒝ 2 点法　水深 h の 0.2 倍，0.8 倍の各位置で測定し，次の式で求める。

$$v_m = \frac{v_{0.2} + v_{0.8}}{2} \tag{6}$$

⒞ 3 点法　水深 h の 0.2 倍，0.6 倍，0.8 倍の各位置で測定し，次の式で求める。

$$v_m = \frac{v_{0.2} + 2v_{0.6} + v_{0.8}}{4} \tag{7}$$

● 4 ●　流量計算

図 21 のような河川横断面の流量 Q は，水深測線位置で区分した断面積 A と，流速測線位置で求めた平均流速 v_m から，次の式で求められる。

$$\left.\begin{array}{l} Q = (A_1 + A_2)v_m \\ A_1 = \dfrac{(h_1 + h_2)}{2}d \\ A_2 = \dfrac{(h_2 + h_3)}{2}d \end{array}\right\} \tag{8}$$

Q：流量　$[\mathrm{m^3/s}]$　　　v_m：平均流速　$[\mathrm{m/s}]$

A_1, A_2：水深測線位置で区分した断面積　$[\mathrm{m^2}]$

h_1, h_2, h_3：水深　$[\mathrm{m}]$　　　d：水深測線間隔　$[\mathrm{m}]$

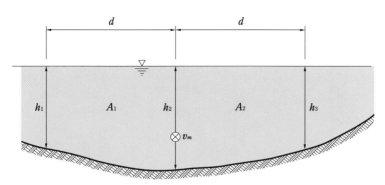

▲図 21　流速計による流量計算

表5は，2点法による流量計算の例である。

▼表5　2点法による流量計算例

距離 [m]		20	25	30	35	40	45	50
水深 [m]		1.20	1.74	2.16	2.35	2.72	2.83	3.11
10回転に要する時間 [s]	0.2h		21.5		15.4		10.9	
	0.8h		33.6		25.2		18.7	
1秒間の回転数 n [rps]	0.2h		0.47		0.65		0.92	
	0.8h		0.30		0.40		0.53	
流速 [m/s] $v=0.69n+0.08$	0.2h		0.40		0.53		0.71	
	0.8h		0.29		0.36		0.45	
$v_m=\dfrac{v_{0.2}+v_{0.8}}{2}$ [m/s]			0.35		0.45		0.58	
平均水深 [m]			1.47	1.95	2.26	2.54	2.78	2.97	
区分幅 [m]			5.00	5.00	5.00	5.00	5.00	5.00	
区分断面積 [m^2]			7.35	9.75	11.30	12.70	13.90	14.85	
断面積合計 [m^2]			17.10		24.00		28.75	
流量 [m^3/s]			5.99		10.80		16.68	

（回転式流速計による）

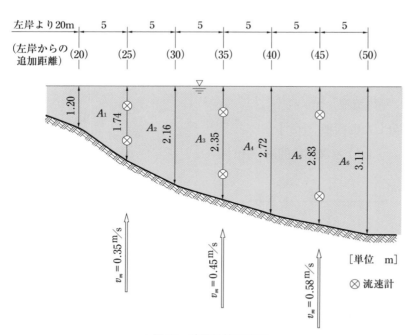

▲図22　流量計算の方法

表 5 の計算例は，図 22 のような方法によって計算されている。

操作

1…左岸より 25 m の地点（水深 $h = 1.74$ m）に，流速計を入れる。

$0.2h = 0.2 \times 1.74 = 0.35$ m　の深さで，流速計が 10 回転するのに要した時間は，21.5 秒であった。

したがって，1 秒間の回転数 n_1 は，次のようになる。

$$n_1 = 10 \div 21.5 = 0.47 \text{ rps}$$

2…同様に，$0.8h = 0.8 \times 1.74 = 1.39$ m　の深さでは，

$$n_2 = 10 \div 33.6 = 0.30 \text{ rps}$$

3…この流速計では，流速 v と回転数 n の関係は，式 (4) から，

$v = 0.69n + 0.08$　なので，

$0.2h$ の深さでの流速　$v_{0.2} = 0.69 \times 0.47 + 0.08 = 0.40$ m/s

$0.8h$ の深さでの流速　$v_{0.8} = 0.69 \times 0.30 + 0.08 = 0.29$ m/s

4…平均流速 v_m を 2 点法（式 (6)）で求めると，

$$v_m = \frac{0.40 + 0.29}{2} = 0.35 \text{ m/s}$$

5…左岸から 20 m，25 m の区間の，区分断面積 A_1 の平均水深は，

$$\frac{1.20 + 1.74}{2} = 1.47 \text{ m}$$

区分幅が 5 m であるから，

区分断面積　$A_1 = 1.47 \times 5 = 7.35$ m^2

同様に，区分断面積　$A_2 = 1.95 \times 5 = 9.75$ m^2

6…断面積合計　$A = A_1 + A_2 = 7.35 + 9.75 = 17.10$ m^2　に，平均流速　$v_m = 0.35$ m/s の速さで水が流れているものと考えて，式 (1) から，

$(A_1 + A_2)$ 断面での流量　$Q = 17.10 \times 0.35 = 5.99$ m^3/s

同様に $(A_3 + A_4)$ 断面，$(A_5 + A_6)$ 断面の流量を求めて合計すれば，20 m から 50 m までの区間に流れる流量を求めることができる。

1　ある河川の距離標 A から水際杭 a の杭頭を測定したところ，距離標と水際杭との差が − 1.853 m（A → a）であった。水際杭 a の頭から最も近い水面までの高さが − 25.5 cm であるとき，水面の標高を求めよ。ただし，距離標の標高は，20.658 m である。

2　川の流速を測定するため，水深が 2.5 m，流下距離が 60 m の位置で，吃水 1.0 m の棒浮き を使ったところ，棒浮きの流下時間が 48 秒であった。このときの平均流速を求めよ。

3　ある河川の最大水深 4 m のところにおいて，深さを変化させながら測定を行ったところ，表 6 の結果を得た。3 点法により，平均流速を求めよ。

▼表 6

水 深 [m]	0.0	0.4	0.8	1.2	1.6	2.0	2.4	2.8	3.2	3.6	4.0
流 速 [m/s]	1.2	1.8	2.0	2.1	1.9	1.8	1.7	1.5	1.2	0.9	0.6

4　河川のある点における鉛直方向各点の深さを変化させながら測定を行ったところ，表 7 の結果を得た。2 点法によって平均流速を求めよ。

　　ただし，この点における水深は 5 m であり，測定誤差は考えないものとする。

▼表 7

河床からの距離 [m]	0.0	0.5	1.0	1.5	2.0	2.5	3.0	3.5	4.0	4.5	5.0
流 速 [m/s]	0.50	0.80	1.10	1.40	1.60	1.70	1.80	1.90	1.94	1.98	2.00

5　ある河川の流速計による測定結果が，表 8 のようになった。左岸からの距離 20 m から 40 m までの区間流量を求めよ。

▼表 8

左岸からの距離 [m]		20	25	30	35	40
水 深 [m]		1.40	1.64	1.88	2.10	2.42
流 速 [m/s]	0.2h		0.50		0.62	
	0.8h		0.28		0.34	

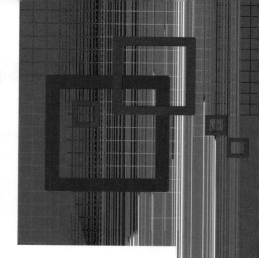

測量技術の応用と自然災害

　新しい測量技術は，地震や津波などの自然災害への迅速な対応や安全・安心な国土管理をしていくうえで，重要な役割を果たしている。

- i-Construction（アイ・コンストラクション）とはどんな事業だろうか。また，測量技術がどうように活用されているだろうか。
- 地球規模での諸課題の把握に，どのような場面で新しい測量技術が活用されているだろうか。
- 自然災害などに対して安全・安心な社会をつくるために，新しい測量技術はどのように応用されているだろうか。

1 i-Construction

i-Construction とは，国土交通省が推進している事業の一つで，「**ICT** の全面的な活用（ICT 土工）」を建設現場に導入することによって，工事の生産性向上をはかり，より安全性の高い建設現場をめざしていく事業のことである。

❶Information and Communication Technology 情報通信技術ともいう。　5

1　i-Construction の概要と目的

わが国では少子高齢化の進展や，近年多発している自然災害，老朽化を迎えるインフラの維持管理への対応などさまざまな課題をかかえている。このような状況のなかで国土交通省では，図1のように調査・測量から設計・施工計画，施工・施工管理，検査までの流れにおいて，ICT を活用した「i-Construction」を進めている。i-Construction はこれまでの工事に比べ，建設現場で働く技術者の一人一人の生産性を高めて，無駄をなくすなど，効率的に工事を進めることができ，さらに，安全性を高めることが可能となる。

従来の方法	調査・測量	設計・施工計画	施工・施工管理	検査
	複数の作業員により，観測すべき点を1点ずつ測量。	測量結果から図面を作成し，図面から土量など施工に関する数量を算出。	多くの技術者が，さまざまな重機を操作して施工を実施し，設計書を元にして目的の精度がえられているかなどの施工管理を行う。	書類による検査。

i-Construction	測量	施工計画	施工管理	検査
	少ない作業人員でドローンや3次元レーザスキャナを使用し，観測すべき点を1度の計測で，全体的に把握する測量。	3次元の地形データなどにより，図面および土量など施工に関する数量を自動算出。	3次元の地形データなどにより，重機の無人自動運転が可能となり，さらに，施工管理も施工前と後のデータの比較で行う。	3次元の地形データを利用した検査も可能となる。

▲図1　i-Construction の流れ

2 i-Construction と測量

　図1のように，i-Constructionでは，調査・測量から検査までの一連の流れにおいて，3次元の地形データが必要となる。3次元の地形データは，**ドローン**[1]や3次元レーザスキャナを使用することで短時間かつ効率的に取得することができる。

❶UAV(Unmanned Aerial Vehicle)
小型無人飛行機ともいう。

●1　ドローンによる測量

　ドローンとは，人が搭乗していない航空機のことで，カメラを装着すれば，地上から撮影した範囲よりも広い範囲の撮影ができる。撮影した静止画は，現場付近の基準点の座標や標高データを用いて，空中写真測量と同様な解析をすることにより，3次元の地形データの取得が可能となる。得られたデータをCADなどに取り込むことで，設計に必要な数量などが自動算出できるようになる。また，地上からの工事現場の着工前，竣工時などの状況写真や動画による撮影を実施することで，計画通りに工事が完了したかを正確に把握することができるため，従来の工事に必要であった，工事完成時に提出する書類が不要となり，検査項目の省力化をはかることができる。

　ただし，ドローンを飛行させるには，飛行の目的や日時，経路および無人航空機の製造者，名称，重量や飛行経歴ならびに飛行させるために必要な知識及び能力などを明記する無人飛行機の飛行に関する許可・承認の申請書を監督機関に提出し，許可承認を得て飛行することが必要である。

▲図2　ドローン（左）と上空写真（右）データ

●2● 3次元レーザスキャナによる測量

3次元レーザスキャナとは，車載写真レーザ測量に使用される自動車に搭載されている機器と同様な機器で，すえつけた点から，レーザの届く範囲の空間や大型構造物などを高速にスキャンし，**3次元点群データ**[1]として記録・取得する測量機器のことである。遠隔操作することが可能で，測量機から離れた場所から広範囲に安全かつ効率的に現場で測量を実施することができる。

これにより，数値地形図や縦断図・横断図の作成，土量計算などが可能となる。

[1]X．Y．Z方向の3次元座標をもった点の集合体のこと。

▲図3　写真データ

▲図4　3次元レーザスキャナによる点群データの取得

2 GIS（地理情報システム）

GISとは，**地理情報システム**ともいわれている。さまざまな情報を付加した数値地形図データを使って，図5のように，検索・統合化・分析・シミュレーションなどを行い，その結果をコンピュータに表示したり，通信機器を使用して多くの人々と共有したりすることができる。

▲図5　GIS

❶Geographic Information System

1　GIS の構成

GIS は，図6 に示すようにさまざまな地理空間情報のデータと，それを検索・統合化・分析・シミュレーションなどを行うための GIS のソフトウェアで構成される（図6）。地理空間情報のデータは，地物の位置を表す地図データと特性を表す文字や写真などの属性データから構成され，地図から地物の特性や写真を参照したり，条件に該当する地物の位置を表示したりすることができる。

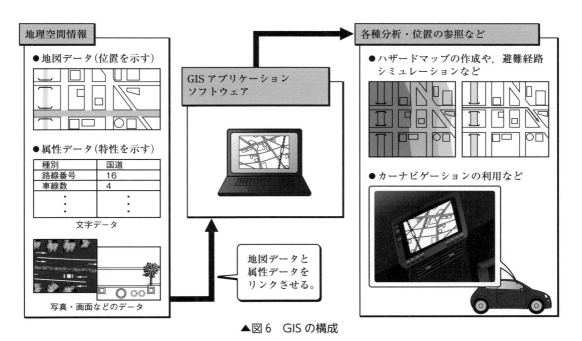

▲図6　GIS の構成

2 GISのしくみ

　GISソフトウェアでは，図7のようにコンピュータの地形データ上にさまざまな情報を**レイヤ**[1]ごとに分けて重ね合わせ，位置情報（緯度・経度・座標など）をもとにして，関連づけることができる。これにより，それぞれの情報と位置情報の関連性が一目でわかり，総合的な対策を考えることができる。

　また，複数の情報を地図上で重ね合わせて，視覚的に判読しやすいため，分析結果の判断やデータ管理がひじょうに簡単である。

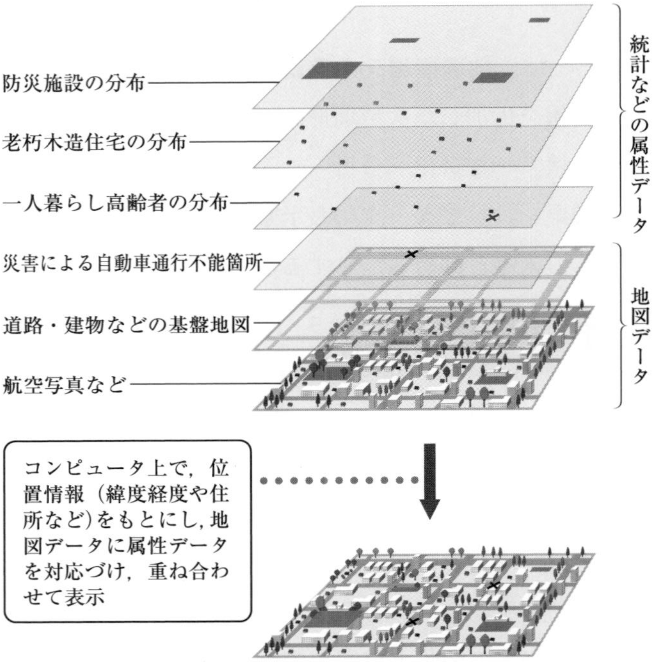

　重ね合わせられる情報には，都市計画図や土地利用図などの主題図，道路や河川などの基盤データ（測量の基準点や行政区画の境界，道路・河川区域など）となる基本的な地図データと，地表の状態を写しとった空中写真データ（航空機やドローンなどで撮影した写真測量で得られる空中写真の情報），植生や気象などを表す地球観測衛星データ（リモートセンシング[2]で得られる情報），地域別の人口分布などの統計データなどさまざまな種類がある。

防災施設の分布
老朽木造住宅の分布
一人暮らし高齢者の分布
　　　　　　　　　　　統計などの属性データ

災害による自動車通行不能箇所
道路・建物などの基盤地図
航空写真など
　　　　　　　　　　　地図データ

コンピュータ上で，位置情報（緯度経度や住所など）をもとにし，地図データに属性データを対応づけ，重ね合わせて表示

▲図7　災害対策における地理情報の例

❶layer
画層ともいう。

❷詳しくは，p. 274で学ぶ。

3 GISの用途

　GISは，GNSSをはじめ，CADやCG（コンピュータグラフィックス），リモートセンシングなどのデータとも関連づけられ，さまざまな技術の中核となっている。その利用分野も都市計画や防災・減災，環境・保全などをはじめ，多岐にわたった分野で利活用されている（図8）。

▲図8　GISと周辺技術による利用分野

●1● ハザードマップ

　災害予測や危険範囲を示した**ハザードマップ**は，当初，紙の地図で作成されていたが，多くの人々に知らせることができないなど活用のさいに不便を生じることが多かった。

5　そこで，GIS により，現在の地図データに過去の災害情報を重ね合わせて防災対策を検討し，その情報を公開・更新していくことで，より多くの人々の情報共有化と，防災意識の向上につながった。国土交通省では，GIS を活用したハザードマップポータルサイト (図9) を開設し，洪水・土砂災害・津波のリスク情報などを配信している。

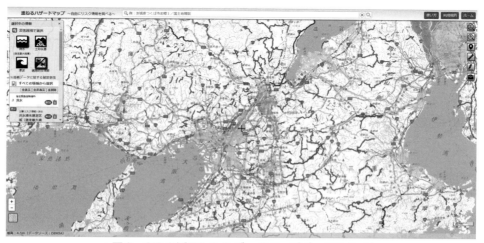

▲図9　GIS を活用したハザードマップポータルサイト

10　●2● 統合型 GIS

　統合型 GIS とは，行政機関の各部門において保持しているさまざまな地図情報 (道路，街区，建物など) を統合・電子化し，一元的に維持管理することで，行政機関内のデータの共有化を可能にするシステムのことである。

15　たとえば，埋設されている下水道や電力線などの情報，土地・建物などの固定資産の情報，福祉に関する情報などを統合した GIS によって，商業施設の場所の計画に必要なエリア分析などの都市計画を行うことができる。図 10 に各自治体が構築している統合型 GIS のインターネットによる情報提供サービスなどを示している。

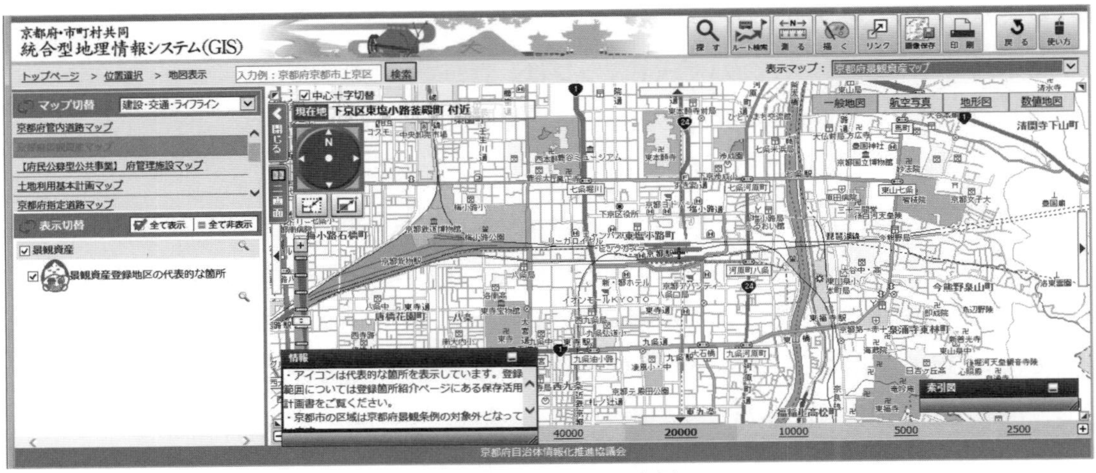

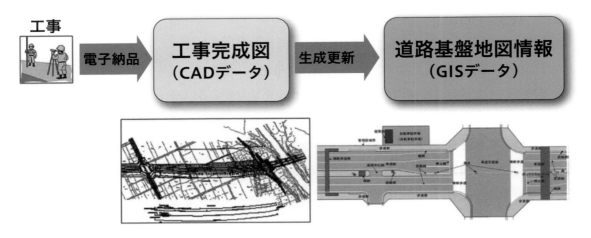

▲図10　GISの活用事例

●3● CALS/EC

CALS/ECとは，「公共事業支援統合情報システム」の略称のことで，従来は紙で交換されていた公共事業に関する情報を電子化し，公共工事におけるコストの削減などを行うとともに，効率化や更なる情報公開をはかっている。

GISは，地理空間情報活用推進基本法に基づく基盤地図情報への対応として，道路など公共事業の調査，計画，設計，施工管理における図面や地図，書類，写真などの各種情報を，効率的に交換・共有・連携し，CALS/ECへ応用を可能としている（図11）。

❶Continuous Acqui-sition and Life-cycle Support / Electronic Commerce
ECとは，コンピュータなどで電子商取引を行うことをいう。

❷2007年8月に施行され，誰もがいつでも必要な地理空間情報を使用し，高度な分析に基づく的確な情報を得ることができるようになっている。

工事

電子納品 → **工事完成図（CADデータ）** → 生成更新 → **道路基盤地図情報（GISデータ）**

▲図11　CALS/ECからGISへ

3 バーチャルリアリティ

1 バーチャルリアリティとは

バーチャルリアリティとは通常 **VR** とよばれ，「**仮想現実**」ともいわ
れている。コンピュータ上に仮想空間を構築することで，従来の平面
的な空間を3次元空間で表現することが可能となり，現地にいかなく
てもあらゆる視点からの対象物のみえ方や
景色を確認することができる。

❶Virtual Reality

VRでは，3次元空間をリアルタイムで
表現し，操作することができるため，行政
機関や専門技術者だけでなく，すべての
人々がイメージを共有しやすくなる。した
がって，都市計画や新たなまちづくりに，
今後，有効的な技術として普及していくこ
とが見込まれる。

▲図 12　バーチャルリアリティ（仮想空間）

2 測量技術を活用したバーチャルリアリティ

VRでは，3次元レーザスキャナなどで計測された点群データを，
VRソフトウェアで読み込み，編集を行うことで，コンピュータ上に
仮想空間を構築できる。このVRで構築されたデータは，3次元
CADのデータと交換などが可能で，さらに，GISも連携させた総合
的なシステムとして活用することができる。

▲図 13　3次元レーザスキャナ（左）と，構築した VR データ（右）

4 リモートセンシング

1 リモートセンシングとは

リモートセンシングとは，地表や大気から反射あるいは放射される電磁波を人工衛星や航空機に搭載したセンサ（測定器）により観測し，画像解析することにより地球環境を広域に遠隔から調査する技術である❷。

温暖化，オゾン層破壊，海面温度の上昇，異常気象の発生などの解明や災害監視など，さまざまな地球環境の観測を行うことができる。今後，地球環境をより正確に把握するために，リモートセンシングにより継続的に観測していくことがひじょうに重要となる。

2 リモートセンシングのしくみ

リモートセンシングが，地球観測衛星などから対象物に直接触れずに対象物の大きさや形，性質を観測できるのは，観測を行う対象物が反射，放射している光などの電磁波の特性を利用しているためである。

一般に物質から反射・放射される電磁波の特性は，物質の種類や状態によって異なる。すなわち，物質から反射・放射される電磁波の特性を把握し，それらの特性とセンサでとらえた観測結果とを照らし合わせることで，対象物の大きさや形，性質を知ることができる。

図 15 は植物，土，水の反射・放射の強さを波長帯ごとに示したものである。横軸は波長を表し，左側に行くほど波長は短く，右側に行くほど波長は長くなる。波長の長さに応じて，紫外線・可視光線・赤外線などの名称がつけられている。

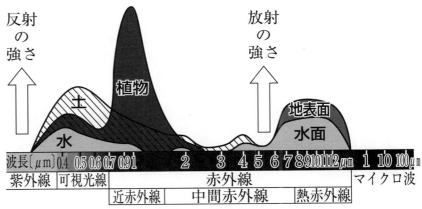

▲図 15　反射と放射の特性

5 測量結果を活用した自然災害対策

1 電子基準点を活用した自然災害対策

　電子基準点は，第8章でも学んだように，各種測量の基準点として利用するほか，地震や火山噴火などによる広域地殻変動監視にも利用されている。24時間連続の電子基準点の観測データを分析することにより，図16のように日本全土の地殻変動を確認することが可能である。

　国土地理院では，全国の電子基準点の動きをつねに把握するシステムの運用を開始している。このシステムを利用して，これから発生する可能性がある大地震などのために，地震発生のメカニズムに関する調査・研究が進められている。

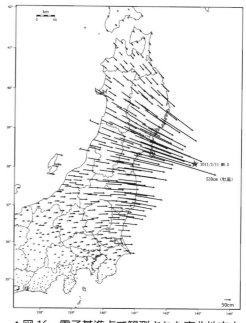

▲図16　電子基準点で観測された東北地方太平洋沖地震での地殻変動のようす
（国土地理院）

2 GIS を活用した自然災害対策

　GISは，自然災害分野でも多く活用されている。とくに，1995年の阪神・淡路大震災では，倒壊した家屋の撤去業務に導入したことで，効率のよい撤去業務を行うことができ，災害復旧に大きく役立った。このことから，国や地方自治体を中心にGISがより幅広く利用されるようになった。2011年3月11日に発生した東日本大震災は，これまでに経験したことのない広域災害となり，多くの地方公共団体，防災関係機関がその対応に奔走したが，さまざまな情報をGISで集約・共有したことで，自治体が迅速に方針を決めたり，各種機関・住民等への情報提供を行うことができたという事例が多数報告され，災害対応におけるGISの重要性が改めて認識された。

わが国における自然災害分野でのGISを活用した代表的な事例として，国土交通省がインターネットで運用・公開している防災情報提供センターがあげられる。さらに，大学や研究機関では，巨大地震が発生したさい，地震発生から津波が到達するまでの時間と場所に関する予測や津波による被害想定（図17）の研究も進められている。

(a)津波のシュミレーション　　　　　　　　(b)津波の被害想定
▲図17　静岡県焼津市におけるGISを活用した津波被害想定シミュレーションなど

3 リモートセンシングを活用した自然災害対策

　リモートセンシングでは，広域で膨大な空間情報を取得することが可能である。また，地球を周回している地球観測衛星を活用しているため，一定周期ごとに観測が可能であり，同一地域の変化を認識しやすい利点がある。この特徴を生かして，自然災害対策として地震や津波，台風，大雨等の災害予測や災害後支援などにも利用されている。

　図18は，東日本大震災で大きな被害をもたらした津波の被害前と被害後を比較した写真である。近年，国土交通省では地すべりや火山などの地域において，リモートセンシング技術を活用した継続的な監視・観測を実施し，平常時の予防対策を効果的に推進するとともに，土砂災害の危険度の変化を的確に把握することにより，緊急時の迅速かつ円滑な対応をするための危機管理体制の充実・強化をはかっている。

(a)震災前 (b)震災後

▲図18 リモートセンシングを活用した東日本大震災で発生した津波の被害状況 （国土地理院）

4 バーチャルリアリティを活用した自然災害対策

　近い将来に想定されるさまざまな大規模地震や津波などの自然災害
の対策として，VR技術を活用した災害疑似体験システムなどの開発
が推進されている。3次元の仮想空間で精密に再現された市街地に津
5　波が押しよせたり，大地震に遭遇したようすを表現することで，災害
を疑似体験することなどができ，防災意識向上に役立てている。

　また，自然災害等が発生したさい，その直後の被災状況をドローン
などで撮影し，その画像から**SfM解析**❶によって3次元点群データを
取得することで，そのデータを図19のようなVRとして活用するこ
10　とが可能となり，緊急災害対策の提案，被害予測，避難誘導，現況の
可視化から被害時状況の把握など，さまざまな災害対策を実施するこ
とが可能となる。

❶Structure from Motion の略で，計測対象をさまざまな位置と角度から撮影した画像をソフトウェアで解析し，3次元点群データを取得すること。

13

測量技術の応用と自然災害

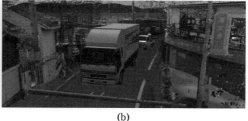

(a) (b)

▲図19 VRを活用した大規模災害シミュレーション

1　建設現場では i-Construction による「ICT の全面的な活用」導入によって，ドローンや3次元レーザスキャナを活用した測量や設計，施工管理が推進されているが，具体的にどうように活用されているのだろうか。

2　国土交通省が配信している GIS を活用したハザードマップポータルサイトを使用して，自校周辺地域の洪水・土砂災害・津波などの災害のリスクを調べて，今後どのような対策が必要なのか考えてみよう。

3　教科書の後見返しには，「いろいろな機能のあるリモートセンシング」として，複数の日本近海の海面温度や地震による被害状況などの画像写真が明記されている。どのように変化しているのだろうか。

4　下図は VR 技術を活用して，河川の現状と改修案を表現した画像である。これから新たなまちづくりを構築していくために，今後，「VR」をどのように活用していくべきだろうか。

(a)改修前

(b)改修後

▲図20

問題解答

■ **第 1 章　距離測量**

▶**章末問題 (p. 28)**◀　**1.** 式(1)を使用した場合 105.716 m，式(2)を使用した場合 105.716 m

2. 500.791 m　**3.** 187.508 m　**4.** − 0.018 m

5. 器械定数と反射プリズム定数の和　− 0.009 m　補正後の AC 間の距離　705.612 m

■ **第 2 章　角測量**

▶**章末問題 (p. 47)**◀　**1.** (2) (4) (5) (6)　**2.** 省略

3. 正位測定角 58°40′00″　反位測定角 58°39′50″　平均角 58°39′55″

4. 測点 N に対して，倍角差 5″　観測差 25″　平均角 125°40′04″

測点 S に対して，倍角差 5″　観測差 15″　平均角 152°20′29″

5. 測点 T に対して，高度定数 10″　測点 N に対して，倍角差 5″，観測差 15″，高度定数 20″

測点 S に対して，倍角差 5″，観測差 25″，高度定数 5″　高度定数の較差 15″

6. ∠TAN　60°15′36″，∠TAS　124°30′44″，∠NAS　64°15′08″

■ **第 3 章　トラバース測量**

▶**章末問題 (p. 73)**◀　**1.** A　116°55′40″　B　100°05′34″　C　112°34′36″　D　108°44′21″

E　101°39′49″

2. AB　95°51′39″　BC　23°58′23″　CD　316°33′38″　DE　245°16′16″　EA　166°56′08″

3. 閉合誤差 0.017 m，閉合比 1/11 200

4.

測点	観測角	調整量	調整角
A	52°02′10″	11″	52°02′21″
B	226°28′30″	12″	226°28′42″
C	75°31′10″	11″	75°31′21″
D	117°11′20″	12″	117°11′32″
E	102°31′10″	12″	102°31′22″
F	146°14′30″	12″	146°14′42″
計	719°58′50″	70″	720°00′00″

測点	X 座標 [m]	Y 座標 [m]
A	0.000	0.000
B	− 17.274	67.179
C	− 72.941	98.163
D	− 0.635	174.149
E	50.615	159.081
F	43.707	56.723

5. A　105°15′44″　1　206°06′30″　2　112°22′22″　B　197°40′34″

6. 閉合誤差 0.008 m，閉合比 1/65 800

7.

測点	観測角	調整量	調整角
A	68°26′55″	− 6″	68°26′49″
1	121°36′20″	− 6″	121°36′14″
2	262°52′35″	− 7″	262°52′28″
3	101°40′25″	− 6″	101°40′19″
B	233°26′00″	− 6″	233°25′54″
計	788°02′15″	− 31″	788°01′44″

測点	X 座標 [m]	Y 座標 [m]
A	− 560.760	− 1 862.724
1	− 657.647	− 1 579.211
2	− 524.427	− 1 417.765
3	− 705.635	− 1 225.773
B	− 564.384	− 1 023.910

■ **第 4 章　細部測量**

▶**章末問題 (p. 92)**◀　**1.** (4)　**2.** 1.5 mm　**3.** (5)　**4.** (3)

▶問1.（p. 107）◀　空欄の調整量と調整地盤高

[単位　m]

測点	調整量	調整地盤高	測点	調整量	調整地盤高
C	＋0.003	12.210	F	＋0.005	10.653
D	＋0.003	11.133	G	＋0.005	10.254
E	＋0.004	11.060	BM1	＋0.006	10.000

▶問2.（p. 110）◀

[単位　m]

測点	地盤高	測点	地盤高	測点	地盤高	測点	地盤高
No.0	20.000	No.4	20.035	No.8	20.174	No.12	20.372
No.1	19.964	No.5	20.086	No.9	20.215	No.13	20.419
No.2	19.976	No.6	20.123	No.10	20.196		
No.3	20.061	No.7	20.187	No.11	20.320		

▶問3.（p. 110）◀　ア　33.310 m　イ　31.014 m　ウ　31.420 m　エ　33.434 m

▶問4.（p. 114）◀　15 mm　▶問5.（p. 114）◀　10 mm

▶章末問題（p. 117）◀　**1.** 2.208 m　**2.** 点Pの地盤高＝5.496 m，調整地盤高＝5.491 m　表は省略

3. 器械高の欄　地盤高の欄

[単位　m]

観点	器械高
No.0	11.098
No.3	11.495
No.5 +15.00	11.404

測点	地盤高	測点	地盤高	測点	地盤高
No.1	9.981	No.5	9.822	No.7	10.139
No.2	10.053	No.5 +15.00	9.645		
No.3	9.506	No.6	10.064		
No.4	9.790				

計の欄

[単位　m]

	距離	後　視	器械高	もりかえ点	中間点	地盤高
計	140.00	4.846 － 4.707 ＝ 0.139		4.707		10.139 － 10.000 ＝ 0.139

4. A～B　**5.** 5

▶章末問題（p. 125）◀　**1.** ±0.0007 m，$\dfrac{1}{146\,000}$　**2.** 95°26′26″　**3.** 36°28′36″，±2″

4. 100.526 m　**5.** 12.640 m　**6.** 28.749 m　**7.** $X = 3\,425.43$ m，$Y = -946.82$ m

8. 192.8932 m，±0.0007 m，$\dfrac{1}{275\,000}$

▶章末問題（p. 139）◀　**1.** 508.016549 m^2　**2.** 63.994 m

3. 測点AのX座標　0，Y座標　－16.150 m　測点BのX座標　49.340 m，Y座標　79.870 m　測点Cの

X座標　－40.690 m，Y座標　126.250 m　測点DのX座標　－89.980 m，Y座標　30.070 m

面積　10932.765000 m^2

4. 84.50 m^2　**5.** 72.2 m^3　**6.** 28.5 m

▶章末問題（p. 164）◀　**1.** 136°57′02″　**2.** 40°14′16″　**3.** 85°18′46″　**4.** 62°19′03″

5. 181.02 m　**6.** ア　＋　イ　＋　**7.** 1947.332 m

8. 方位角：c　方向角：d　真北方向角：a　磁針方位角：b

▶章末問題 (p. 191)◀　1. (5)　　2. ①ア，②オ，③ウ　　3. 7.2 cm　　4. (5)

5. ①コ，②ア，③イ，④ク，⑤ウ　6. (1)

■ 第10章　写真測量

▶章末問題 (p. 212)◀　1. 2 250 m　　2. 225 m　　3. 13.2 秒　　4. ① 15，② 9，③ 2 000，④ 600

5. (1)

■ 第11章　路線測量

▶問 1. (p. 222)◀　$\dfrac{I}{2} = 16°13'00''$，$TL = 87.25$ m，$CL = 169.82$ m，$SL = 12.43$ m，$l_F = 19.56$ m，

$l_L = 10.26$ m，20 m に対する偏角　$1°54'35''$，始短弦に対する偏角　$1°52'04''$，終短弦に対する偏角

$0°58'47''$，No.32　$1°52'04''$　No.33　$3°46'39''$　No.34　$5°41'14''$　No.35　$7°35'49''$

No.36　$9°30'24''$　No.37　$11°24'59''$　No.38　$13°19'34''$　No.39　$15°14'09''$

▶問 2. (p. 225)◀

No	X [m]	Y [m]
32	0.64	19.55
33	2.60	39.44
34	5.89	59.17
35	10.49	78.63

No	X' [m]	Y' [m]
36	8.19	69.63
37	4.20	50.03
38	1.53	30.22
39	0.18	10.27

▶問 3. (p. 226)◀　$\dfrac{C_1}{2} = 42.58$ m，$\dfrac{C_2}{2} = 21.81$ m，$\dfrac{C_3}{2} = 10.97$ m，$M_1 = 9.06$ m，$M_2 \fallingdotseq 2.27$ m，

$M_3 \fallingdotseq 0.57$ m

▶問 4. (p. 227)◀　$I = 31°26'$，$A'V = 22.18$ m，$B'V = 67.76$ m，$TL = 56.28$ m，$CL = 109.72$ m，

$AA' = 34.10$ m，点 A の追加距離 No.10 + 14.14 m，点 B の追加距離 No.16 + 3.86 m，$l_F = 5.86$ m，

$l_L = 3.86$ m，20 m に対する偏角　$2°51'53''$，始短弦に対する偏角　$0°50'22''$，

終短弦に対する偏角　$0°33'10''$　　No.11　$0°50'22''$　No.12　$3°42'15''$　　No.13　$6°34'08''$

No.14　$9°26'01''$　No.15　$12°17'54''$　No.16　$15°09'47''$

▶問 5. (p. 234)◀　BC の位置　No.12 + 2.60 m　EC の位置　No.18 + 2.60 m，$Y_{13} = 0.107$ m，

$Y_{14} = 0.495$ m，$Y_{15} = 1.167$ m，$M = 1.275$ m，$Y_{16} = 0.643$ m，$Y_{17} = 0.181$ m，$Y_{18} = 0.002$ m

▶章末問題 (p. 248)◀　1. $\delta_3 = 2°17'31''$，$\delta_4 = 4°00'39''$　　2. $\dfrac{I}{2} = 20°13'00''$，$TL = 73.65$ m，

$CL = 141.14$ m，$SL = 13.13$ m，$l_F = 6.19$ m，$l_L = 14.95$ m，20 m に対する偏角 $2°51'53''$，

始短弦に対する偏角　$0°53'12''$　　終短弦に対する偏角　$2°08'29''$　　No.50　$0°53'12''$

No.51　$3°45'05''$　No.52　$6°36'58''$　No.53　$9°28'51''$　No.54　$12°20'44''$

No.55　$15°12'37''$　No.56　$18°04'30''$

3.

No	X [m]	Y [m]
50	0.10	6.19
51	1.71	26.11
52	5.31	45.78
53	10.85	64.99
54	7.50	54.26
55	3.05	34.77
56	0.56	14.94

4. 138.52 m

5.

	x [m]	y [m]
No.25	9.80	0.024
No.26	29.80	0.222
No.27	49.80	0.620
No.28	69.80	1.218

	x [m]	y [m]
V	85.00	1.806
No.29	80.20	1.608
No.30	60.20	0.906
No.31	40.20	0.404
No.32	20.20	0.102
No.33	0.20	0.000

■ 第12章　河川測量

▶章末問題 (p. 264)◀　1. 18.550 m　　2. 1.14 m/s　　3. 1.65 m/s　　4. 1.52 m/s　　5. 16.60 m³/s

「測量」に用いられる数学

1 三平方の定理

図1のような直角三角形 ABC において，∠ACB ＝ 90° の
とき，次の関係がなりたつ。

$$a^2 + b^2 = c^2 \tag{1}$$

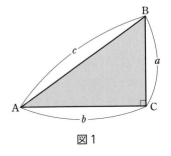

図1

2 三角定規の三角比

図2のような二つの三角定規の各辺の比は，三平方の定理がなりたつ。

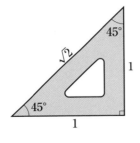
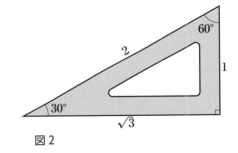

図2

3 三角関数

図3(a) の直角三角形 ABC において，∠BAC ＝ α，AC ＝ b，
CB ＝ a，BA ＝ c とすると，それぞれの三角関数は次のようである。
各辺は図 (a) に対して，図 (b) のようによばれる。

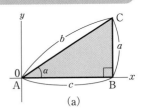

(a)

$$\sin \alpha = \frac{CB}{AC} = \frac{a}{b} = \frac{対辺}{斜辺} \quad (サインまたは正弦という) \tag{2}$$

$$\cos \alpha = \frac{BA}{AC} = \frac{c}{b} = \frac{隣辺}{斜辺} \quad (コサインまたは余弦という) \tag{3}$$

$$\tan \alpha = \frac{CB}{BA} = \frac{a}{c} = \frac{対辺}{隣辺} \quad (タンジェントまたは正接という) \tag{4}$$

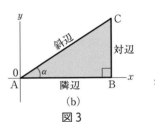

(b)

図3

4 正弦定理と余弦定理

図4(a)，(b)において，三角形 ABC の各角を A，B，C，各辺の長さを a，b，c，外接円の半径を R とすれば，

$$\frac{a}{\sin A} = \frac{b}{\sin B} = \frac{c}{\sin C} = 2R \quad （正弦定理） \tag{5}$$

$$\left. \begin{array}{l} a^2 = b^2 + c^2 - 2bc \cos A \\ b^2 = c^2 + a^2 - 2ca \cos B \\ c^2 = a^2 + b^2 - 2ab \cos C \end{array} \right\} \quad （余弦定理） \tag{6}$$

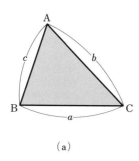

(a)

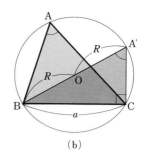

(b)

図 4

5 弧度法

ラジアン [rad] という角度の表し方は，図 5 のように，中心角 θ を

$$\frac{弧の長さ}{半径} = \frac{l}{r}\ で表したものである。$$

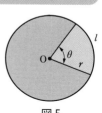

図 5

$l = r$ のとき，$\dfrac{r}{r} = 1\,\text{rad}$ である。

円周は $2\pi r$ であるから，$\dfrac{2\pi r}{r}\,\text{rad} = 360°$

そこで，$1\,\text{rad} = \dfrac{360°}{2\pi} = \dfrac{180°}{\pi}$ となる。

$1\,\text{rad}$ の角度の大きさを ρ で表すと，次のようになる。

$$\rho° = \frac{180°}{\pi} \fallingdotseq 57.3°$$

$$\rho' = \frac{(180 \times 60)'}{\pi} \fallingdotseq 3\,438'$$

$$\rho'' = \frac{(180 \times 60 \times 60)''}{\pi} \fallingdotseq 206\,265''$$

●本書の関連データが web サイトにございます。

https://www.jikkyo.co.jp で本書を検索してください。

提供データ：問題の解答

■編修

大杉和由

福島博行

川西一樹

清水哲成

谷口正朋

尾崎嘉彦

山内猛史

近藤大地

実教出版株式会社

写真提供・協力──ISP，㈱アフロ，柏書房㈱，京都大学防災研究所，京都府自治体情報化推進協議会，国土交通省，国土地理院，㈱新日，㈱セレス，㈱センソクコンサルタント，㈱中央工学校，㈳日本測量協会，本州四国連絡高速道路㈱

表紙デザイン──難波邦夫
本文基本デザイン──大六野雄二

First Stage シリーズ
新訂測量入門

2023 年 10 月 10 日　初版第 1 刷発行

©著作者　**大杉和由　福島博行**
　　　　　ほか 7 名（別記）

●発行者　**実教出版株式会社**
　　　　　代表者　小田良次
　　　　　東京都千代田区五番町 5

●印刷者　**株式会社太洋社**
　　　　　代表者　大道成則
　　　　　岐阜県本巣郡北方町北方 148-1

●発行所　**実教出版株式会社**
　　　　　〒102-8377　東京都千代田区五番町 5
　　　　　電話〈営　　業〉(03)3238-7765
　　　　　　　〈企画開発〉(03)3238-7751
　　　　　　　〈総　　務〉(03)3238-7700
　　　　　https://www.jikkyo.co.jp

© K. Osugi，H. Fukushima

ISBN978-4-407-36396-8　C3051

Printed in Japan